Henrike Täuscher

Fachlichkeit in der Werbung für Laien

Forum für Fachsprachen-Forschung
Hartwig Kalverkämper (Hg.)
in Zusammenarbeit mit Klaus-Dieter Baumann
Band 81

Henrike Täuscher

Fachlichkeit in der Werbung für Laien

Deutsche und französische Anzeigen im Vergleich

Frank & Timme
Verlag für wissenschaftliche Literatur

ISBN 978-3-86596-162-4
ISBN E-Book 978-3-7329-9331-4
ISSN 0939-8945

Herstellung durch Frank & Timme GmbH,
Wittelsbacherstraße 27a, 10707 Berlin.
Printed in Germany.
Gedruckt auf säurefreiem, alterungsbeständigem Papier.

www.frank-timme.de

Inhaltsverzeichnis

Vorbemerkung

Die vorliegende Arbeit widmet sich einer gesellschaftlich hochrelevanten Thematik, nämlich der Werbung im kognitiven, sprachlichen und pragmatischen Spannungsfeld von Fachlichkeit des Produkts, von Laienverstehen und Laienverwendung sowie von werbenden und somit ökonomischen Intentionen, die – als Werbung – meist emotional und appellativ, aber eben auch informativ verlaufen. Die Arbeit handelt von dem Spannungsverhältnis zwischen Fachlichkeit und Alltag, zwischen Fachsprachlichkeit und Alltagskommunikation, zwischen Esoterik des Fachlichen und dem tagtäglichen Gebrauch, für den das Produkt gekauft werden soll. Die Werbung und Fachlichkeit des beworbenen Produkts sowie die mehr oder weniger fachsprachliche Darstellung des Produkts in seinen Verwendungskontexten und Handlungszusammenhängen (hier: Kosmetik, Ernährung) werden hier ausgiebig analysiert. Die Resultate sind insofern von hohem Interesse, als diese Spannungsbeziehungen zwischen den gegensätzlichen Polen von Fachlichkeit, Alltagskommunikation und Werbung hier ökonomisch funktionieren müssen in einem gesellschaftlich etablierten Medium der Steuerung von Haltung und Handeln: nämlich in der Werbung, die sich als effizient auszahlen muß. Die Gesellschaftsrelevanz von Werbung ist unbestritten, und so integrieren sich die fachlichen Sichtweisen und fachsprachlichen Termini und Formulierungen über die Werbung in das Bewußtsein und die Kaufsteuerung der Bevölkerung.

Diesen modern gesellschaftlichen und prinzipiellen Verhältnissen geht die vorliegende Arbeit nach. Sie wurde im März 2007 als Diplomarbeit am Institut für Romanistik der Philosophischen Fakultät II der Humboldt-Universität zu Berlin angenommen. Die Gültigkeit ihrer Ergebnisse hat sich nicht geändert, die Phänomene und deren Problematik sind bis heute so vorhanden. Es rechtfertigt sich gerade in der für die Integration von Sprachstilen sensibilisierten Welt nachdrücklich, daß die Mechanismen, Instrumente, Prozeduren, Resultate und Funktionen analysiert und vorgestellt werden. Dies leistet das hier vorliegende Buch.

Ich danke Herrn Prof. Dr. Dr.h.c. Hartwig Kalverkämper (Berlin) für die interessanten Anregungen bei der Auswahl des Themas sowie für die Betreuung der Arbeit. Ebenso danke ich ihm für die Möglichkeit, die Arbeit in seiner Reihe *Forum für Fachsprachen-Forschung* zu publizieren.

Kamern, im Mai 2020 Henrike Täuscher

0 Einleitung

In der heutigen von den Massenmedien geprägten Gesellschaft wird der Mensch täglich mit einer großen Flut von Daten und Informationen aus den verschiedensten Lebensbereichen sowohl der Alltagskultur als auch den Wissenschaften und Fächern konfrontiert. Einerseits kann er den Informations- und Wissenserwerb durch bewußte Selektion steuern. Andererseits nimmt er jeden Tag eine Vielzahl von Informationen wahr, ohne sich dessen vollends bewußt zu sein. In diesen Bereich ist auch die Werbung einzuordnen, die den Menschen täglich vielfach auf unterschiedliche Art und Weise beeinflußt.

Wissenschaften und Werbung stellen scheinbar zwei nicht miteinander zu vereinbarende Bereiche dar, weil sie in der Gesellschaft sehr unterschiedliche Funktionen übernehmen. Die Wissenschaften dienen der objektiven Erfassung und Beschreibung der Welt und der sich in ihr vollziehenden Vorgänge, der Förderung des Erkenntnisprozesses, der Befriedigung des Fortschritts- und Zukunftsstrebens sowie der sachlichen und fachlichen Informierung des Menschen, während dem subjektiv geprägten Bereich der Werbung eine persuasive Funktion mit ökonomischen Zielen zugeschrieben wird, die den Menschen in seinem Alltag unbewußt begleitet. Dennoch läßt sich zwischen diesen scheinbar inkompatiblen Bereichen eine Beziehung herstellen. Denn unterzieht man die Kommunikationsform der Werbung einer genaueren Betrachtung, so wird man feststellen, daß sich auch in der Werbung fachliche Elemente aus den Wissenschaften und verschiedenen Fächern finden lassen. In diesem Zusammenhang stellt sich die Frage, inwiefern es sich dabei um wissenschaftlich-fachliche Komponenten handelt und inwiefern sie der Informierung des Menschen im Sinne der objektiven Wissenschaften und Fächer dienen.

Ziel der vorliegenden Arbeit ist es, Anzeigenwerbung aus Printmedien in Deutschland und Frankreich, die sich an Laien richtet, kontrastiv im Hinblick auf ihre Fachlichkeit zu untersuchen und zu ergründen, auf welche Art und Weise und mit welchen Mitteln Fachlichkeit in der Werbung aus verschiedenen Produktkategorien aufgebaut werden kann. Außerdem sollen die Fragen beantwortet werden, inwiefern es sich bei den in der Werbung verwendeten Elementen um wissenschaftlich-fachliche Komponenten handelt, die zur Konstituierung von Fachlichkeit in der Werbung für Laien beitragen, ob und wie deren Verständlichkeit seitens des Laien gesichert wird und mit welchem Ziel die verwendeten fachlichen Elemente eingesetzt werden, d.h. ob sie mit dem Zweck der Informierung des Rezipienten im Sinne der Wissenschaften und Fächer gebraucht werden oder ob es sich schlichtweg um scheinbar fachliche, d.h. fachlich inszenierte Elemente handelt, die allein der persuasiven Intention der Werbung dienen.

Im Zentrum der kontrastiven, korpusbasierten Untersuchung von Anzeigenwerbung verschiedener Produktgattungen aus Printmedien in Deutschland und Frankreich stehen drei Gesichtspunkte. Den Hauptaspekt der vorliegenden Arbeit stellt die Fachlichkeit dar. In diesem Zusammenhang werden fachliche Elemente auf der sprachlich-textuellen Ebene mit Blick auf die Terminologie und Textsortenkonventionen sowie auf der semiotischen Ebene fachliche Bilder und Text-Bild-Beziehungen betrachtet. Dieser wichtige Gesichtspunkt wird anhand eines Korpus von deutschen und französischen Werbeanzeigen untersucht, die an Laien gerichtet sind, so daß auf der kognitiven Ebene im Hinblick auf die Verständlichkeit und Erklärungsstrategien der Bezug zwischen dem Laien als dem zweiten Aspekt und der Werbung sowie der Fachlichkeit in der Werbung für Laien hergestellt wird. Der dritte Gesichtspunkt, der im Rahmen der vorliegenden Arbeit von großer Bedeutung ist, betrifft die Werbung. In diesem Kontext wird die Fachlichkeit in der Werbung für Laien mittels der Betrachtung des Fachlichkeitsgrads der analysierten Werbeanzeigen und des jeweiligen Fachlichkeitskonzepts der untersuchten Produktkategorien dargestellt. Damit werden die Schwerpunkte der Arbeit, die Fachlichkeit als Strategie, der Laie als Rezipient und die Werbung als Medium in Beziehung gesetzt und die Integration von Fachlichkeit in die an Laien gerichtete Werbung aufgezeigt. Des Weiteren werden exkursartig interkulturelle Beziehungen im Hinblick auf die Translation und Kultureme in der Werbung aus einer Produktgattung betrachtet, die jedoch nicht den Fokus der Untersuchung bilden.

Die Arbeit ist in drei Teile untergliedert: den Theorieteil, die empirische Analyse und die Bewertung der Resultate.

Im Theorieteil A werden die theoretischen Grundlagen für die Analyse gelegt. Zunächst werden Begriffe aus dem Bereich der Werbewissenschaft wie Werbung und Werbesprache geklärt. Anschließend erfolgt eine theoretische Betrachtung von Fachlichkeit in der Werbung für Laien. In diesem Zusammenhang werden zentrale Begriffe wie Fachlichkeit und Fachsprachlichkeit definiert, fachliche Kommunikationskonstellationen, die Verschränkung von Gemeinsprache und Fachsprachen, Spezifika der Fachlichkeit, Fachlichkeitssignale und fachliche Implikationen der Werbung für Laien dargestellt und die Aspekte Semiotik sowie Verständlichkeit von Fachlichkeit in der Werbung betrachtet. Abschließend werden die Methodik und das Analysekonzept dargelegt.

Im Empirieteil B erfolgt die kontrastive Analyse eines Korpus von deutschen und französischen Werbeanzeigen aus zwei verschiedenen Produktgattungen unter dem Aspekt der Fachlichkeit. Zunächst werden die untersuchten Werbeträger und Produktkategorien vorgestellt. Daran schließt sich die empirische, kontrastive Korpusanalyse an, deren Kriterien und Ergebnisse für die Werbung aus der jeweiligen Produktgattung in parallel aufgebauten Kapiteln entsprechend des Analysekonzepts konsekutiv präsentiert werden. Im Rahmen der Untersuchung von deutschen und französischen Werbeanzeigen werden die Implikaturen von Fachlichkeit in der Werbung für Laien anhand der Kriterienkategorien Terminologie, Textsortenkonventionen, fachliche Bilder, Verständlichkeit und Erklärungsstrategien, Fachlichkeitsgrad sowie das jeweilige daraus resultierende Fachlichkeitskonzept der Werbung aus den einzelnen Produktgattungen kontrastiv für die deutsche und französische Anzeigenwerbung dargestellt. Exkursartig werden für die Werbung aus einer Produktkategorie außerdem interkulturelle Beziehungen mit Blick auf die Translation und Kultureme betrachtet.

Im Resultatteil C werden die im Rahmen der Korpusanalyse ermittelten und im Empirieteil dargestellten Untersuchungsergebnisse zusammenfassend bewertet und interpretiert. In diesem Zusammenhang werden die untersuchten Produktgattungen in Bezug auf ihr jeweiliges Fachlichkeitskonzept vergleichend gegenübergestellt und die Anzeigenwerbung aus diesen Produktkategorien in Deutschland und Frankreich mit Blick auf die Fachlichkeit kontrastiv betrachtet. Außerdem wird die Fachlichkeit in der Laienwerbung bewertet und die Frage der Informierung versus Inszenierung in der Werbung mit Bezug auf die Fachlichkeit diskutiert. Abschließend werden die Resultate zusammengefaßt, und es wird ein Ausblick auf weitere Aspekte gegeben, die Gegenstand der Untersuchung von Fachlichkeit in der Werbung sein könnten.

An den Resultatteil schließt sich ein Anhang mit den Korpusverzeichnissen und den Vorlagen des Analyserasters an.

A Theorie

1 Werbung und Werbesprache

Einführend werden verschiedene Definitionen von Werbung gegeben, die Kennzeichen der Werbung, insbesondere der Produktwerbung vorgestellt, die Merkmale der Anzeigenwerbung in den Printmedien dargestellt und die Charakteristika der Werbesprache beschrieben.

1.1 Definition von Werbung und Kennzeichen der Werbung

In Wolls Wirtschaftslexikon wird Werbung wie folgt definiert:

> „[Werbung ist] ein Instrument des Marketings mit der Aufgabenstellung, potentielle Käufer eines Gutes oder Verwender einer Leistung so mit Produktinformationen zu versorgen, daß sie in Richtung des Werbezieles des Unternehmens beeinflußt werden.“ (Woll 1996: 730) [H.T.]

Behrens definiert Werbung als „eine absichtliche und zwangfreie Form der Beeinflussung, welche die Menschen zur Erfüllung der Werbeziele veranlassen soll“ (Behrens 1975: 4). Nach Tietz/Zentes ist Werbung ein „sozialpsychologisches und soziologisches Phänomen, [das] alle Formen der bewußten Beeinflussung von Menschen im Hinblick auf jeden beliebigen Gegenstand [beinhaltet]“ (Tietz/Zentes 1980: 22) [H.T.].

Kalverkämper bezeichnet Werbung als „zentrales Beeinflussungsinstrument und Steuerungsmechanismus der modernen Gesellschaft, [d.h.] ein verschiedenartig materialisiertes Steuerungsmedium, das auf die Denk- und Handlungsweise von anderen Einfluß nimmt bzw. nehmen soll“ (Kalverkämper 2004 b: 129) [H.T.]. Er stellt sie folgendermaßen als eine Form der Verführung dar, die insbesondere den Konsum beeinflußt:

> „Werbung will auf verschiedene Weise verführen […], indem sie auf die Verhaltensweisen, die Entscheidungswege, die Beurteilungen, die Handlungen der Men-

schen so Einfluß zu nehmen versucht, daß sie sich im Sinne des Werbenden, gemäß seiner Intention entwickeln und gestalten." (Kalverkämper 2004 b: 140)

Es handelt sich bei der Werbung um „eine hochgradig relationale Handlung", eine Kommunikationsbeziehung zwischen dem „*Sender*, der in der Werbehandlung (mittelbar) der Produkthersteller ist", dem „*Empfänger*, also dem umworbenen Adressaten, dem Konsumenten" und dem „*Gegenstand* oder *Sachverhalt* oder *Handlungszusammenhang*, also [dem] Produkt" (Kalverkämper 2004 b: 130) [Hervorhebungen im Original] [H.T.].

Hoffmann definiert Werbung folgendermaßen:

> „*Werbung* wird die geplante, öffentliche Übermittlung von Nachrichten dann genannt, wenn die Nachricht das Urteilen und/oder Handeln bestimmter Gruppen beeinflussen und damit einer Güter, Leistungen oder Ideen produzierenden oder absetzenden Gruppe oder Institution [...] dienen soll." (Hoffmann 1981: 10) [Hervorhebung im Original]

Ziel der Werbung ist die Beeinflussung von Menschen mit Hilfe von Sprache und Bildern (vgl. Janich 1998 a: 13). Werbung ist folglich ein Kommunikationsprozeß, ein Versuch der bewußten Beeinflussung von Rezipienten mit Hilfe spezifischer sprachlicher und außersprachlicher Mittel zum Erreichen eines intendierten Ziels (vgl. Janich 2003: 18; Rentel 2005: 68).

Als abschließende Definition von Werbung sei jene von Rentel angeführt:

> „Werbung ist ein intentionaler Kommunikationsprozeß, der vom Kommunikator [...] mit dem Ziel durchgeführt wird, zunächst die Einstellungen und anschließend das Verhalten des Rezipienten im Hinblick auf das beworbene Produkt, die beworbene Dienstleistung etc. positiv zu beeinflussen. Die Kommunikation der Werbebotschaft geschieht dabei über den Einsatz visuell und verbal auffällig gestalteter Werbemittel (z.B. Anzeigen, Kinospots, Plakate) die an bestimmte Werbeträger (Zeitungen, Zeitschriften, Plakatwände etc.) gebunden sind." (Rentel 2005: 68)

Es werden verschiedene Arten von Werbung unterschieden, die nach ihrer jeweiligen Zielsetzung differenziert werden. Zu den grundsätzlichen Formen von Werbung gehören die politische Werbung, die Wirtschaftswerbung sowie die religiöse und kulturelle Werbung (vgl. Janich 2003: 20). Im Rahmen der vorliegenden Arbeit wird die Wirtschaftswerbung, d.h. Werbung für wirtschaftliche Zwecke seitens eines Wirtschaftsunternehmens, darunter subsumiert die Absatzwerbung und insbesondere die Produktwerbung (vgl. Kap. 1.1.1) betrachtet, da die im Korpus analysierten Werbeanzeigen aus diesem Bereich stammen.

Die Hauptaufgaben von Werbung sind nach Tietz/Zentes folgende (vgl. Tietz/Zentes 1980: 22):

- Information: der Rezipient soll mit Hilfe der Werbung über das Beworbene und über dessen Eigenschaften informiert werden
- Überzeugung: der Rezipient soll von den Vorzügen des Beworbenen überzeugt werden
- Veranlassung: der Rezipient soll aufgrund der Überzeugung von den positiven Eigenschaften des Beworbenen zu dessen Kauf veranlaßt werden
- Unterhaltung: die Werbung soll außerdem noch eine unterhaltende Funktion erfüllen

Den genannten Aufgaben von Werbung entspricht die *AIDA-Formel* (vgl. Römer 1980: 27), welche die Funktionen und Wirkung von Werbung repräsentiert: *AIDA = attention – interest – desire – action.* So ist es zunächst Aufgabe der Werbung, Aufmerksamkeit (*attention*) beim Adressaten zu erregen, dadurch soll dessen Interesse (*interest*) geweckt werden, sie soll zu Konsumwünschen (*desire*) seitens des Rezipienten führen und dadurch soll eine Kaufhandlung (*action*) beim Konsumenten ausgelöst werden (vgl. Janich 2003: 22).

1.1.1 Kennzeichen und Bereiche der Produktwerbung

Kavalcová definiert die Produktwerbung als „ein Kommunikationsmittel [...], dessen Instrumente dem Übermitteln von Informationen über die beworbenen Produkte dienen sollen" (Kavalková 2002: 61). Der Rezipient solle Informationen über das Produkt erhalten, damit angesprochen und zum Handeln (Kauf/Konsum) angeregt werden (ebd.). Die Produktwerbung stellt eine Unterkategorie der Wirtschaftswerbung und der Absatzwerbung dar, deren Gegenstand die Bewerbung von bestimmten Produkten eines Unternehmens zur Förderung und Steigerung des Absatzes der beworbenen Produkte mit dem Ziel der

Gewinnmaximierung ist. Zum Erreichen dieser Intention wird mit verschiedenen Mitteln und Strategien für den Kauf bestimmter Produkte geworben.

Innerhalb der Produktwerbung wird zwischen der Werbung für preiswerte Verbrauchsgüter (z.B. Lebensmittel, Kosmetika) und der Werbung für langlebige Gebrauchsgüter (z.B. Autos, Computer) unterschieden. Die jeweilige Form von Produktwerbung hat Auswirkungen auf die Wahl der Werbestrategie (vgl. Janich 2003: 20). In der Werbung für Verbrauchsgüter steht die Vermittlung unthematischer Informationen hinsichtlich des Symbolcharakters und des Ausdrucksgehalts eines Gegenstands, d.h. die Propagierung ideeller Gebrauchswerteigenschaften des beworbenen Produkts im Vordergrund (vgl. Brandt 1973: 120 f.). Im Rahmen der vorliegenden Arbeit werden Werbeanzeigen untersucht, in denen für Verbrauchsgüter (Kosmetika, Lebensmittel) geworben wird (vgl. Kap. 5 sowie Kap. 6).

Außerdem wird in der Werbewirtschaft zwischen Produkten unterschieden, die sich mit kognitiven und affektiven Persuasionsstrategien verkaufen lassen (vgl. Belch/Belch 1992 in Smith 1999: 239). Zu der ersten Produktgruppe gehören Autos, Computer, etc., deren Produkteigenschaften sehr unterschiedlich sind und die deshalb mit längeren Texten, die Informationen über deren Vorteile enthalten, beworben werden. In der kognitiven Werbung spielen Informationen in Form von Texten und Zahlenmaterial eine wichtige Rolle. Zu der zweiten Produktgruppe gehören Parfum, Zigaretten, Alkoholika, etc., die untereinander kaum zu differenzieren sind und sich folglich nur schwerlich mit Hilfe von Informationsangaben bewerben lassen. In der affektiven Werbung werden insbesondere Komponenten wie beispielsweise Bilder verwendet, die gefühlsbetonte Reaktionen auslösen, die für den Kauf entscheidend sind (vgl. Smith 1999: 239).

1.1.2 Anzeigenwerbung in den Printmedien

Zur Beschreibung der Charakteristika der Anzeigenwerbung in den Printmedien bedarf es zunächst der Differenzierung der Begriffe Werbemittel und Werbeträger. Werbemittel setzen Werbebotschaften in schriftlicher und/oder visueller bzw. akustischer Form um und gestalten diese konkret aus (vgl. Janich 2003: 25). Zu den Werbemitteln, die in verschiedenen Werbeträgern eingesetzt werden, gehören die Werbeanzeigen. Die Werbeträger umfassen den gesamten Bereich der Medien, sowohl den Bereich der Printmedien als auch der auditiven und visuellen „Medien der Massenkommunikation“ (Brandt 1973: 93). Sie dienen der Verbreitung und Vermittlung der Werbemittel.

„Die Anzeigenwerbung soll über Produkte [...] informieren.“ (Kavalcová: 2002: 63). Es sei wichtig, daß sie einfach und überzeugend geschrieben ist, weil jeder Leser selektierend vorgehe (ebd.). Diese Werbeform wird ausschließlich über den visuellen Kanal vermittelt und bedient sich zur Übermittlung der Werbebotschaft neben der Sprache in schriftlicher Form statischer Bilder und anderer Darstellungen.

Die Anzeigenwerbung in Printmedien weist folgende gestalterische Merkmale im Aufbau auf: Werbeanzeigen konstituieren sich meist aus einer Kombination von Bildern oder anderen Darstellungsformen und Textelementen, d.h. Schlagzeile bzw. Headline, Fließtext, Slogan, Produktname und anderen Textkomponenten wie Bildtext. Die Bilder sind im Gegensatz zu denen, die beispielsweise in Werbespots im Fernsehen gezeigt werden, statisch. Der Anzeigentext ist in den Printmedien oft umfassender und komplexer als in anderen Werbeträgern und verlangt folglich höhere Aufmerksamkeit vom Rezipienten.

Im Rahmen der vorliegenden Arbeit wird das Werbemittel der Anzeigenwerbung aus Werbeträgern der Printmedien, im speziellen Fall ein Korpus von Werbeanzeigen aus ausgewählten Zeitschriften, analysiert, deren Beschreibung und Kategorisierung in Kapitel 4.1 erfolgt.

1.2 Werbesprache

1.2.1 Definition von Werbesprache

Werbesprache[1] ist die Variante der Standard- oder Gemeinsprache, welche die Produzenten von Werbung in der Werbung, d.h. in Werbeanzeigen, Fernseh-

1 Ein guter einführender Überblick zum Thema Werbung und Werbesprache mit zahlreichen Literaturhinweisen wird in Janich 2003 gegeben.

und Hörfunkspots u.a. einsetzen, um den Rezipienten der Werbung bestimmte Werbebotschaften zu übermitteln. Es handelt sich dabei nicht um die Sprache, die Werbefachleute untereinander benutzen, um über den Gegenstand ihres Fachs, die Werbung zu kommunizieren. Werbesprache ist eine Variante der Standard- und Alltagssprache, die auf der Umgangssprache basiert (vgl. Janich 1998 a: 24 f.), sich aber durch bestimmte Spezifika auszeichnet (vgl. Kap. 1.2.2), „keine Sprecherwirklichkeit besitzt“ und „ganz gezielt auf ihre Wirkung hin gestaltet ist“ (ebd.), so daß sie von Baumgart als „instrumentalisierte Sonderform der Alltagssprache“ (Baumgart 1992: 34) bezeichnet wird. Die Werbesprache erfüllt insbesondere die appellative Funktion der Sprache, da sie auf einen Adressaten, den Empfänger der Werbebotschaft ausgerichtet und persuasiv gestaltet ist und ihn zum Kauf der beworbenen Produkte animieren soll.

In der vorliegenden Arbeit wird die Werbesprache in dem genannten Rahmen analysiert, d.h. es erfolgt eine Untersuchung der Fachlichkeit und der fachsprachlichen Elemente der in den konkreten Werbeanzeigen verwendeten Sprache und anderer Komponenten wie Bilder. Die Fachsprache der Werbefachleute, die beispielsweise bei der Konzeption von Werbeanzeigen eingesetzt wird und der informativen Kommunikation zwischen Werbefachleuten dient, findet dabei hingegen keine Berücksichtigung.

1.2.2 Kennzeichen von Werbesprache

Nach Janich weist die Werbesprache folgende Merkmale auf (vgl. Janich 2003: 36 f.):

- Die Werbesprache verfügt zwar über besondere, als spezifisch beschreibbare Merkmale, aber deren Besonderheit liegt mehr in ihrer Häufigkeit als in einem der Alltagssprache prinzipiell fremden Charakter. In der Werbesprache werden weitgehend sprachliche Mittel aus der Alltagssprache verwendet, diese werden aber so häufig benutzt, daß man geneigt ist, diese als werbetypisch aufzufassen.
- In der Werbesprache werden neben der Standardsprache auch andere Sprachvarietäten wie Dialekte und Fachsprachen verwendet, um die je-

weilige Zielgruppe der Werbung anzusprechen und bestimmte Assoziationen hervorzurufen.

- Die Werbesprache weist auch Wortschatz und Formen des Sprachgebrauchs auf, die werbetypisch, d.h. weitgehend auf die Werbung beschränkt sind, aber sie dient weder der Kommunikation innerhalb eines bestimmten Personenkreises noch weist sie eine soziale Abgrenzungsfunktion wie die Sondersprachen auf.
- Bei der Werbesprache handelt es sich trotz ihrer Anleihen aus der Alltagssprache und ihrer Bemühungen um Spontaneität um eine artifizielle Sprachvarietät, die keine Sprecherwirklichkeit besitzt und auf eine ganz bestimmte Wirkung hin gestaltet ist.

Die Werbesprache ist stark wirkungsbezogen, denn sie dient dem Erreichen eines intendierten Ziels, d.h. im Fall der Absatz- und Produktwerbung wird die Absatzsteigerung der beworbenen Produkte mittels der Persuasion des Adressaten bezweckt. Die Werbesprache ist „stark intentional konstruiert und inszeniert" und „persuasiv gestaltet" (Janich 2003: 85). Aus diesem Grund werden in der Werbung viele aufmerksamkeitserregende und übertreibende Elemente verwendet, welche die Vorzüge und positiven Eigenschaften eines Produkts hervorheben sollen. Spezifika der Werbesprache sind folglich „Sprachüberformungen literarisch-poetischer Art, zielgebundene Aussagengerichtetheit, hoher Grad an Konstruiertheit und Redundanz, statt denotativer Genauigkeit konnotative Dichte und Reichtum an Assoziationen" (vgl. Hantsch 1972: 151). Um mit der Werbung Aufmerksamkeit zu erregen, werden in der Werbesprache oft Mittel verwendet, welche die Regeln der Standardsprache verletzen (vgl. Janich 1998 a: 25). Da es sich bei der Werbesprache um eine artifizielle, zweckorientierte Sprachvarietät handelt, sind andere in der Werbung auftretende Sprachvarietäten wie beispielsweise Fachsprachen immer inszeniert, d.h. Fachsprachen in der Werbung haben nicht mehr zwangsläufig die Funktion, konnotationsfreie Informationen über fachliche Inhalte zu vermitteln (vgl. Janich 2003: 37). Die Werbesprache unterliegt „den beiden konträren Ansprüchen der [...] Kreativität und Mannigfaltigkeit vs. Fachsprachlichkeit" (Wilde 1994 a: 65). Sie ist stärker an der Fachsprache als an der „Sprache der Belletristik" orientiert (Wilde 1994 b: 18).

Nach Kalverkämper „spiegelt […] die Werbesprache jene sprachliche Vielfältigkeit und jenen textuellen Abwechslungsreichtum wider, die es dem Werbenden ermöglichen, seine Werbeziele vielfältig zu verfolgen und die es darin aber geradezu erzwingen, sich auf die Bedürfnisse und Möglichkeiten der Empfänger, also der umworbenen Adressaten, sensibel einzustellen" (Kalverkämper 2004 b: 130).

Im Folgenden werden wichtige Charakteristika der Werbesprache, die übereinzelsprachliche Gültigkeit besitzen (vgl. Römer 1980[2]: 235 f.) und folglich sowohl in der deutschen und als auch in der französischen Anzeigenwerbung nachzuweisen sind, im Bereich der Syntax, Lexik und Stilistik dargestellt, die im Empirieteil bei der Analyse der Werbeanzeigen eine Rolle spielen.

Spezifika der Syntax

In der Anzeigenwerbung werden meist kurze, einfache Sätze benutzt, insbesondere in der Schlagzeile und im Slogan (vgl. Bahramnia 2002: 79). Häufig werden auch Ellipsen eingesetzt, um Werbebotschaften kurz, prägnant und einprägsam zum Ausdruck zu bringen. Durch die Verwendung von kurzen, unvollständigen Sätzen wird die beabsichtigte Nähe zur gesprochenen Sprache deutlich, und es entsteht der Eindruck von Natürlichkeit und Spontaneität (vgl. ebd.: 81). Ein weiteres Spezifikum der Werbesprache ist der häufige Gebrauch von Nominalphrasen, die aus Substantiven bestehen und oft zusätzlich attributive Erweiterungen umfassen (vgl. ebd.: 82).

Auf die Spezifika der Syntax wird im Rahmen der Analyse der Werbeanzeigen in den Kapiteln 5.2.2.2 und 6.2.2.2 Bezug genommen.

---

2 In Römer 1980 wird die deutsche Werbesprache mehrfach mit der französischen Werbesprache verglichen, die vergleichbare Merkmale aufweist. Zum Vergleich von deutscher und französischer Werbung und Werbesprache vgl. auch Hahn 2000.

Spezifika der Lexik

Die Werbesprache zeichnet sich auf der lexikalischen Ebene durch Kreativität und Originalität in der Sprachwahl aus. Es werden häufig Neologismen kreiert, Fremdwörter, insbesondere Anglizismen sowie Fachwörter eingesetzt, und es erfolgt eine semantische Aufwertung der Lexik. Die Regeln der Standardsprache werden oft gebrochen. Dadurch wird die Aufmerksamkeit auf Werbeanzeigen gelenkt, Werbebotschaften können einprägsam vermittelt werden, und Werbung wird als unterhaltsam empfunden (vgl. Wilde 1994 a: 29, 77).

In Bezug auf die Verwendung von Wortarten weisen Substantive und Adjektive die höchste Frequenz in der Werbung auf (vgl. Janich 2003: 103). Substantive werden in der Werbung insbesondere aufgrund ihrer kommunikativen Funktion der Referenz eingesetzt (vgl. ebd.). Außerdem manifestiert sich der Gebrauch von Substantiven im Nominalstil, der ein Charakteristikum fachsprachlicher Texte darstellt (vgl. Kap. 2.2.2.2), aber auch in der Werbung Anwendung findet. Beschreibende Adjektive dienen vornehmlich der positiven Darstellung von Produkteigenschaften (vgl. Römer 1980: 77).

Die Werbesprache zeichnet sich durch Kreativität aus, die sich in der häufigen Neologismusbildung manifestiert. Dabei spielt die Komposition eine wichtige Rolle, so daß in der Werbung viele neugebildete Komposita verwendet werden, die oft sehr komplex und sprachökonomisch sind und von sprachlicher Kreativität und Originalität zeugen (vgl. Bahramnia 2002: 89 ff.; Janich 2003: 105 f.). Neben zahlreichen Neuschöpfungen werden in der Werbung viele Termini aus Fachgebieten wie beispielsweise Technik, Wirtschaft und Medizin übernommen sowie Fremdwörter, insbesondere Anglizismen eingesetzt, um einerseits den Anschein von Kompetenz, Fachlichkeit und Wissenschaftlichkeit zu erwecken (vgl. Kap. 2.1.4) und andererseits Modernität und Internationalität zum Ausdruck zu bringen, damit Aufmerksamkeit zu erregen, den Rezipienten zu beeindrucken und die Werbewirksamkeit zu erhöhen, selbst wenn die Verständlichkeit dabei nicht immer gewährleistet ist (vgl. Bahramnia 2002: 89, 102 ff.; 198 ff.).

Hinsichtlich des Wortschatzes der Werbesprache auf der semantischen Ebene ist festzustellen, daß in der Werbung insbesondere positive, aufwertende Wörter, sogenannte „Hochwertwörter" (vgl. Römer 1980: 99 ff.) verwendet werden, um die beworbenen Produkte entsprechend positiv zu präsentieren. Die Aufwertung der Lexik erfolgt beispielsweise durch den Gebrauch von Steigerungsmorphemen wie *super-*, *ultra- mega-*, *hoch-* usw. (vgl. Bahramnia 2002: 96 f.) Nach Römer trägt auch der Gebrauch von Fach- und Fremdwörtern zur semantischen Aufwertung der Werbesprache bei (vgl. Römer 1980: 85).

Eine detaillierte Analyse der Lexik von Werbeanzeigen in Bezug auf die verwendeten Fachtermini erfolgt im Empirieteil in den Kapiteln 5.2.1.2 und 6.2.1.2.

Spezifika der Stilistik

In der Werbung wird oft eine besondere Stilistik verwendet, es wird eine „bewußte Stilmischung" (Wilde 1994 b: 18) gewählt, die von Kreativität und Originalität zeugt und rhetorische Figuren und Sprachspiele impliziert, um die Aufmerksamkeit des Rezipienten zu erregen und ihm die Werbebotschaft einprägsam zu übermitteln.

Es werden häufig Wiederholungen verwendet, d.h. Produkt- und Firmennamen sowie positive Produkteigenschaften werden mehrfach genannt, um den Erinnerungswert des beworbenen Produkts bzw. der Werbebotschaft zu steigern (vgl. Bahramnia 2002: 108 ff.). Weitere in der Werbung oft benutzte stilistische Mittel sind die Behauptung, der Befehl und die direkte Anrede des Rezipienten. Behauptungen werden ohne Begründung oder Beweisführung als unbestreitbare Tatsachen aufgestellt, so daß die Sprache in diesem Fall persuasiv und manipulativ gebraucht wird, um den Rezipienten von den Vorzügen des beworbenen Produkts zu überzeugen (vgl. ebd.: 110 f.). Der Gebrauch des Imperativs zur direkten Anrede des Rezipienten oder zum Ausdruck von Aufforderungen ist ebenfalls ein häufig genutztes Mittel in der Werbesprache. Außerdem wird der Rezipient von Werbung oft direkt beispielsweise mit Personalpronomen angesprochen, um „den Anschein einer persönlichen Beziehung zu ihm zu erwecken" (vgl. ebd.: 112).

Weitere stilistische Mittel, derer sich die Werbung bedient, um Aufmerksamkeit zu erregen, den Rezipienten anzusprechen und ihn zu überzeugen, sind rhetorische Fragen und andere rhetorische Figuren wie die Antithese, d.h. der Gebrauch kontrastierender Wörter, Wortgruppen und Sätze, die Dreierfigur, die Verwendung von gebundener, rhythmischer Sprache in Form von Reimen und Alliterationen zur Erhöhung der Einprägsamkeit von Werbebotschaften, der Euphemismus zur beschönigenden Umschreibung von Begriffen, die Tabus bezeichnen, negative Assoziationen hervorrufen oder die Werbewirksamkeit schädigen könnten, der Vergleich und die Anspielung auf Werbung für Konkurrenzprodukte, die Personifikation und Metapher zur Verbildlichung des beworbenen Produkts und zur Erhöhung der Einprägsamkeit sowie die Hyperbel zur besonderen Hervorhebung positiver Produkteigenschaften (vgl. Bahramnia 2002: 113 ff.).

Außerdem werden in der Werbung häufig Sprachspiele eingesetzt. Es handelt sich dabei um linguistische Formen, die auf das Spiel mit der Sprache abzielen und die Kreativität und Originalität der Werbung demonstrieren. Sie sind durch Ambiguität gekennzeichnet, erregen Aufmerksamkeit, steigern den Erinnerungswert der Werbung und wirken meist suggestiv. Nach Janich können Sprachspiele Fachlichkeit im weiteren Sinne (vgl. Kap. 2.1.1) evozieren, indem sie zum Beispiel auf technische Eigenschaften von Produkten in der Werbung anspielen. Zu diesem Zweck werden insbesondere Wortspiele in der Werbung eingesetzt, wobei eine semantisch unerwartete Verbindung von Wörtern mit witziger Wirkung erfolgt (vgl. Janich 1998 a: 44)[3].

Die für die Werbesprache typischen stilistischen Mittel sowie die rhetorischen Figuren und Persuasionsstrategien aus der Rhetorik dienen der Übermittlung von Werbebotschaften zur Erzeugung einer bestimmten Werbewirkung und bezwecken das Erreichen der vom Produzenten der Werbung intendierten Werbeziele, insbesondere die Beeinflussung und Überzeugung des Rezipienten der

---

3 Zu rhetorischen Figuren, Sprach- und Wortspielen in der Werbung allgemein vgl. Janich 2003: 141 ff. Detaillierte Ausführungen zu Sprach- und Wortspielen in Bezug auf den Fachlichkeitsaspekt finden sich in Janich 1998 a: 44 ff.

Werbung. Mit Hilfe von stilistischen Mitteln und Persuasionsstrategien sollen die Rezipienten von Produktwerbung von der Qualität, Brauchbarkeit, Vorteilhaftigkeit und anderen Aspekten eines Produkts gegenüber anderen Produkten von Konkurrenzunternehmen überzeugt werden.

Stilistische Spezifika der Werbesprache werden bei der Analyse der Werbeanzeigen in den Kapiteln 5.2.2.2 und 6.2.2.2 in die Untersuchung einbezogen.

1.3 Werbung für Laien versus Werbung für Fachleute

Werbetexte, die stark pragmatisch bestimmt sind, zeichnen sich durch „prinzipielle Relationalität“ (Kalverkämper 2004 b: 131 f.) aus. Aus diesem Grund ist es notwendig, bei der Konzeption der jeweiligen Werbung die Adressaten einzubeziehen. In diesem Kontext können grundsätzlich zwei Zielgruppentypen differenziert werden, an denen sich die Werbung orientiert: Werbung für Laien und Werbung für Fachleute.

Kalverkämper beschreibt diese beiden adressatenorientierten Werbetypen wie folgt:

> „[…] Werbetexte, die auf […] Fachleute zielen, wie auch diejenigen, die die breite Masse der Mitläufer […] ansprechen wollen, haben ihre sprachlichen und visuellen, ihre textlichen Eigenständigkeiten. Sie richten sich, um diese Gruppe zu erreichen, nach deren spezifischen Sprach- und Rezeptionsgewohnheiten.“ (Kalverkämper 2004 b: 133).

Die Kennzeichen dieser beiden zielgruppenorientierten Werbeformen mit jeweils spezifischem Adressatenbezug sowie die Verschränkung von Laienwerbung und Fachlichkeit werden in den folgenden Kapiteln dargestellt.

1.3.1 Kennzeichen von unspezifischer Werbung für Laien

Unter unspezifischer Werbung für Laien im Bereich des nicht-fachspezifischen Handelns, des Alltags wird gemeinhin das verstanden, was in der Umgangssprache als „Werbung“ bezeichnet wird. Unspezifische Werbung richtet sich an Laien, „an die breite Masse der Konsumenten“ (Kalverkämper 2004 b: 134, 140) und umfaßt das gesamte Werbespektrum. Sie wird über alle die Allgemeinheit ansprechenden Werbeträger wie Zeitungen, Zeitschriften, Fernsehen, Radio, Internet, Plakate, Werbeprospekte, etc. verbreitet.

In der nicht-fachlichen Werbung, die sich an Laien richtet, wird überwiegend eine fachlich unspezifische, der Allgemeinheit bekannte Sprachvarietät, die Gemeinsprache (vgl. Kap. 2.2.4.1) verwendet, und die Sprachfunktionen ‚kontaktiv' und ‚emotiv' sind dominant (vgl. Kap. 2.2.4.2). In der unspezifischen Laienwerbung werden die Fachmann-Laie-Kommunikation (vgl. Kap. 2.2.3.2) und die Laie-Laie-Kommunikation praktiziert.

Kalverkämper beschreibt die Gestaltung fachlich unspezifischer Werbung für Laien wie folgt:

> „Die Werbung ist [...] bestrebt, das Produkt sprachlich und inhaltlich in die bekannte Erlebniswelt des Konsumenten einzubinden und erzählerisch an ein weit verbreitetes Erfahrungswissen anzuknüpfen. Der Konsument soll sich somit, von der Sprachwahl signalisiert, ‚heimisch' fühlen mit dem angepriesenen Produkt." (Kalverkämper 2004 b: 135)

Wenn fachliche Aspekte in der Werbung für Laien eine Rolle spielen, ist es nach Janich Ziel der unspezifischen Werbung, Laien mittels fachexterner Kommunikation fachliche Inhalte zu vermitteln (vgl. Janich 1998 a: 36).

In der vorliegenden Arbeit wird die unspezifische Werbung an Laien unter dem Aspekt der Fachlichkeit betrachtet, d.h. die Implikaturen von Fachlichkeit in der Werbung für Laien werden untersucht.

1.3.2 Kennzeichen von Fachwerbung für Fachleute

Fachspezifische Werbung richtet sich an Experten des entsprechenden Fachs, die über Spezialwissen auf ihrem jeweiligen Fachgebiet verfügen, d.h. es handelt sich um fachbezogene Werbung von Fachleuten für Fachleute (vgl. Kalverkämper 2004 b: 134). Sie wird insbesondere über fachbezogene Werbeträger wie Fachzeitschriften verbreitet. Ein besonderes Kennzeichen der Fachwerbung ist die Fachkommunikation (vgl. Kap. 2.2.1 sowie Kap. 2.2.2), welche die Verwendung der entsprechenden Terminologie (vgl. Kap. 2.2.2.1) sowie vorgegebene Textsortenkonventionen (vgl. Kap. 2.2.2.2) impliziert. Nach Kalverkämper übernehmen die Werbetexte in der Fachwerbung folgende Aufgaben:

> „Sie beschreiben [...] das Produkt, sie argumentieren im Abwägen der Vorzüge und Besonderheiten, und sie instruieren den zukünftigen Käufer, Kunden, Konsumenten im zweckdienlichen Umgang, in der effizienten Handhabung, im fachlich angemessenen Einsatz des Produkts." (Kalverkämper 2004 b: 133)

Fachbezogene Termini werden in der fachlichen Werbung an Fachleute verwendet, ohne daß sie erklärt werden, da deren Bedeutung und systematischer Stellenwert im Bereich des fachliches Handelns als bekannt vorausgesetzt werden können (vgl. ebd.: 134). In der Fachwerbung wird die Fachmann-Fachmann-Kommunikation praktiziert (vgl. Kap. 2.2.3.1).

1.3.3 Verschränkung von Laienwerbung und Fachlichkeit

Werbung ist eine Kommunikationsform, die dem Konzept der Ganzheitlichkeit unterliegt (vgl. Kalverkämper 2004 b: 146). Das Ganzheitlichkeitskonzept impliziert eine Verschränkung zwischen unspezifischer Werbung, die sich an Laien richtet, und fachlicher Werbung, die sich an Fachleute richtet sowie von Laienwerbung und Fachlichkeit[4]. Diese Verschränkung vollzieht sich durch die Vermischung von Erscheinungsformen der beiden Werbetypen, d.h. in die Laienwerbung werden fachliche Elemente wie Fachtermini integriert und in der Fachwerbung sind gemeinsprachliche Elemente wie Komponenten aus der Alltagssprache präsent. Kalverkämper beschreibt die Verschränkung in der Werbung wie folgt:

> „[Die Werbung] grenzt sich eben nicht als fachliche Vertextungsform aus, sondern bemüht sich, die Laienleserschaft mit einzubeziehen, um ihrer Werbefunktion zu genügen. Sie signalisiert Interesse für die, die ‚draußen', außerhalb des Fachs, verstehen sollen. Sie erweitert Horizonte und wirkt dadurch gattungssprengend, eben in die Vermischung hinein." (Kalverkämper 2004 b: 146) [H.T.]

So liegt trotz der Differenzierung der Werbeformen der unspezifischen Werbung, die sich an Laien richtet, und der Fachwerbung, die sich an Fachleute richtet, eine Verschränkung zwischen den beiden Werbetypen sowie eine Ver-

---

4 In dem Aufsatz „Arte – cuento – seducción: Fachliches Werben und werbende Fachlichkeit. Gezeigt an spanischen Anzeigentexten" zeigt Kalverkämper die „funktiolektale Verschränkung" von Fachlichkeit, nicht-fachlicher Kommunikationshaltung und Werbung anhand der Analyse von spanischen Werbeanzeigen auf (vgl. Kalverkämper 2004 b).

schränkung von Laienwerbung und Fachlichkeit vor, aus der die oben angesprochene Vermischung von spezifischen Komponenten dieser beiden Bereiche in der Werbung resultiert. In der vorliegenden Arbeit wird die Verschränkung von fachlich unspezifischer Werbung für Laien und Fachlichkeit aufgezeigt, d.h. die Implikaturen von Fachlichkeit in der Laienwerbung werden auf der Grundlage einer detaillierten Analyse herausgearbeitet. Dazu werden im Empirieteil Werbeanzeigen, die sich an Laien richten, auf ihre Fachlichkeit im Hinblick auf die Verwendung fachlicher Elemente auf der sprachlich-textuellen und semiotischen Ebene untersucht (vgl. Kap. 5.2 sowie Kap. 6.2).

2 Fachlichkeit in der Werbung für Laien

2.1 Fachlichkeit

„Der Begriff des ‚Fachs' und dessen Vertreter, der Fachleute, beherrschen wie nie zuvor die gesellschaftliche Diskussion. Der ‚Fach'-Begriff ist zu einem Schlüsselwort [...] der europäischen Kulturgemeinschaft avanciert." (Kalverkämper 1992: 32). Nach Kalverkämper werde die breite Öffentlichkeit in der heutigen Gesellschaft bewußt auf das Vorhandensein einflußreicher Fächer und auf die Macht von Fachleuten aufmerksam (ebd.). Die kulturanthropologische Dimension von Fachlichkeit in der arbeitsteiligen Gesellschaft und der zugehörigen fachlichen Kommunikation manifestiert sich darin, daß Fach und Fachlichkeit als Schlüsselbegriffe der europäischen Kulturgemeinschaft und der modernen Gesellschaft fungieren (vgl. Kalverkämper 1992: 57; 1998 b: 1).

2.1.1 Definition von Fach und Fachlichkeit

Der Begriff ‚Fachlichkeit' leitet sich von den Wörtern ‚Fach' bzw. ‚fachlich' ab. ‚Fach' wird definiert als „Gebiet, auf dem sich jmd. ausgebildet, [...], spezialisiert hat, auf dem jmd. speziell arbeitet; Wissens-, Sach-, Arbeitsgebiet" (Duden. Deutsches Universalwörterbuch 2003: 510). Kalverkämper definiert ‚Fach' aus pragmatischer Sichtweise wie folgt:

> „Fach ist, was (a) als solches *institutionalisiert* ist, (b) von der (sozialen und sachlichen) Bedarfslage her sich als *ganzheitlicher* Komplex motiviert und (c) als identifizierbares Arbeitsfeld *mit Effizienz funktioniert* und (d) durch soziale Konventionen [...] *akzeptiert* ist." (Kalverkämper 1998 b: 8) [Hervorhebungen im Original]

Nach Kalverkämper haben sich Fachgebiete, Fächer und Berufe auf der Grundlage der interdependenten Gemeinschaft von handelndem Sprechen und sprechendem Handeln herausgebildet und auf den der fach- und berufsbezogenen Kommunikation dienenden Fachsprachen in spezifischen Kommunikationssituationen aufgebaut (vgl. Kalverkämper 1988 b: 311). Kalverkämper bezeichnet Fächer als „(a) historisch strukturierte, (b) sozial ‚durch Praxis' konventionalisierte und (c) systematisch in Handlungszusammenhänge eingepaßte Ordnungsgrößen“ (Kalverkämper 2001: 351), „konventionalisierte Handlungsausschnitte aus der Welt“ (Kalverkämper 1998 b: 9) und „Klassifizierungen des gesellschaftlichen Handelns“ (Kalverkämper 1992: 41), die auf der gesellschaftlichen und beruflichen Arbeitsteilung und der fachlichen Kommunikation mittels Fachsprachen beruhen. Er unterscheidet die Fächer nach theoretischen und angewandten wissenschaftlichen Fächern, die mit ‚Wissenschaften‘ oder ‚Disziplinen‘ etikettiert werden, und manuell geprägten, praxisbezogenen Fächern des Handwerks, die als Berufe bezeichnet werden, und definiert ‚Fach‘ als „eine abstrakte Größe der Lebenswirklichkeit [...], die auch mehrere ‚Berufe‘ umfassen kann“ (vgl. Kalverkämper 1998 b: 4; 2001: 353). Die Welt des fachlichen Handelns wird auf der horizontalen Ebene in die Großbereiche „theoretische Fächer der Wissenschaften und Forschung“, „praktische Fachgebiete der Technik, Industrie und Berufswelt“ und „gesellschaftliche Bereiche der Verwaltung, Öffentlichkeit und Institutionen“ unterteilt (vgl. Kalverkämper 2001: 362).

Bei den Begriffen ‚Fach‘ und ‚Fachlichkeit‘ handelt es sich um außersprachliche, nichtsprachliche Phänomene, die sich auf der Basis der „Beziehung von Gesellschaft und ihrer Objektwelt bzw. ihrem Handlungsumfeld“ (Kalverkämper 1992: 33) konstituieren. Der Begriff der Fachlichkeit stellt eine Qualität von Fach, den „Ausweis von Fächern“ dar, umfaßt das „Handeln und Wirken im Fach“ und beinhaltet das, „was eine Handlung als *fachliche*, eine Tätigkeit als *fachbezogene*, eine Arbeit als *berufliche* ausmacht“ (Kalverkämper 1998 c: 29; 2001: 356) [Hervorhebungen im Original]. Fachlichkeit ist eine kommunikative Qualität, die durch das fachliche Kommunizieren, speziell durch die Art und Weise des Kommunizierens über Gegenstände, Sachverhalte oder Handlungszusammenhänge im Fach, über „fachliche Inhalte“ in spezifischen Kommunikationssituationen konstituiert wird, „die von Konventionen, Traditionen, Normen und Ökonomien des Fachs vorgegeben und erwartbar sind“ (Kalverkämper 1983: 128; 1998 c: 31 f.). Die Qualität der Fachlichkeit beinhaltet die Komponenten Systematik, Zielgerichtetheit, methodische Vorgehensweise, Transparenz, Erfaßbarkeit in einem Regel- oder Anweisungswerk sowie Lehrbarkeit, sie ist an die fachliche Qualifikation der im Fach in Theorie und Praxis Handelnden geknüpft, und die Mehrheit der Fächer zeichnet sich in der modernen Gesellschaft durch einen hohen Spezialisierungsgrad aus (vgl. Kalverkämper 2001: 356 f.). Das Handeln im Fach setzt bei den fachlich Handelnden folgende Merkmale der fachlichen Qualifikation voraus: die Fähigkeit zum systematischen Erfassen sachlicher Zusammenhänge, spezifisches, durch Ausbildung erworbenes Spezialwissen und Kenntnisse über ein bestimmtes Fach, Fertigkeiten hinsichtlich spezifischer Handlungsabläufe und Arbeitsprozesse sowie zielgerichtetes, systematisches, methodisches, erkenntnisförderndes und effizientes, theoriegeleitetes und praxisbestimmtes sowie lehrgeprägtes und lernabhängiges Vorgehen (vgl. ebd.).

Die „*außersprachliche Fachlichkeit* wird durch *kommunikative Fachsprachlichkeit* konstituiert, das Fach durch Kommunikation ‚über das Fach' und ‚im Fach'" (Kalverkämper 1998 b: 15) [Hervorhebungen im Original]. Die außersprachliche Qualität der Fachlichkeit impliziert die sprachliche Qualität der Fachsprachlichkeit (vgl. Kap. 2.2), welche die sprachliche, textuelle Realisierung von Fachlichkeit repräsentiert. Fachlichkeit stellt keine inhärente Qualität eines Texts dar, sondern sie konstituiert sich in einem Text aufgrund des entsprechenden sprachlichen Kontexts, der Kommunikationssituation und des fachlichen Handlungsumfelds (vgl. Kalverkämper 1990 b: 204 f.). *‚Fachlichkeit'* und *‚Fach'* [werden] durch eine fachsprachlich […] merkmalspezifische (referentielle) Kommunikation über die Welt, über die Gegenstände, Sachverhalte und Handlungszusammenhänge in ihr erstellt, […] [d.h.] in *(Fach-)Texten-in-Funktion* (Kalverkämper 1998 b: 6) [Hervorhebungen im Original] [H.T.]. „Fachlichkeit und Fachsprachlichkeit sind relationale Größen", die von der jeweiligen Sicht des Einzelnen abhängen, da ein Laie oder ein Fachmann immer nur in Bezug auf ein Gebiet, den Kommunikationspartner und die Auswahl der sprachlichen Mittel als Nicht-Fachmann oder Experte betrachtet werden kann (vgl. Kalverkämper 1980: 5; 2001: 365).

Im Gegensatz zum Begriff der Fachsprache, „der sich nur auf rein sprachliche Vermittlung von Fachlichem bezieht" (Janich 1998 a: 31), umfaßt der Begriff ‚Fachlichkeit' auch außersprachliche Aspekte wie zum Beispiel fachliche Bilder. „[…] Fachlichkeit ist begrifflich noch nicht wie Fachsprache auf eine Ausdrucksform (sprachlich oder nichtsprachlich) oder einen Vermittlungskanal (optisch oder akustisch) festgelegt.“ (ebd.) Janich beschreibt ‚Fachlichkeit‘ und ‚Fach‘ folgendermaßen:

> „Fachlich sind [...] alle die Elemente der Kommunikation, die zu einem spezialisierten Wissens- oder Arbeitsgebiet gehören und von Menschen verwendet werden, die in diesem Fach ausgebildet sind, die damit also weitgehend seine Methodik und Terminologie zu beherrschen gelernt haben und denen die für das Fach typischen Handlungsabläufe, Kommunikationsgewohnheiten und Zuständigkeitsbereiche vertraut sind. Eine wichtige Komponente des Begriffs eines Fachs ist also der Aspekt der Professionalität.“ (Janich 1998 a: 32)

Bei der Untersuchung von Werbung für Laien und der darin verwendeten Werbesprache handelt es sich nicht um an Fachleuten orientierter Fachlichkeit und um Fachsprachlichkeit im Fach. Aus diesem Grund ist es möglich ist, daß folglich in den Werbeanzeigen keine Fachlichkeit im Sinne der Fächer und Wissenschaften vorliegt, sondern daß es sich möglicherweise um inszenierte Fachlichkeit (vgl. Kap. 2.1.4) handelt. Deshalb wird eine Unterscheidung zwischen Fachlichkeit im engeren Sinne und Fachlichkeit im weiteren Sinne vorgenommen.

Fachlichkeit im engeren Sinne bezieht sich auf die Elemente, deren Denotat fachlich ist, d.h. Elemente, die in der Fachkommunikation als akzeptiert fachlich auftreten können (vgl. Janich 1998 a: 31):

> „*Fachlichkeit im engeren Sinn* [wird] allen Elementen der sprachlichen und der nichtsprachlichen Ausdrucksform zugewiesen [...], die – indem sie Denotate eines speziellen Arbeits- oder Wissensgebietes (= eines Fachs) aufweisen – in der Kommunikation zweckrational verwendet werden, um auf Sachverhalte oder Gegenstände dieses Fachs zu referieren [...].“ (Janich 1998 a: 32) [Hervorhebungen im Original] [H.T.]

Fachlichkeit im weiteren Sinne hingegen umfaßt alle die Elemente, die ein fachliches Konnotat aufweisen oder fachliche Assoziationen hervorrufen, so daß es sich bei dieser Form der Fachlichkeit häufig nur um „scheinbare, inszenierte Fachlichkeit“ handelt (vgl. Janich 1998 a: 31 f.):

> „*Fachlichkeit im weiteren Sinn* [bezeichnet all das], was wegen seiner äußeren Ähnlichkeit oder aufgrund des Kontexts oder Kotexts, in dem es sich befindet, beim Laien den Eindruck erweckt, es würde sich auf ein Denotat eines speziellen Arbeits- oder Wissensgebietes beziehen [...]. Tatsächlich kann diesen Elementen

> jedoch nur ein fachbezogenes Konnotat [...] bzw. das Hervorrufen fachbezogener Assoziationen zugesprochen werden [...]." (Janich 1998 a: 32 f.) [Hervorhebungen im Original] [H.T.]

Im Rahmen der vorliegenden Arbeit wird die oben zitierte Definition von „Fachlichkeit im engeren Sinne" und „Fachlichkeit im weiteren Sinne" als Basis genommen, an die sich die Definition von „Fachsprachlichkeit" in Bezug auf Termini, die fachlich im engeren bzw. im weiteren Sinne sind (vgl. Kap. 2.2.2.1), anschließt und auf der die Untersuchung fachlicher Elemente in der Anzeigenwerbung auf der sprachlich-textuellen, semiotischen und kognitiven Ebene im Empirieteil erfolgt (vgl. Kap. 5.2 sowie Kap. 6.2).

2.1.2 Kennzeichen von Fach und Fachlichkeit

Fächer sind durch die „Merkmale der sozialen gesonderten Zugehörigkeit (Fachleute), des eingegrenzten und dabei spezialisierten Handlungsbereichs (Beruf, Handwerk, Wissenschaft, Fach) und der besonderen [...] Fachsprache" (Kalverkämper 2001: 364) gekennzeichnet. Der Begriff des Fachs beinhaltet die Charakteristika interne Identitätsbildung und externe Ausgrenzung, stoffliche Eingrenzung und thematische Abgrenzung, soziale Identifikation und Sozialprestige und Lernen, Lehre, Ausbildung (vgl. Kalverkämper 1998 c: 28; 1992: 37) sowie die in der pragmatischen Definition des Fachbegriffs dargestellten Merkmale (vgl. Kap. 2.1.1). Die konstitutiven Charakteristika des Fachbegriffs und die Spezifika der Fachlichkeit sind in das Sprachsystem (vgl. Kap. 2.2) integriert (vgl. Kalverkämper 1998 b: 11).

Fachlichkeit und fachliches Handeln, insbesondere Fachkommunikation auf der sprachlichen Ebene, sind nach Janich durch folgende Eigenschaften gekennzeichnet (vgl. Janich 2004: 178):

- systematische Einbettung fachlicher Handlungen in einen Handlungszusammenhang, der Rahmenbedingungen und unmittelbare Voraussetzungen schafft
- Zweckrationalität fachlicher Handlungen, d.h. Gerichtetheit auf ein produktives Ziel
- gezieltes methodisches Vorgehen

- Transparenz, Verständlichkeit und methodisch-systematische Nachvollziehbarkeit
- Erfaßbarkeit fachlicher Handlungen und Fixierung in Form von Fachliteratur
- Lehrbarkeit sowie Weiterentwicklung im Sinne von Optimierung und Fortschritt

Kalverkämper stellt fest, daß es „offenbar konstante Merkmale der Fachlichkeit gibt, die sowohl dem befragten Durchschnittsmenschen auf der Straße, als auch dem professionell mit und in Fächern Beschäftigten bewußt sind“ (Kalverkämper 1990 a: 94). Die Qualität der Fachlichkeit, insbesondere die fachliche Qualifikation von Experten als gruppenkonstituierendes Merkmal umfaßt „fünf ‚Ursachengebiete‘ […], die die Wissenspsychologie und die Arbeitswissenschaft als ‚qualifizierend‘ für Fachzugehörigkeit, Expertenwissen, Könnerschaft herauskristallisiert haben“ (Kalverkämper 2004 b: 138):

- „bereichsspezifisches *Wissen*“
- „bereichsübergreifende heuristische Strategien des Aufgabenbearbeitens und Problemlösens, verknüpft mit verallgemeinertem Wissen“
- „leitbildhaft wirksame Vorstellungen – eine professionelle Perspektive – von *idealen*, aufgabenangemessenen *Vorgehensweisen*“
- „das bewußt *reflektierte* Führen und Kontrollieren aufgabenangemessener Vorgehensweisen, für welches Experten als reflective practitioners“
- „über metakognitives Können verfügen“ (Hacker 1996 in Kalverkämper 2004 b: 138) [Hervorhebungen im Original]

Auf der Grundlage dieser Charakteristika konstituiert sich das „hohe Sozialprestige“ von Fachleuten, das aus dem hohen Stellenwert von Wissen und Können, von Spezialkenntnissen in der Gesellschaft resultiert (vgl. Kalverkämper 1998 b: 2). Fächer dienen der Segmentierung und überschaubaren Gestaltung der „Komplexität der Welt“ und „der Verortung des Handelns in der Welt“ (vgl. ebd.: 8 f.). Diese funktionelle Basis manifestiert sich anhand der horizontalen Gliederung der Fächer (vgl. Kap. 2.1.1) und der vertikalen Schichtung der Fachsprachen (vgl. Kap. 2.2.1). In einem Stratifikationsmodell untergliedert Hoffmann die Fächer nach „theoretischen Grundlagenwissenschaften", „experimentellen Wissenschaften", „angewandten Wissenschaften und Technik", „materieller Produktion" sowie „Konsumtion" (vgl. Hoffmann 1985: 64 ff.).

2.1.3 Gegenüberstellung von Fachlichkeit und Nicht-Fachlichkeit

Der Kategorie der Fachlichkeit, des fachlichen Handelns und des Fachmanns, der über spezifisches Fachwissen verfügt, wird im allgemeinen jene des nichtfachlichen Handelns, des Alltags und des Nicht-Fachmanns, d.h. des Laien, der sich durch Unkenntnis und allgemeines Alltagswissen auszeichnet, gegenübergestellt (vgl. Kalverkämper 1990 a: 95; 1998 b: 15). Es stellt sich recht schwierig dar, die außersprachliche Qualität der Fachlichkeit, die sich als linguistische Kategorie der Fachsprachlichkeit manifestiert, von jener der Nicht-Fachlichkeit, die sich sprachlich in Form der Gemeinsprache äußert, abzugrenzen, da es zwischen diesen beiden Bereichen zahlreiche Überschneidungen gibt (vgl. Kalverkämper 2004 b: 139):

> „[...] repräsentieren die Mischungsverhältnisse die Lebenswirklichkeit: Der *Alltag* mit seiner gemeinsprachlichen Bewältigung ist ‚eigentlich' organisiert als Überschneidungsmenge von fachlichen Arbeiten [...]." (Kalverkämper 2004 b: 143) [Hervorhebung im Original]

Als Prototyp für diese Überschneidungsmenge nennt Kalverkämper die Hausfrau, die im Alltag ein breites Spektrum spezieller fachlicher Tätigkeiten und Arbeiten wie beispielsweise Kindererziehung, Gartenarbeit und Erledigung von Bankgeschäften ausführt (vgl. ebd.).

Um sich im Alltag über Fachliches verständigen zu können, bedarf es der entsprechenden Fachterminologie, die beim alltäglichen Sprechen darüber in die Gemeinsprache integriert wird, so daß daraus eine Verschränkung von Gemeinsprache und Fachsprache folgt, d.h. in der Gemein- bzw. Alltagsprache werden Fachtermini verwendet, um über fachliches Handeln im Alltag sprechen zu können (vgl. ebd.).

Aufgrund der vielfältigen Überschneidungen zwischen den Kategorien der Fachlichkeit und der Nicht-Fachlichkeit sowie der unpräzisen Abgrenzungsmöglichkeiten plädiert Kalverkämper für die Aufhebung des außersprachlichen Axioms der Fachlichkeit gegenüber der Nicht-Fachlichkeit und der linguistischen Dichotomie von Fachsprachen und Gemeinsprache (vgl. Kalverkämper 1990 a). Er stellt die gängige Antonymie ‚Laie versus Fachmann' sowie die Dichotomie ‚Gemeinsprache versus Fachsprache' in Frage und schlägt stattdessen ein neues Denkmodell einer graduellen Skala von Fachlichkeit sowie für die zugehörigen referentiellen Texte und Kommunikationssituationen eine dementsprechende gestufte Skala von Fachsprachlichkeit vor, so daß die bestehenden Gegensätze zwischen Laien und Experten sowie zwischen der Gemeinsprache und den Fachsprachen aufgehoben werden und eine Integration dieser Gegensatzpaare mit der einigenden Eigenschaft der Fachlichkeit in Form einer gestuften Fachlichkeits- und Fachsprachlichkeitsskala erfolgen kann (vgl. Kalverkämper 1992: 39 f.). Folglich werde eine Integration der Nicht-Fachlichkeit, der Laienschaft in die Kategorie der Fachlichkeit vollzogen, d.h. die Beziehung der Kategorien ‚Fachmann versus Laie' sei von der verbindenden Qualität der Fachlichkeit geprägt, wobei die Kategorie ‚Fachmann' merkmalreich hinsichtlich der Eigenschaft des Fachlichen und die Kategorie ‚Laie' merkmalreduziert in Bezug darauf sei, so daß die Kategorie des Nicht-Fachmanns nunmehr von dem Merkmal der Fachlichkeit als merkmalreduzierte Form der Fachlichkeit miterfaßt werde und nicht mehr der Kategorie des Fachmanns gegenüberstehe (vgl. Kalverkämper 1990 a: 98). Auf einer gestuften Fachlichkeitsskala stelle dieser alltagsorientierte Bereich dann deren Extrempunkt am unteren Ende dar Skala dar, und am oberen Ende der Skala würde die „reine" Fachlichkeit, das vollkommene sachbezogene Expertentum stehen (vgl. ebd.). In konkreten sach- und fachorientierten Kommunikationssituationen manifestiert sich die dargestellte Integration von Nicht-Fachlichkeit in die Kategorie der Fachlichkeit in der Aufhebung der Dichotomie ‚Gemeinsprache versus Fachsprachen' und in einer daraus resultierenden graduellen Skala der Fachsprachlichkeit (vgl. Kap. 2.2.4.3).

2.1.4 Werbende Fachlichkeit

Fachlichkeit in der an Laien gerichteten Werbung resultiert oft in der sogenannten „Werbenden Fachlichkeit", einer Strategie, derer sich die Werbung bedient, um mittels des Einsatzes fachlicher Elemente auf der sprachlich-textuellen und semiotischen Ebene den Anschein von Wissenschaftlichkeit zu erwecken, die

Glaubwürdigkeit seitens des laienhaften Rezipienten in Bezug auf die beworbenen Produkte zu erhöhen, den Adressaten der Werbung mit Hilfe dieser Werbestrategie zu überzeugen und somit ihre Hauptintention zu erreichen.

Das in der Werbung realisierte Ganzheitlichkeitskonzept (vgl. Kap. 1.3.3) impliziert eine „Inszenierung von Fachlichkeit, insbesondere von Wissenschaftlichkeit“ (Kalverkämper 2004 b: 146). Kalverkämper bezeichnet die werbende Fachlichkeit als „Imponiergehabe im Alltagskontext“, „Jargonisierung der Gemeinsprache“ oder als „abundanten Gebrauch von Hülsenwörtern“ (ebd.). Damit einher geht eine „wissenschaftliche Durchdringung des Alltags und seiner Sprache“ (Pörksen 1992: 18 f.). In der unspezifischen Werbung für Laien werden fachliche Komponenten wie beispielsweise Fachtermini und fachliche Bilder häufig verwendet, um dadurch den Anschein von Wissenschaftlichkeit und Expertentum zu erwecken, d.h. „der gesamtgesellschaftliche Trend zu Technisierung und Verwissenschaftlichung wird werbewirksam eingesetzt“ (Mautner 1998: 760).

Fachkenntnis und Expertentum sind Werte, die in der modernen Wissens- und Bildungsgesellschaft hohes Ansehen genießen und der Werbung, in der sie verwendet werden, eine höhere Glaubwürdigkeit und ein höheres Prestige verleihen (vgl. Kalverkämper 2004 b: 147). Das hohe Ansehen eines Fachs ermögliche der Werbung eine Partizipation an diesem Prestige, wenn sie auf die entsprechende Fachsprache zurückgreife (Janich 2001: 261). Nach Baumgart wird mit der Verwendung fachlicher Elemente in der Werbung die fachmännische Kompetenz des Rezipienten angesprochen und ein Maß an Überprüfbarkeit der vermittelten Informationen suggeriert (vgl. Baumgart 1992: 232). „Fachsprachliche Äußerungsmuster in der Alltagskommunikation“ genießen hohes soziales Ansehen (Pöckl 1990: 279). Nach Pöckl werden Termini oft als Statussymbol oder zur Statussicherung eingesetzt und können Objektivität oder einen Wissensvorsprung vortäuschen (vgl. ebd.).

Gipper stellt ebenfalls fest, daß die Wissenschaften in der modernen Gesellschaft ein sehr hohes Ansehen und Sozialprestige genießen. Es bestehe ein beträchtliches Vertrauen in den Erkenntnis- und Wahrheitswert der wissenschaftlichen Fachsprachen, so daß man sogar von einer Wissenschaftsgläubigkeit sprechen könne (vgl. Gipper 1979: 132). Die Werbung versuche, sich dies durch die Verwendung von Fachsprache zunutze zu machen, jedoch erweise sich die Fachsprache in der Werbung meist nur als inszeniert:

> „Den Konsumenten bzw. den potentiellen Käufern […] wird aber häufig mit fachsprachlichen ‚Aufhängern' eine wissenschaftlich garantierte Qualität von Erzeugnissen […] vorgegaukelt, die sachlicher Nachprüfung nicht standhält." (Gipper 1979: 133) [Hervorhebung im Original]

Unter „Aufhängern" versteht Gipper fachspezifische Termini, die in der Lage seien, „eine wissenschaftlich verbürgte Qualität vorzutäuschen" (ebd.: 134). Gipper unterscheidet zwei psychologische Strategien, die in der Werbung Anwendung finden, um Fachsprachliches werbend wirksam zum Zweck der Erhöhung der Glaubwürdigkeit der beworbenen Produkte einzusetzen (vgl. ebd.: 133 ff.). Einerseits werde in der Werbung die Absicht verfolgt, die angepriesenen Produkte mehr erscheinen zu lassen, als sie tatsächlich sind. Um diese Intention zu erreichen, bediene sie sich fachsprachlicher Mittel, die nicht dem Zweck der genauen Informierung des Konsumenten dienen, sondern zur Erhöhung der Glaubwürdigkeit und somit zur Erhöhung der Verkaufschancen eingesetzt werden. Es handele sich häufig um vorgetäuschte Informationen und inszenierte Fachtermini, die vom angesprochenen Nichtfachmann nicht durchschaut bzw. verstanden werden, selbst für den Fachmann oft nicht sinnhaltig seien, die aber auch verwendet werden, um dem Laien zu schmeicheln, da er sich in der Annahme wähne, es werde ihm zugetraut, die verwendeten Termini zu verstehen. Andererseits werden in der Werbung positive bzw. negative umgangssprachliche Konnotationen ausgenutzt. Die in der Alltagssprache angelegte Wertigkeit von Sprachmitteln werde gezielt so verstärkt, daß sie sich absatzfördernd auswirke. So werden beispielsweise positive Adjektive wie *medizinisch*, *biologisch* oder *natürlich*[5] in der Werbung verwendet, die beim Rezipienten positive Kon-

5 Gipper erläutert in seinem Aufsatz „Fachsprache in Wissenschaft und Werbung. Erkenntnisgewinn und Irreführung" anhand von mehreren Beispielen die Sinnhaltigkeit bzw. Sinnlosigkeit solcher Adjektive im Rahmen von deren inszenierter Verwendung in der Werbung (vgl. Gipper 1979: 135 ff.).

notationen und Assoziationen auslösen, die aber objektiv betrachtet nichtssagend und ohne wissenschaftlichen Wert seien.

„Werbe-Anzeigentexte erzeugen oft den Eindruck von ‚Fachsprachlichkeit' [...]" (Wilde 1994 a: 1). Wilde stellt die Hypothese auf, „daß der Eindruck von Fachlichkeit mit der Frequenz und der Komplexität der fachsprachlichen syntaktischen Strukturen steigt" (ebd.). Janich spricht von einer „gezielt verschleiernden, auf Prestige aufbauenden, uniformativen (Pseudo-)Fachlichkeit in der Werbung" (Janich 1998 a: 53) und beschreibt die Wirkung von Pseudofachsprache wie folgt:

> „[Fachsprache] nutze nur die Aura der Termini – der Rezipient solle dann gerade durch die Unverständlichkeit der Ausdrucksweise in Sicherheit gewiegt werden, dass hier kompetente Fachleute am Werk sind, die wissen, wovon sie reden." (Janich 1998 a: 53) [H.T.]

In der an Laien gerichteten Werbung wird mittels der Verwendung fachlicher Elemente Fachlichkeit suggeriert, die vielfach weder auf Fachkompetenz seitens des Produzenten der Werbung basiert noch vom laienhaften Rezipienten angemessen verstanden werden kann, da er im allgemeinen nicht über das entsprechende fachspezifische Vorwissen verfügt. Fachliche Komponenten werden in der Laienwerbung intentional so eingesetzt, daß deren Verständlichkeit häufig nicht gesichert ist, da ihr Zweck meist ausschließlich in der Evokation des Eindrucks von Wissenschaftlichkeit und in der Erhöhung der Glaubwürdigkeit besteht. Nach Brandt werden thematische Informationen über ein bestimmtes Produkt wie beispielsweise technische Details zu einem Produkt, die außerhalb der Sachkompetenz des Rezipienten liegen, in der Werbung persuasiv eingesetzt, um an die Wissenschafts-, Technik- und Fortschrittsgläubigkeit des Rezipienten zu appellieren (vgl. Brandt 1973: 123). Die in der Werbung für Laien verwendete fachliche Lexik wird nicht zur Information des Rezipienten verwendet, denn „eine echte Vermittlungsleistung zwischen Expertendiskurs und Laiendiskurs wird durch das punktuelle Einstreuen von Fachtermini kaum geleistet" (Mautner 1998: 761). Vielmehr wird mit Hilfe der fachlichen Elemente Pseudofachlichkeit geschaffen. So werde Fachsprache vielfach allein wegen ihres Prestigewerts und nicht wegen ihres Informationsgehalts gezielt manipulatorisch zur Verkaufsförderung eingesetzt (vgl. ebd.: 762).

Ein weiterer Aspekt, welcher der werbenden Fachlichkeit Rechnung trägt und mittels dessen die Übermittlung von Fachinformationen sowie Wissenschaftlichkeit vorgetäuscht werden kann, ist der Einsatz von fachlich wirkenden visuellen Mitteln wie Bildern oder graphischen Darstellungen in der Werbung. So werden beispielsweise scheinbare Experten gezeigt oder fachliche Darstellungen wie Diagramme oder Fotos von Produktdetails verwendet, die Konnotationen zu Seriosität und Autorität evozieren und den Eindruck von Fachlichkeit erwecken (vgl. Gipper 1979: 138; Stöckl 2004: 274).

Im Rahmen der Analyse der Werbeanzeigen wird der Aspekt der „Werbenden Fachlichkeit" bzw. der Pseudofachlichkeit auf der sprachlich-textuellen und semiotischen Ebene in die Untersuchung einbezogen (vgl. Kap. 5 sowie Kap. 6).

Außerdem wird unter dem Gesichtspunkt der Funktion und Wirkung pseudofachlicher Elemente in der Werbung im Resultatteil die Frage der Informierung versus Inszenierung mit Bezug auf die Fachlichkeit in der Werbung diskutiert (vgl. Kap. 7.3).

2.2 Fachsprache und Fachsprachlichkeit

2.2.1 Definition von Fachsprache und Fachsprachlichkeit

Der Begriff der Fachsprache ist ein komplexes Phänomen, das sehr heterogen und vielschichtig ist und bisher keiner allgemeingültigen Definition standhält.

Eine der am häufigsten zitierten Definitionen von Fachsprache ist die von Hoffmann:

> „Fachsprache – das ist die Gesamtheit aller sprachlichen Mittel, die in einem fachlich begrenzbaren Kommunikationsbereich verwendet werden, um die Verständigung zwischen den in diesem Bereich tätigen Menschen zu gewährleisten." (Hoffmann 1985: 53)

Hoffmann geht von einer abstrakten Gesamtsprache aus, die alle verfügbaren Sprachmittel eines Sprachsystems umfaßt, und betrachtet die Fachsprachen als Teilsystem bzw. Subsprachen dieses ganzheitlichen Sprachsystems, die sich einer Auswahl fachsprachlicher Mittel aus der Gesamtsprache zur Befriedigung ihrer speziellen kommunikativen Bedürfnisse im Fach bedienen, unter bestimmten pragmatischen Bedingungen eingesetzt werden und spezifisches Wissen voraussetzen (vgl. ebd.: 50 f.).

Möhn/Pelka definieren Fachsprache unter kommunikativen, pragmatischen, funktionalen und relationalen Gesichtspunkten wie folgt:

> „[...] die Variante der Gesamtsprache, die der Erkenntnis und begrifflichen Bestimmung fachspezifischer Gegenstände sowie der Verständigung über sie dient und damit den spezifischen kommunikativen Bedürfnissen im Fach allgemein Rechnung trägt. Fachsprache ist primär an Fachleute gebunden, doch können an ihr auch fachlich Interessierte teilhaben." (Möhn/Pelka 1984: 26).

In der Fachsprachenforschung wird Fachsprache unter funktionalen Aspekten als „Funktionssprache" betrachtet, „die bestimmte kommunikative und kognitive Funktionen innerhalb eines Fachbereichs erfüllt" (Drozd/Seibicke 1973: 81). Kalverkämper definiert Fachsprachen als „Sprachen für ‚besonderen' sachlich-fachlichen und kommunikativen Bedarf" (Kalverkämper 1988 a: 153). Er bezeichnet die Fachsprachen aufgrund ihrer sozialen Bindung an Fachleute und ihrer Zweckgebundenheit, d.h. der zweckgebundenen Verknüpfung von Kommunikation und Handeln im Fach als Funktiolekte, da es sich bei den Fachsprachen um „erlernbare (Sprecher) und verstehbare (Hörer) sprachliche Mittel, deren Einsatz funktional abhängig ist" (Kalverkämper 2001: 350), handelt, die bei der textuellen Realisierung in Fachtexten in eine spezielle Kommunikationssituation eingebettet sind (vgl. Kalverkämper 1980: 12). Mit Hilfe von Fachsprachen werden Fächer konstituiert, deren Inhalte und Ziele als „Größen der Welt und des Handelns" sowie deren Grenzen festgelegt und die Verhältnisse zu anderen Fächern geklärt (vgl. Kalverkämper 1990 a: 99 f.).

Janich beschreibt Fachsprachen als „Varietäten oder Existenzformen der [...] Sprache, die auf der Standardsprache fußen, sich aber durch einen besonderen Wortschatz und die Bevorzugung bestimmter syntaktischer Konstruktionen auszeichnen und zweckgebunden zur fachinternen, interfachlichen oder fachexternen Kommunikation eingesetzt werden" (Janich 1998 a: 33 f.). Sie bezeichnet Fachsprachen ebenfalls als „Funktiolekte, mit deren Hilfe das Ziel einer möglichst effektiven Kommunikation über fachliche Sachverhalte erreicht werden soll" (Janich 2004: 177).

Schröder definiert Fachsprachen unter einem kommunikativ-pragmatischen Aspekt als „Ausdruck einer bestimmten Form sozialen Handelns im Fach" (Schröder 1993: XI). Die „fachbezogene Sprachkommunikation [...] [berücksichtigt] einerseits sowohl textinterne als auch textexterne Faktoren und [geht] andererseits über die sprachlichen Ebenen der Vertextung [hinaus] und [umfaßt] den Bereich der semiotischen Vertextungsmittel" (ebd.) [H.T.].

Bei der Analyse fachlicher und fachsprachlicher Elemente in Nicht-Fachtexten, d.h. im Fall der vorliegenden Arbeit bei der Untersuchung von an Laien gerichteten Werbeanzeigen, kann Fachsprache nicht im Hinblick auf pragmatische Aspekte wie den fachlichen Gegenstand, die fachlich kompetenten Kommunikationspartner, die fachliche Situation und andere Faktoren definiert werden, da diese Kriterien für Nicht-Fachtexte, in denen fachliche Komponenten analysiert werden, nicht zutreffen (vgl. Wilde 1994 b: 19). Es liegt ein Sonderfall vor, denn in der Werbung für Laien kommunizieren nicht Fachleute über einen fachlichen Gegenstand, sondern Werbeproduzenten richten sich an laienhafte Adressaten und bedienen sich zur Gestaltung der Werbebotschaft fachlicher und fachsprachlicher Elemente (vgl. Janich 2003: 160). Aus diesem Grund wird an dieser Stelle Bezug auf die von Forner vorgelegte Definition von Fachsprache unter einem funktionalen Gesichtspunkt Bezug genommen: „Fachsprache ist definierbar als *Funktionalstil*, der sich von anderen Stilen systematisch unterscheidet." (Forner 1990 in Wilde 1998 b: 19) [Hervorhebung im Original].

Kalverkämper definiert Fachsprachen als Gesamtheit von „*fachsprachlichen Mitteln für ein fachliches, ein fachbezogenes oder -gebundenes Kommunizieren*" (Kalverkämper 2001: 350) [Hervorhebungen im Original]. Die Kommunikation über fachliches Handeln, über Fachlichkeit erfolgt über die Fachkommunikation, über die Qualität der Fachsprachlichkeit, und fachliches Handeln und fachsprachliches Kommunizieren verbinden sich in fachlichen Sprachverwendungssituationen (vgl. ebd.: 361). Fachsprachlichkeit repräsentiert die sprachliche, textuelle Realisierung von Fachlichkeit und wird „von den Textelementen im funktionierenden Textganzen, im ‚Fachtext-in-Funktion'" (ebd.: 370) signalisiert. Die spezifische Auswahl und Kombination dieser Textelemente determiniert den Grad der Fachsprachlichkeit und weist auf die intendierten Adressaten hin (vgl. ebd.). Fachsprachlichkeit äußert sich in Form von Termini, Argumentationsstrategien, Visualisierungen und anderen Komponenten (vgl. Kalverkämper 2004 b: 146).

Auf der Grundlage des Stratifikationsmodells für die Fächer (vgl. Kap. 2.1.2) nimmt Hoffmann folgende vertikale Schichtung der Fachsprachen[6] vor: „Sprache der theoretischen Grundlagenwissenschaften“, „Sprache der experimentellen Wissenschaften“, „Sprache der angewandten Wissenschaften und der Technik“, „Sprache der materiellen Produktion“ und „Sprache der Konsumtion“ (Hoffmann 1985: 64 ff.). In die Kategorie „Sprache der Konsumtion“ kann partiell als Sonderform die Sprache der Werbung eingeordnet werden, da in der Werbung zum Erreichen der appellativen Intention zahlreiche fachsprachliche Mittel eingesetzt werden (vgl. Pöckl 1990: 269).

2.2.2 Kennzeichen von Fachsprachlichkeit

Die Fachsprachen und der wissenschaftliche Fachstil, der sich mittels der Fachsprachlichkeit äußert, weisen typische Merkmale wie „Sachbezug“, „Primat der Symbol-(Referenz-)Funktion“ (vgl. Biere 1998: 402), „Sachlichkeit“, „Logik“, „Abstraktheit“, „Exaktheit“, „Präzision“, „Klarheit“, „Explizitheit“, „Informationsdichte“, „fehlende Emotionalität“, „Unpersönlichkeit“, „feste Argumentationsmuster“ und „geregelte Textaufbaustrukturen“ auf (vgl. Hoffmann 1985: 42; Kalverkämper 2001: 370). Die Kennzeichen von Fachsprachen zeigen sich in ihrem Zusammenwirken in der Fachsprachlichkeit als „Textqualität“. (vgl. Kalverkämper 2001: 370). Die Charakteristika der Fachsprachlichkeit konstituieren sich auf der Grundlage einer spezifischen Auswahl sprachlicher Mittel aus dem weiten Spektrum der Gesamtsprache und manifestieren sich als gemeinschaftlich in der Fachkommunikation wirkende Signale (vgl. ebd.).

---

6 Zu den semiotischen, sprachlichen und kommunikativen Merkmalen der verschiedenen Schichten der Fachsprachen vgl. Roelcke 2005: 39 f.

Roelcke nennt folgende funktionale Eigenschaften von Fachsprachen: „Deutlichkeit, Verständlichkeit, Ökonomie und Anonymität, daneben auch Identitätsstiftung" (Roelcke 2005: 28). Janich erläutert diese fachsprachlichen Qualitäten (vgl. Janich 2004: 177 f.): Unter „Deutlichkeit" werden Eigenschaften wie „Exaktheit bzw. Genauigkeit" subsumiert. Unter „Verständlichkeit" ist die „intersubjektive Nachvollziehbarkeit bei entsprechendem fachlichen Wissen" zu verstehen. „Ökonomie" umfaßt „einerseits die sprachliche Kürze (Kondensation) und andererseits die inhaltliche Dichte (Komprimierung)". Zur „Anonymität" gehören verschiedene Aspekte wie „Unpersönlichkeit" und „ästhetisch-stilistische und emotionale Neutralität". „Identitätsstiftung" nimmt einerseits Bezug auf „das Prestige von Fachsprachen nach außen, andererseits auf die Stiftung und Sicherung von Gruppenidentitäten nach innen". „Für Fachkommunikation gilt bei größtmöglicher Informativität das Ideal der Kürze und Ökonomie, das allerdings mit der Forderung nach Verständlichkeit konkurrieren kann [...]." (Janich 2004: 178)

Typische Kennzeichen der Fachkommunikation sind die sprachlichen Funktionen ‚deskriptiv', ‚argumentativ' und ‚instruktiv' (vgl. Kalverkämper 2004 b: 133), d.h. die sachbezogene Beschreibung, das Abwägen von Argumenten sowie die Instruktion des Fachmanns bezüglich des Umgangs mit Arbeitsmitteln im Fach und des Einsatzes von Methoden repräsentieren Spezifika der Fachkommunikation.

Fachsprachlichkeit stellt eine kommunikative Qualität, eine Textqualität dar, die in erster Linie in Fachtexten Anwendung findet (vgl. Kalverkämper 1990: 204; 2001: 367). Fachsprachliche Charakteristika manifestieren sich in Fachtexten auf den Ebenen der Textsortenbezeichnung (Fachlichkeitsausweis des Texts) und eines differenzierten Textsortenspektrums, der Textkomposition (Gliederungsformen, Teiltexteinbettung, Transparenz in der Darstellung, logische Abfolge und systematische Anlage), der Textkohärenz (direkte Wiederaufnahme, explizite Textphorik, dichte Verkettung der Gedankenschritte), der Integration semiotisch unterschiedlicher Informationen (Bilder, Diagramme, Tabellen, etc.), der Metasprachlichkeit (Textphorik, Intertextualität, methodische Textführung), der Integration von Termini in Erklärungs- und Definitionstexte im Gesamttext sowie der textsemantischen Konstanz (dichte, inhaltlich-fachlich orientierte Isotopie) (vgl. ebd.).

Fachsprachen zeichnen sich durch eine „charakteristische Auswahl, Verwendung und Frequenz sprachlicher Mittel“ (Möhn/Pelka 1984: 26 f.) auf den verschiedenen Sprachebenen sowie eine „hohe Normhaftigkeit in Lexik, Morphosyntax und Textstrukturen“ (Kalverkämper 1998 d: 48) aus. „Die Besonderheit der Fachsprachen [...] liegt einmal in ihrem speziellen, auf die Bedürfnisse des jeweiligen Fachs abgestimmten Wortschatz, dessen Übergänge zur Gemeinsprache fließend sind, [und] zum anderen [...] in der Gebrauchsfrequenz bestimmter (gemeinsprachlicher) grammatischer (morphologischer, syntaktischer) Mittel“ (Fluck 1996: 12) [H.T.]. Spezifika von Fachsprachen manifestieren sich auf den verschiedenen Ebenen der Fachkommunikation von der Phonetik und Phonologie, Lexik und Semantik sowie Morphologie und Syntax bis zum Text, der Pragmatik (Kommunikationssituation und -partner, Handlung, außersprachlicher Referent) sowie der Bildsemiotik und Kulturalität. Wilde führt folgende Kennzeichen des Fachstils an, durch die Fachtexte geprägt sind:

> „[...] monologischer Charakter der Rede, komplexe syntaktische Konstruktionen, Hypotaxe, Spaltung des Prädikats, Nominalität, Verbalsubstantive, Desemantisierung der Verben, ‚zeitloses‘ unperfektives Präsens, unpersönliche und passivische Formen des Verbs.“ (Wilde 1994 a: 7; 1998 b: 18).

Kalverkämper nennt folgende übereinzelsprachlich geltende Merkmale der Fachsprachlichkeit, die in Fachtexten-in-Funktion auftreten und sowohl in den Fachsprachen des Deutschen als auch des Französischen Anwendung finden, aufgrund sprachstruktureller Unterschiede jedoch variieren können (vgl. Kalverkämper 1990 a: 120; 1998 c: 36)[7]:

- Terminologisierung, Internationalismen
- Komposition, Derivation
- Kasus-Vitalität (Genitivreihungen im Deutschen)

---

7 Insbesondere zu den Charakteristika der französischen Fachsprachen vgl. auch Lerat 1995.

- Funktionsverbgefüge
- Präferenz des Passivs, Deagentivierung
- Gebrauch von Partizipien, Infinitiven, Gerundiven
- Dominanz des Tempus Präsens
- Bevorzugung der dritten Person
- Relationsadjektive
- Nominalisierung; Nominalstil
- Thema-Rhema-Verteilungen; Entropie
- Verweisstrukturen (Textdeixis)
- spezifische Textbaupläne (Makrostrukturen); Textstrukturen, Textkohärenz, Textgliederungen
- Metainformationen (Reflexivität), metasprachliche und metakommunikative Komponenten
- Hypothesenbildung
- Textsortenspektrum
- Textpragmatik (Situationsbindungen)
- Text-Bild-Relationen
- formale Konventionen (Layout)
- Kulturspezifika (interkulturell auffällige Konventionen)

Fachsprachen unterliegen einer strengen und systematischen Organisation des Wortschatzes (vgl. Kalverkämper 2004 b: 135). Fachtexte zeichnen sich durch eine spezifische Terminologie (vgl. Kap. 2.2.2.1) sowie vorgegebene Textsortenkonventionen (vgl. Kap. 2.2.2.2) aus.

2.2.2.1 Terminologie

Ein wesentliches Charakteristikum der Fachsprachen ist der spezifische Wortschatz bzw. die Terminologie. Fachtexte weisen einen fachspezifischen, dem Gegenstand des jeweiligen Fachgebiets und der Fachsprache entsprechenden Wortschatz auf. Da der Begriff der Fachsprachlichkeit eine relationale Größe darstellt, ist keine deckungsgleiche Zuordnung von Sachgebieten und Sprachbereichen möglich, d.h. es besteht kein Eins-zu-Eins-Verhältnis zwischen außersprachlichen Sachgebieten und entsprechenden Fachsprachen (vgl. Kalverkämper 1980: 5; 1983: 139 ff.).

Um den Begriff der Terminologie bestimmen zu können, bedarf es zunächst einer Definition von ‚Fachwort' bzw. ‚Terminus'. In der Fachsprachenforschung liegt bislang keine allgemeingültige, eindeutige und verbindliche Definition des Terminus vor, sondern es bestehen verschiedene Ansätze. Der Terminus kann als ein Zeichen definiert werden, mit dessen Hilfe ein gedankliches Konstrukt, d.h. ein Begriff dargestellt werden kann (vgl. Hänchen 2002: 20). Nach Hoffmann ist ein Terminus die „sprachliche Repräsentationsform" eines Konzepts (vgl. Hoffmann 1988: 103). Nach der DIN-Norm stellt ein Terminus eine „Einheit aus einem Begriff und seiner Benennung" dar (vgl. Felber/Budin 1989: 13). Kalverkämper bezeichnet Fachwörter als „Einheiten des Fachwortschatzes [...], die durch besondere semantische und morphologische Merkmale ausgezeichnet sind". Das Fachwort verweise auf einen Welt- und Handlungsausschnitt, der in seiner Fachlichkeit sehr eng zu den ihm benachbarten Sachverhalten und Handlungszusammenhängen strukturiert sei und wegen der dadurch notwendigen Abgrenzung auf äußerste begriffliche Präzision Wert legen müsse (Kalverkämper 2001: 384 f.). Termini dienen der Speicherung von Fachwissen als Repräsentation einer Fachsprache (vgl. Kalverkämper 1998 b: 15). Kalverkämper differenziert das Fachwort als „Terminus im weiten Sinne", der mit der Erfüllung bestimmter Qualitäten zu einem „Terminus in einem engen Sinn" werden könne (vgl. Kalverkämper 2001: 385). Termini im engeren Sinne, d.h. „Fachwörter mit bestimmten Qualitäten" konstituieren die Terminologie (ebd.: 386). „Die [durch Normung] festgelegten außersprachlich-fachlichen Realien werden mit einem Definitionskontext, der die konstitutiven Merkmale enthält, erfasst und mit einem Terminus belegt" (ebd.: 390) [H.T.]. Kalverkämper nennt folgende Charakteristika, die ein Terminus aufweist (vgl. ebd.: 385 f.):

- *Fachbezogenheit*: Zugehörigkeit eines Fachworts zu einem Objekt, Sachverhalt oder Handlungszusammenhang im übergeordneten Fach
- *Definiertheit*: genaue semantische Festlegung des Terminus mittels eines Definitionstexts, d.h. der konstitutiven Bezeichnungsmerkmale; „Konnotationsfreiheit" (Pöckl 1998: 1495)

- *Konventionalität*: Verbindlichkeit der Definition des terminologisierten Fachworts im fachlichen Kontext und Verstehenshintergrund, kontextunabhängige Verwendung des Terminus in der Fachkommunikation
- *Systematizität*: strenge Regelung des Stellenwerts eines Terminus gegenüber Nachbartermini mittels Definition, Systemeingebundenheit, enge Strukturierung, scharfe Abgrenzung und hierarchische Positionszuweisung von Termini in einem fachbezogenen Raster, klar geordnete Organisation fachsprachlicher Terminologien
- *Exaktheit*: genaue Bedeutungsfestlegung und präzise Abgrenzung des Terminus gegenüber anderen Termini
- *Eindeutigkeit*: Monosemie, Eindeutigkeit der Zeichenrelation zwischen dem bezeichnenden Terminus und dem bezeichneten Objekt des Fachs
- *Referentialität*: Dominanz der Referenzrelation des Terminus auf den außersprachlichen Gegenstand bzw. Sachverhalt, d.h. der Symbolfunktion gegenüber der Symptom- und Signalfunktion des sprachlichen Zeichens

Im Rahmen der vorliegenden Arbeit werden die Begriffe ‚Terminus', ‚Fachterminus', ‚Fachwort', sowie ‚Terminologie' und ‚Fachwortschatz' synonym gebraucht. Der Begriff des ‚Terminus' wird nicht ausschließlich im engen Sinne der Terminologiewissenschaft und -normung verstanden.

Janich stellt in ihrer Arbeit zu Fachlichkeitskonzepten in der Wirtschaftswerbung folgende Kriterien auf, die ein Terminus erfüllen sollte, um als Fachterminus zu gelten (vgl. Janich 1998 a: 38 ff.): Ein Fachwort muß „einen Platz in der Praxis haben […] und von den Fachleuten des jeweiligen Fachs tatsächlich in der Kommunikation benutzt [werden]" (ebd.) [H.T.]. In diesem Kontext spielt die Professionalität eine wichtige Rolle, da sie auf einer spezifischen Ausbildung und dem Erlernen der entsprechenden Fachsprache basiert. Neutralität und Knappheit seien zwar wünschenswerte Kriterien für Fachtermini, seien aber weder bei genormten noch ungenormten Fachwörtern unbedingt gegeben. „Genauigkeit, Eindeutigkeit, und Kontextautonomie sind Merkmale, die ein Terminus aufgrund seiner Wohldefiniertheit erfüllen sollte." (ebd.: 39) Entsprechend der Definitionen von Fachlichkeit im engeren und weiteren Sinne (vgl. Kap. 2.1.1) differenziert Janich gleichermaßen Wörter mit fachlichem Charakter im engeren Sinne und Wörter mit fachlichem Charakter im weiteren Sinne, um echte oder inszenierte Fachlichkeit in Werbetexten beurteilen zu können (vgl. ebd.: 39 ff.):

> „Als *Wörter mit eindeutig fachlichem Charakter im engeren Sinn* sind all die Wörter zu klassifizieren, die ein fachliches Denotat aufweisen und die man daher in fachspezifischen Lexika bzw. Handbüchern nachschlagen kann.“ (Janich 1998 a: 39) [Hervorhebungen im Original]

> „Als *Wörter mit fachlichem Charakter im weiteren Sinn* werden dagegen diejenigen kategorisiert, die aufgrund ihrer Ausdrucksseite [...] oder inhaltlicher Anspielungen fachliche Assoziationen hervorrufen, die dem Fachjargon zuzuordnen oder gar als pseudofachsprachlich zu klassifizieren sind.“ (Janich 1998 a: 41) [Hervorhebungen im Original]

Denotate, die mit Termini in Verbindung stehen, die fachlich im engeren Sinne sind, werden folgendermaßen definiert: „Die denotative Bedeutung [eines Zeichens] bezieht sich auf die konventionell festgelegte Bezugnahme des Zeichens auf einen ‚Gegenstand‘ in der außersprachlichen Welt.“ (Andringa 1979: 58) [H.T.]. Konnotationen und Assoziationen[8], die Termini implizieren, die fachlich im weiteren Sinne sind, umfassen folgende Charakteristika: „[Die konnotative Komponente] bezieht sich auf die emotiven und evaluativen Faktoren [...], die vom Zeichen ausgelöst werden.“ (ebd.: 59) [H.T.], d.h. es handelt sich um wertende, emotionale, individuell verschiedene Faktoren, die mit der Evokation von Assoziationen zu Fachlichem beim Rezipienten in Verbindung stehen.

Termini, die in der Fachkommunikation eindeutig definiert sind, verlieren in der fachexternen Kommunikation, die in der Kommunikationsform der Werbung für Laien praktiziert wird und im Rahmen der vorliegenden Arbeit Gegenstand der Betrachtung ist, ihren ursprünglichen Status und werden stattdessen semantisch vage, d.h. die Ausdrucksseite wird meist unverändert beibehalten, aber die Inhaltsseite erfährt einen Bedeutungswandel, der in einer „Trivialisierung“ resultiert (vgl. Jakob 1998: 711). Auf der semantischen Ebene werden folglich von Experten in der Fachkommunikation verwendete Termini, die fachlich im engeren Sinne sind und fachliche Denotate implizieren, in der Laienwerbung meist

---

8 Zu Konnotationen und Assoziationen in der Werbung vgl. Blumenthal 1983 a.

zu Fachwörtern, die fachlich im weiteren Sinne sind, d.h. zu Konnotationen bzw. Assoziationen, mit denen der Laie Fachliches in Verbindung bringt, und die dementsprechend pseudofachlich eingesetzt werden können. Die Pseudofachlichkeit manifestiert sich in der Inszenierung von Wissenschaftlichkeit, d.h. „ausdrucksseitig eine Orientierung an wissenschaftlichem Sprachgebrauch und entsprechenden Darstellungsformen und Zeichengebräuchen, inhaltsseitig ein Mangel an tatsächlichem, nachprüfbarem und korrektem Informationsgehalt“ (Janich 1998 b: 105). Als in ihrer Verwendung pseudofachlich werden folglich jene Termini eingestuft, die auf der Ausdrucksseite die (scheinbare) Zugehörigkeit zu einer Fachsprache signalisieren und den Eindruck von fachlichen Denotaten erwecken, auf der Inhaltsseite jedoch keine Fachlichkeit im Sinne der Wissenschaften und Fächer im Rahmen der Verständigung zwischen Fachleuten und der fachlichen Informierung implizieren, sondern nur inszeniert sind, den Eindruck von Wissenschaftlichkeit evozieren und vom Prestige und der Autorität der Fachsprachen (vgl. Kap. 2.1.4) profitieren (vgl. Janich 1998 a: 42 f.).

Die dargestellten Ausführungen in Bezug auf die Definition von Termini, die fachlich im engeren Sinne (fachliches Denotat), fachlich im weiteren Sinne (Konnotationen/Assoziationen zu Fachlichem) sind und/oder pseudofachlich verwendet werden, bilden die Basis für die Untersuchung der Terminologie, die in den Werbeanzeigen eingesetzt wird (vgl. Kap. 5.2.1.2 sowie Kap. 6.2.1.2).

2.2.2.2 Textsortenkonventionen

Fachsprache manifestiert sich in „Fachtexten-in-Funktion/Situation“ (Kalverkämper 1998 d: 48). Funktional bestimmte und in fachliche Kommunikationssituationen eingebettete Fachtexte können zu Fachtextsorten zusammengefaßt werden, die spezifischen Textsortenkonventionen, d.h. Fachtextsortenkonventionen unterliegen. Textsortenkonventionen sind nach Reiß/Vermeer „die typischen sprachlichen Regelmäßigkeiten von Textsorten“ (Reiß/Vermeer 1991: 183). Sie definieren Textsortenkonventionen als „charakteristische Sprach- und Gestaltungsmuster von Texten als Merkmale von Textsorten“, die sich durch ihre Rekurrenz zu „sprachlichen Verhaltensregularitäten in bestimmten Kommunikationssituationen“ konventionalisiert haben (ebd.). Textsortenkonventionen betreffen sprachlich formale und inhaltliche Merkmale von Texten (vgl.

Engberg 1997: 60) sowie pragmatische und kulturelle Aspekte wie die „Kulturgebundenheit von Textsorten" (Kalverkämper 1998 d: 49), d.h. sie sind kulturspezifisch. Sie manifestieren sich nicht im gesamten Sprachgebrauch aller Texte einer Textsorte, sondern schaffen einen Rahmen, der die Kommunikation in der betreffenden Textsorte steuert und erleichtert (vgl. Reiß/Vermeer 1991: 183 f.). Sie können auf allen Sprachbeschreibungsebenen ermittelt werden (z.B. Makrostruktur, Lexik) und dienen als Erkennungssignal für Textsorten (vgl. ebd.: 184 ff.). Das Erkennen einer Textsorte aufgrund der Verwendung bestimmter Vertextungskonventionen steuert die Erwartungshaltung und somit das Textverstehen seitens des Rezipienten (vgl. ebd.: 189 ff.). Nach Engberg besteht die kommunikative Funktion von Textsortenkonventionen in Fachtexten darin, die „fachlichen Kommunikations(teil)ziele im Text" mit Hilfe der von ihnen erfaßten sprachlichen Einheiten zu realisieren. Sie verweisen „auf die charakteristischen Grundlagen und Funktionen von Texten einer Textsorte" (vgl. Engberg 1997: 47). Spezifische formale und inhaltliche Fachlichkeitssignale (vgl. Kap. 2.3.1) markieren die Fachlichkeit und Wissenschaftlichkeit des Inhalts eines Fachtexts und weisen ihn so als zugehörig zu der übergeordneten Textsorte „Fach- oder Wissenschaftstext" aus. Als solcher wird er aufgrund einer entsprechenden festen Sozialisation in der Kulturgemeinschaft durch Rezeptionstradition und Leseerfahrung erkannt, so daß es sich dabei um „Kulturwissen" handelt (vgl. Kalverkämper 1998 a: 369 f.). „[...] die geltenden Textsortenkonventionen sind folglich Kulturspezifika, eben Kultureme." (ebd.)

Die fachspezifische Textgestaltung folgt den stringenten Vertextungskonventionen in Form von spezifischen formalen Normen und inhaltlichen Vorgaben der fachlichen Kommunikation im Rahmen der für Fachtexte geltenden Fachtextsortenkonventionen (vgl. Kalverkämper 2004 b: 135). Fachtexte unterliegen strengen Textsortenkonventionen hinsichtlich ihrer formalen und inhaltlichen Gestaltung, die sich auf der Ebene der Makrostruktur und der Mikrostruktur manifestieren.

Die Makrostruktur von Fachtexten besteht auf der formalen Ebene in der Kohäsion (d.h. des mit grammatischen und syntaktischen Mitteln hergestellten Zusammenhangs an der Textoberfläche (vgl. Janich 2003: 134)) und auf der funktionalen Ebene in der Kohärenz (d.h. des semantischen Sinnzusammenhangs eines Texts, der aus der Kohäsion resultiert (vgl. ebd.)) einer gegliederten Kombination sprachlicher oder semiotischer Einheiten in Form von mehreren Sätzen oder Bildsequenzen, die sich in der „fachtextuellen Grobgliederung" manifestiert und den Gesamttext sowie makrostrukturelle Texteinheiten wie Teiltexte, Kapitel, Absätze und andere Formen der Untergliederung umfaßt (vgl. Roelcke 205: 88). Die Makrostruktur eines Texts, d.h. dessen spezifischer Aufbau und Textgliederung, basiert auf Gliederungssignalen, Notationskonventionen, Normgebungen für die Ausdrucks- oder Inhaltseite und anderen textkonstituierenden Komponenten (vgl. Kalverkämper 1983: 146), die zur Kohärenzstiftung im Fachtext beitragen. Fachtexte weisen häufig spezifische Fachtextbaupläne auf (vgl. Roelcke 2005: 89). Baumann beschreibt die Makrostruktur von Fachtexten als „ein linear-sequentiell geordnetes und hierarchisch organisiertes funktionales System von Beziehungen, Teilen und Elementen [eines] Texts" (Baumann 1998 a: 410 f.) [H.T.]. Die Art, Abfolge und der gegenseitige Bezug der funktional bestimmten Teiltexte aufeinander, d.h. der grundlegenden Einheiten der Textgliederung in einem Fachtext, welche die Makrostruktur des Texts konstituieren, sind charakteristisch für den Gesamttext, und sie sind textsortenspezifisch, so daß der Rezipient an der Makrostruktur die Zugehörigkeit eines Texts zu einer bestimmten Textsorte erkennt (vgl. Gülich/Raible 1977 in Kalverkämper 1980: 15). Nach Göpferich nimmt sowohl die Flexibilität der Makrostrukturen als auch die Flexibilität der syntaktischen Fertigstücke mit abnehmendem Fach(sprach)lichkeitsgrad zu. Göpferich vermutet, daß die Konventionalisierbarkeit von Textsorten tendenziell mit zunehmendem Fachlichkeitsgrad ansteigt (Göpferich 1995: 304).

Die Mikrostruktur von Fachtexten besteht ebenfalls auf der formalen Ebene in der Kohäsion und auf der funktionalen Ebene in der Kohärenz sprachlicher oder semiotischer Einheiten und betrifft im Gegensatz zur Makrostruktur nicht die Kombination mehrerer Sätze oder Bildsequenzen sondern die einzelnen Sätze oder Bildsequenzen selbst, d.h. sie repräsentiert eine „Feingliederung fachlicher Texte" (vgl. Roelcke 2005: 94). Auf der Ebene der Mikrostruktur spielen morphologische, syntaktische und stilistische Faktoren sowie Verfahren der mikrostrukturellen Textverknüpfung wie Thema-Rhema-Strukturen, Frage-Antwort-Konstruktionen, Schlußverfahren, Rekurrenz und Isotopie eine Rolle (vgl. ebd.: 94 ff.). Im Folgenden wird ausschließlich auf die Charakteristika der Morphologie und Syntax der Fachsprachen eingegangen, weil die Syntax und Morphologie im Rahmen der Korpusanalyse der Werbeanzeigen ein Analysekriterium darstellen (vgl. Kap. 5.2.2.2 sowie Kap. 6.2.2.2).

Die Syntax der Fachsprachen, die eine fachsprachlich spezifische Auswahl syntaktischer Mittel aus der Gesamtsprache darstellt, ist streng konventionalisiert. Ausdrucksweisen und Satzbaumuster können nicht frei und flexibel eingesetzt werden, sondern unterliegen spezifischen Textsortenkonventionen der fachlich konventionalisierten Syntax (vgl. Kalverkämper 2004 b: 135). Beier charakterisiert die Syntax von Fachtexten (vgl. Beier 1979: 276 ff.) und der Fachsprachen im allgemeinen wie folgt:

> „[Das] Wesen [der Fachsprachen] besteht im syntaktischen Bereich in einer spezifischen Häufigkeit und Verwendung sprachlicher Strukturen, deren Auswahl weitgehend von den charakteristischen Inhalten und Funktionen fachsprachlicher Kommunikation beeinflußt werden.“ (Beier 1979: 276) [H.T.]

Die Fachsprachen zeichnen sich durch eine hohe Frequenz von Substantiven aus. Daraus resultiert als ein Charakteristikum der fachsprachlichen Syntax die Nominalisierung allgemein und speziell die ausgeprägte Tendenz zur Substantivierung von Verben. Weitere typische Kennzeichen der Morphologie und Syntax der Fachsprachen sind nach Beier (vgl. ebd.: 276 ff.) die Kompositabildung und Derivation (Komposita und Derivata im Deutschen, Komposita und Mehrworttermini im Französischen) und der aus den dargestellten Phänomenen resultierende Nominalstil sowie die Verwendung von Attributen und Attribuierungen. Weitere Merkmale der Morphologie und Syntax der Fachsprachen sind die hohe Frequenz von Passivkonstruktionen und die damit einhergehende Deagentivierung, die Desemantisierung des Verbs sowie die Verwendung von Funktionsverbfügungen. Die Dominanz des Verbs in der dritten Person Singular und Plural von Verbformen und Pronomina und der daraus resultierende unpersönliche Stil gelten als ein weiteres Charakteristikum fachsprachlicher Texte. Hinsichtlich der Temporaverwendung weist das Präsens die höchste Frequenz in fachsprachlichen Texten auf. Mit Hilfe des Präsens wird in Fachtexten Neutralität evoziert und die Beschreibungs- und Darstellungsfunktion sachbezogener Fachtexte unterstützt (vgl. Kalverkämper 2001: 378). Ein weiteres Merkmal fachsprachlicher Texte, insbesondere im Französischen, ist die häufige Verwendung von Partizipien, Infinitiven und Gerundivformen, mittels derer in Fachtexten der Eindruck von Kondensation entsteht, woraus Ausdrucksökonomie resultiert (vgl. ebd.). In Bezug auf die Satzkomplexität, die in Fachtexten höher ist als in allgemeinsprachlichen Texten (vgl. Roelcke 2005: 82), werden in Fachtexten zahlreiche Hypotaxen verwendet, jedoch dominieren in der Fachsyntax Parataxen, so daß daraus Transparenz, Klarheit und Einfachheit hinsichtlich der Syntax von Fachtexten resultieren (vgl. Kalverkämper 2001: 379). Alle diese sprachlichen Mittel im Bereich der Morphologie und Syntax der Fachsprachen dienen der Konstituierung eines Fachstils, mit dessen Hilfe fachliche Informationen objektiv, kohärent und präzise, sach- und fachgerecht sowie sprachökonomisch vermittelt werden können.

Im Rahmen der Betrachtung der Implikaturen von Fachlichkeit in der Werbung für Laien wird im Empirieteil ein Vergleich von Textsortenkonventionen, die in Werbeanzeigen Anwendung finden, und den dargestellten Fachtextsortenkonventionen vorgenommen (vgl. Kap. 5.2.2.3 sowie Kap. 6.2.2.3).

2.2.3 Fachliche Kommunikationskonstellationen

„Fachsprache wird von fachlich kompetenten Schreibern bzw. Sprechern gebraucht, um sich mit anderen [...] Fachleuten desselben Fachs, mit Vertretern anderer Disziplinen oder Laien mit bestimmten Zielen über fachliche Sachverhalte zu verständigen.“ (Beier 1980 in Oksaar 1988: 217) Es werden drei grundlegende fachliche Kommunikationskonstellationen unterschieden: das Kommunizieren innerhalb der Fachgrenzen, die intrafachliche Kommunikation oder fachinterne Fachmann-Fachmann-Kommunikation, das Kommunizieren „zwischen den Fächern“, die fächerübergreifende Kommunikation oder interfachliche Fachmann-Fachmann-Kommunikation sowie die fachexterne Kommunikation oder Fachmann-Laie-Kommunikation (vgl. Kalverkämper 2001: 350).

2.2.3.1 Fachmann-Fachmann-Kommunikation

Es werden zwei Arten der Fachmann-Fachmann-Kommunikation differenziert: die fachinterne oder intrafachliche Kommunikation, d.h. die Fachmann-Fachmann-Kommunikation zwischen Fachleuten desselben Fachs, und die interfachliche Kommunikation, d.h. die Fachmann-Fachmann-Kommunikation zwischen Fachleuten verschiedener Fächer über die Grenzen unterschiedlicher Fächer hinweg (vgl. Kalverkämper 2004 b: 144). Im Rahmen der intrafachlichen Kommunikation spricht ein Fachmann eines bestimmten Fachs mit einem anderen Fachmann dieses Fachs über Inhalte seines Fachs oder die Experten desselben Fachs sprechen über Probleme eines anderen Fachs. Im Rahmen der interfachlichen Kommunikation spricht ein Fachmann eines bestimmten Fachs mit einem Fachmann eines anderen Fachs über Inhalte seines Fachs oder die Experten verschiedener Fächer sprechen über Probleme eines anderen Fachs (vgl. Kalverkämper 2001: 362).

2.2.3.2 Fachmann-Laie-Kommunikation

Die Fachmann-Laie-Kommunikation wird auch als fachexterne Kommunikation[9] bezeichnet (vgl. Kalverkämper 2004 b: 144). Ein Fachmann eines bestimmten Fachs spricht mit einem Nicht-Fachmann, d.h. einem (interessierten) Laien über sein Fach oder der Experte und der Laie sprechen über ein anderes Fach (vgl. Kalverkämper 2001: 362). Im Rahmen der Fachmann-Laie-Kommunikation vermitteln Fachleute Fachwissen aus einem bestimmten Fachgebiet an Laien, die keine spezifischen Kenntnisse dieses Fachgebiets besitzen, d.h. Experten informieren Laien auf bestimmte Art und Weise über ihr Fach (vgl. Burger 2005: 339). Informationen über wissenschaftliche und andere fachspezifische Themen werden einem breiten Publikum übermittelt. Es handelt sich bei dieser Form der Kommunikation um popularisierende Informationsvermittlung

9 Eine umfangreiche Studie zur fachexternen Kommunikation, insbesondere zur Popularisierung von Wissenschaft, hat Niederhauser vorgelegt (Niederhauser 1999). Gegenstand dieser Arbeit ist die linguistische Untersuchung der Techniken und Strategien der Wissenschaftsvermittlung an fachliche Laien (vgl. Kap. 2.2.3.3 sowie Kap. 2.6.2.3 der vorliegenden Arbeit).

von Fachwissen aus einem bestimmten Fachgebiet, die auch zur Instruktion in praktischen Zusammenhängen und Alltagssituationen genutzt wird (vgl. ebd.: 337). Fächer können auf der horizontalen Ebene in „geistig-wissenschaftliche“ und „praktische, handwerkliche“ Fächer und Tätigkeiten unterteilt werden (vgl. Kalverkämper 2001: 362) (vgl. Kap. 2.1.1). In Bezug auf „wissenschaftliche“ Fächer werden Laien auf popularisierende Weise über fachliche Inhalte informiert oder hinsichtlich bestimmter Aspekte fachlich beraten. Im Hinblick auf „praktische“ Fächer wie Handwerke und Dienstleistungsfächer erfolgt eine Beratung von Laien hinsichtlich fachlich-praktischer Aspekte (vgl. Burger 2005: 338).

Im Rahmen des sogenannten Wissenstransfers[10] oder Wissenschaftstransfers übermitteln Experten fachlich weniger Wissenden fachspezifische Informationen in sprachlich und didaktisch aufbereiteter Form, so daß interessierte Laien an der Wissenschaftsentwicklung teilhaben können (vgl. Jahr 2001: 239). Dabei spielt die Ausrichtung auf den Adressatenkreis eine wichtige Rolle. Die zu übermittelnden Fachinformationen müssen an verschiedene adressatenspezifische Faktoren wie beispielsweise Bildungsgrad oder Vorwissen (vgl. Kap. 2.6.1) angepaßt werden, so daß sich der Rezipient angesprochen fühlt und die Verständlichkeit gesichert ist. Verständlichkeit stellt das leitende, kommunikative Ideal der fachexternen Kommunikation dar (vgl. Kalverkämper 2001: 372).

Eine Komponente im Rahmen der fachexternen Kommunikation zwischen Experten und Laien ist das sogenannte Fachmann-Laie-Gefälle. Dieses Gefälle manifestiert sich in einer Informations- und Kommunikationsbarriere, die sich aufgrund des hohen Differenzierungs- und Spezialisierungsgrads der Fächer, des Unverständnisses seitens des Laien gegenüber den fachlichen Objekten und Handlungszusammenhängen, der daraus resultierenden Verständlichkeitsschwierigkeiten hinsichtlich der verwendeten Fachsprache, der Verständigungskonflikte zwischen Experten und Laien sowie der „Entdemokratisierung der Sprache“ (vgl. Kalverkämper 1988 a: 153) konstituiert. Die Lösung des Kom-

10 Der Wissenstransfer zwischen Experten und Laien wird in Wichter/Antos 2001 in verschiedenen Beiträgen dargestellt.

munikationskonflikts zwischen Fachleuten und Laien und eine Verringerung des Fachmann-Laie-Gefälles kann mittels des Wissens- und Wissenschaftstransfers und der Popularisierung fachlicher Informationen, von Fachwissen erzielt werden, welche der Überwindung der „Informationsbarriere in der Öffentlichkeit", der „Kommunikationsbarriere zwischen den gesellschaftlichen Gruppen" sowie der Überwindung der „Handlungsbarriere in der arbeitsteiligen Gesellschaft" (Kalverkämper 1988 a: 153) dienen sollen. Der Wissenschaftstransfer und die Popularisierung von Fachlichkeit können mit Hilfe verschiedener Verständlichkeits- und Erklärungsstrategien vollzogen werden, die im folgenden Kapitel allgemein dargestellt werden, in Kapitel 2.6.2.3 mit Bezug auf die Verständlichkeits- und Erklärungsstrategien hinsichtlich der Fachlichkeit in der Werbung für Laien erläutert werden und im Empirieteil im Speziellen für fachliche Elemente in der Kosmetikwerbung (vgl. Kap. 5.2.4) und in der Werbung für Nahrungs- und Genußmittel (vgl. Kap. 6.2.4) untersucht werden.

Eine weitere fachliche Kommunikationskonstellation stellt die Laie-Laie-Kommunikation, die Alltagskommunikation dar, in deren Rahmen zwei Nicht-Fachleute über ein Fach sprechen (vgl. Kalverkämper 2001: 362).

In der vorliegenden Arbeit wird die fachliche Kommunikationskonstellation der Fachmann-Laie-Kommunikation, d.h. die Kommunikation zwischen Experten aus der Werbebranche als Fachleuten sowie Experten aus anderen Fachgebieten und den Rezipienten der Werbung als Laien insbesondere unter dem Aspekt der Fachlichkeit in der Laienwerbung betrachtet.

2.2.3.3 Erklärungsstrategien

Im Rahmen der fachexternen Kommunikation zwischen Fachleuten und Laien, des Wissenschaftstransfers und der Popularisierung von Fachlichkeit finden verschiedene Strategien und Techniken zur verständlichkeitssichernden Vermittlung von Fachwissen an Laien und zur Explikation fachlicher Elemente Anwendung.

Fachtermini, eines der Hauptkennzeichen von Fachtexten, werden in Texten, die sich an Laien richten, meist mit Hilfe verschiedener Mittel wie Paraphrasierungen oder Definitionen erklärt (vgl. Burger 2005: 341). Die Explikation oder Definition eines Fachworts kann anaphorisch (Zurückverweis auf das Fachwort) oder kataphorisch (Vorgriff auf das Fachwort) erfolgen (vgl. Kalverkämper 2001: 385). Eine weitere Möglichkeit der Erklärung von Fachwissen stellt die Reduktion der Komplexität des abstrakten fachlichen Gegenstands durch Verwendung von konkreten, vielen Laien bekannten Metaphern und Vergleichen aus der Alltagssprache dar (vgl. Burger 2005: 343). Weitere Explikationsverfahren für fachliche Elemente sind die Personalisierung, Dramatisierung und Emotionalisierung von fachlichen Phänomenen. In diesem Kontext werden beispielsweise Konsumenten als Laien zu bestimmten fachlichen Themen befragt, Persönlichkeiten aus der Wissenschaft und Wissenschaftsgeschichte werden zitiert oder bestimmte fachliche Elemente werden übertrieben und für den Laien besonders ansprechend dargestellt (vgl. ebd.: 346 f.).

Niederhauser unterscheidet in Bezug auf den Wissenschaftstransfer und den Informationstransfer, d.h. die popularisierende Vermittlung von Fachwissen an Laien folgende formale Techniken und inhaltsbezogene Strategien (vgl. Niederhauser 1999: 117 ff.):

a) Formale Techniken:

- Reduktion der Informationsfülle des popularisierten Texts gegenüber dem zugrundeliegenden Fachtext, dessen Informationen vermittelt werden sollen
- Reduktion der Informationsdichte des populärwissenschaftlichen Texts gegenüber dem zugrundeliegenden Fachtext
- Vernetzung von Fachtermini und Schaffung von Erklärungskontexten zur Anknüpfung an die Erfahrungswelt des Laien (Definition; Nennung des Fachterminus und Erläuterung; Weglassen des Terminus und Umschreibung seines Inhalts)
- Weglassen des wissenschaftlichen Apparats (Fußnoten, Referenz- und Quellenverweise, etc.)
- Abbildungen als Blickfänger und Aufhänger, meist ohne didaktische Erläuterungsfunktion

b) Inhaltsbezogene Strategien:

- Personalisierung wissenschaftlicher Informationen; narrativer Stil
- Hervorhebung des technischen und gesellschaftlichen Nutzens der Forschung für Umwelt und Gesellschaft
- Anknüpfung an Alltagserfahrungen (Metaphern, Vergleiche, etc.)

Die Verständlichkeits- und Erklärungsstrategien, die im Rahmen der Popularisierung von Fachlichkeit und der Verringerung des Fachmann-Laie-Gefälles hinsichtlich der Explikation fachlicher Elemente in der Werbung für Laien Anwendung finden, werden in Kapitel 2.6.2.3 allgemein dargestellt und im Empirieteil im Speziellen in der Kosmetikwerbung (vgl. Kap. 5.2.4) und in der Werbung für Nahrungs- und Genußmittel (vgl. Kap. 6.2.4) analysiert.

2.2.4 Fachsprache versus Gemeinsprache

Die allgemein verbreitete Dichotomie ‚Fachsprache versus Gemeinsprache', die an die Antonymie von Fachlichkeit und Nicht-Fachlichkeit (vgl. Kap. 2.1.3) anknüpft, basiert auf der Annahme, daß sich Fächer und Fachlichkeit auf der Grundlage spezifischer Fachsprachen, der Fachkommunikation konstituieren, während die Gemeinsprache auf der Alltags- und Laienwelt, der Alltagskommunikation beruht. Dementsprechend unterscheiden sich fachsprachliche Texte von nicht-fachsprachlichen Texten insbesondere auf der lexikalischen Ebene bezüglich der Terminologie und auf der stilistischen Ebene bezüglich der Textsortenkonventionen (vgl. Wilde 1994 a: 7). Die Kommunikationssituation, die Kommunikationsabsicht und der Kommunikationsinhalt spielen ebenfalls eine wichtige Rolle bei der Abgrenzung von Fachsprache und Gemeinsprache (vgl. Janich 1998 a: 35).

Im Folgenden wird die Kategorie ‚Gemeinsprache' in Anknüpfung an die bekannte Dichotomie definiert, deren Kennzeichen werden allgemein dargestellt, und die Verschränkung von Gemeinsprache und Fachsprachen wird vor dem Hintergrund einer integrierenden Sichtweise aufgezeigt.

2.2.4.1 Definition von Gemeinsprache

Die Gemeinsprache stellt die überregionale, gruppenunabhängige, vereinheitlichte und allgemeingültige Varietät der Sprache (vgl. Hoffmann 1998 a: 157), „den gemeinsamen Zeichenvorrat aller Sprachteilhaber“ (Fluck 1996: 161) dar, der allen Sprechern einer Sprachgemeinschaft eigen ist. Sie wird auch als Standardsprache, Umgangs- oder Alltagssprache bezeichnet und verhält sich komplementär und nicht gegensätzlich zu den Fachsprachen (vgl. Janich 1998 a: 36). In der fachsprachlichen Kommunikation werden sehr hohe Anteile der Gemeinsprache eingesetzt und sind dort konstant vorhanden (vgl. Kalverkämper 2001: 364).

Die Gemeinsprache ist eine „als homogen ausgewiesene und eigenständige Kategorie“, „eine Klassifikationsgröße für die Sprache“, die sich aus der „außersprachlichen Kategorie des ‚Laien‘ ableitet und sich im Hinblick auf die Gebundenheit an den Laien sowie auf die allgemeine Verständlichkeit als eine ‚relativ bestimmte Größe‘ darstellt“ (vgl. Kalverkämper 1990 a: 101 f., 105).

Hoffmann definiert Gemeinsprache als „jenes Instrumentarium an sprachlichen Mitteln, über das alle Angehörigen einer Sprachgemeinschaft verfügen und das deshalb die sprachliche Verständigung zwischen ihnen möglich macht“ (Hoffmann 1976: 162). Er bezeichnet die Gemeinsprache als eine „Abstraktion niederer Ordnung“ (ebd.: 163). Die Gemeinsprache fungiert in zentraler Stellung „als sozial breite, fächerübergreifende Basis der Verständigung“ (Kalverkämper 2001: 381) zwischen Fachleuten untereinander, zwischen Experten und Laien (vgl. Kap. 2.2.3) sowie zwischen Laien untereinander.

2.2.4.2 Kennzeichen von Gemeinsprache

Da in der vorliegenden Arbeit der Aspekt der Fachlichkeit im Vordergrund steht und es folglich notwendig ist, in erster Linie deren Spezifika sowie die Charakteristika der Fachsprachlichkeit (vgl. Kap. 2.1.2 sowie Kap. 2.2.2) in die Betrachtung einzubeziehen, werden allgemeine Kennzeichen der Gemeinsprache, die von untergeordneter Bedeutung im Hinblick auf Gesichtspunkte sind, die in einem direkten Zusammenhang mit der Fachlichkeit und Fachsprachlichkeit stehen, im Folgenden nur in einer kurzen, allgemeinen Form in Abgrenzung zu den Fachsprachen dargestellt.

Die Gemeinsprache manifestiert sich insbesondere in der Alltagskommunikation zwischen Laien über fachlich unspezifische Gegenstände, Sachverhalte und Handlungszusammenhänge. Kalverkämper nennt die Anbindung an den Laien, die diatopische Neutralität, die Frequenz und Rekurrenz in Bezug auf die am häufigsten auftretenden und am meisten wiederkehrenden Wörter und grammatischen Charakteristika sowie die vorgegebene Funktion und den Inhalt der Gemeinsprache im Hinblick auf die Alltagskommunikation zwischen Sprechern einer Sprachgemeinschaft, denen die Gemeinsprache allen eigen ist, sowie die allgemeine Verständlichkeit als Merkmale der Gemeinsprache (vgl. Kalverkämper 1990 a: 102 f.).

Ein wesentliches Kennzeichen der Gemein- bzw. Alltagssprache ist die Dominanz der kontaktiven Funktion der Sprache. Durch sie werden soziale Beziehungen hergestellt und gesichert, und sie ist stark partnerbezogen. Typische Elemente der nicht-fachlichen Kommunikation sind „Personennamen, Anredeformen, phatische Floskeln, Abtönungspartikel, Steuerungssignale, [...], Fragen als Zeichen von Dialogbereitschaft" (Kalverkämper 2004 b: 134) u.a. Auch die expressive Funktion der Sprache spielt in diesem Kontext sowohl seitens der Senders, der seine Emotionen in die alltagssprachliche Kommunikation einbringt, als auch seitens des Empfängers, bei dem emotionale Reaktionen hervorgerufen werden, eine wichtige Rolle (vgl. ebd.).

Gegenüber den heterogenen Fachsprachen zeichnet sich die Gemeinsprache durch einen gewissen Grad an Homogenität aus, so daß sie sich nicht für die Gegenüberstellung als Ganzheit zu einem abgegrenzten Fachgebiet mit seiner vorgeblich jeweiligen Fachsprache eignet (vgl. Kalverkämper 1980: 7).

Die Gemeinsprache unterliegt keiner so strengen und systematischen Organisation des Wortschatzes, wie es in den Fachsprachen mit Blick auf die Terminologie (vgl. Kap. 2.2.2.1) der Fall ist (vgl. Kalverkämper 2004 b: 135). Werden in dieser Sprachvarietät Termini aus den Fachsprachen verwendet, die nicht als bekannt vorausgesetzt werden können, so werden diese oft entsprechend erklärt (vgl. Kap. 2.2.3.3). Die Textgestaltung gemeinsprachlicher Texte unterliegt nicht so strengen formalen und inhaltlichen Vorgaben, wie sie die Textsortenkonventionen in der Fachkommunikation (vgl. Kap. 2.2.2.2) vorschreiben (vgl. ebd.). „Ausdrucksweisen und Satzbaumuster [sind] freier verfügbar und lockerer einsetzbar“ (ebd.) [H.T.], so daß die Syntax der Gemeinsprache flexibler als die strenge fachlich konventionalisierte Syntax ist, die vornehmlich in den Fachsprachen in Fachtexten Anwendung findet.

Insgesamt erweist es sich als schwierig, eine klare Abgrenzung von Gemeinsprache und Fachsprache vorzunehmen, da die Gemeinsprache das gesamte Sprachinventar der heterogenen Gesamtsprache umfaßt, dem die Fachsprachen als Subsprachen untergeordnet sind (vgl. Kap. 2.2.4.1). Folglich verhalten sich die Gemeinsprache und die Fachsprachen komplementär zueinander und beeinflussen sich gegenseitig, so daß eine Verschränkung von Gemeinsprache und Fachsprachen vorliegt, die im folgenden Kapitel dargestellt wird.

2.2.4.3 Verschränkung von Gemeinsprache und Fachsprachen

Die Gemeinsprache und die Fachsprachen bilden wie bereits angesprochen kein Gegensatzpaar, sondern stehen in einem komplementären Verhältnis zueinander. Fluck stellt diese Verschränkung wie folgt dar:

> „Fachsprache [steht] nicht als sprachlich selbständiges System neben der Gemeinsprache. Vielmehr ist sie durch Differenzierung und Erweiterung aus der Gemeinsprache herausgewachsen. Die Gemein- oder Standardsprache liefert die lexikalische Basis und das grammatische Gerüst für die Fachsprachen. Zwar treffen die Fachsprachen eine rekurrente Auswahl aus der gemeinsprachlichen Lexik und Syntax, bleiben aber bei aller Differenzierung und Spezialisierung auf die Gemeinsprache angewiesen.“ (Fluck 1996: 175) [H.T.]

Die Relationalität der Begriffe Fachlichkeit und Fachsprachlichkeit impliziert die Aufhebung der Dichotomie ‚Gemeinsprache versus Fachsprachen‘ und resultiert in einer integrierenden Sichtweise, da die Fachsprachen aufgrund ihres relationalen Charakters ihre „exkludierende Funktion“ verlieren und die Gemeinsprache ihren Status der willkürlichen Abhängigkeit von der Anzahl, Abstraktionsstufe und Präzision bei der Grenzziehung der Fachsprachen verliert, deren Grenzen jene der Gemeinsprache bestimmen (vgl. Kalverkämper 1980: 10). Kalverkämper plädiert dafür, die Dichotomie Fachsprache versus Gemeinsprache auf dem Gebiet der realisierten Texte zugunsten einer integrativen Sichtweise aufzugeben, weil eine realisierte Gemeinsprache, die tatsächlich als Grundlage für die Kommunikation im Fach dient, keine faßbare sprachliche Kategorie und keine homogen beschreibbare Größe ist (vgl. Kalverkämper 1990 a: 106). Er schlägt anstelle der Dichotomie eine Skala zur Darstellung des Phänomens vor, die ein Spektrum von hochgradig spezialisierter Fachkommunikation bis zu fachlich unmarkierter Kommunikation ohne Merkmale von Fachlichkeit und Fachsprachlichkeit umfaßt. Das Unmarkierte wird nur im Kontrast zum Fachlichen sichtbar, so daß statt der Gemeinsprache die Fachsprachen zur Leitgröße in der Sprachbeschreibung werden, d.h. „alles Kommunizieren über Gegenstände, Sachverhalte und Handlungszusammenhänge [...] [ist] als fachsprachlich anzusehen“ (ebd.: 111 f.) [H.T.]. Die Aufhebung der Dichotomien ‚Laie versus Fachmann‘ und ‚Gemeinsprache versus Fachsprachen‘ und die daraus resultierende Integration von Nicht-Fachlichkeit in die Fachlichkeit sowie von Gemeinsprache in die Fachsprachlichkeit manifestieren sich in einer graduellen Skala der Fachlichkeit (vgl. Kap. 2.1.3) und in einer gleitenden Skala der Fachsprachlichkeit. Diese integrierende, gestufte Fachsprachlichkeitsskala umfaßt ein breites fachsprachliches Spektrum von der strengen Fachkommunikation zwischen Fachleuten auf der merkmalreichen Seite bis zum Kommunizieren zwischen Laien über Fachliches im Alltag auf der merkmalarmen Seite (vgl. ebd.: 112).

Hoffmann schlägt ebenfalls vor, die Dichotomie von Gemeinsprache und Fachsprachen aufzuheben und von einer übergeordneten, allumfassenden „Gesamtsprache“ auszugehen, die sprachliche Mittel aller Ebenen umfaßt und unter die besondere Kommunikationsbereiche mit den jeweiligen „Subsprachen“ wie beispielsweise die verschiedenen Fachsprachen subsumiert werden (vgl. Hoffmann 1976: 166 ff.). Aus der Gesamtsprache lassen sich folglich den jeweiligen kommunikativen Bedürfnissen entsprechende Fachsprachen ableiten, die als Teilsprachen der Gesamtsprache fungieren (vgl. ebd.: 162 ff.). Dementsprechend wäre jede Fachsprache ein relativ selbständiges Kommunikationsmittel, deren Besonderheit nur in der Auswahl und Zusammenstellung der sprachlichen Mittel aus der Gesamtsprache zu einem speziellen Zweck und nicht in den sprachlichen Mitteln selbst läge (ebd.: 165).

Burger beschreibt ebenfalls eine Verschränkung von Gemeinsprache und Fachsprachen:

> „[...], daß Fachsprachliches nicht nur in der Kommunikation zwischen Fachleuten vorkommt, sondern auch in anders strukturierten Kommunikationssituationen (wie z.B. Verkaufssituationen, Werbung etc.).“ (Burger 1990: 261)

So findet die Verschränkung von Gemeinsprache und Fachsprachen auch in der Werbung ihren Ausdruck. Kalverkämper stellt sie wie folgt dar:

> „Die Werbung gehört zu jenen Kommunikationsräumen, in denen einerseits die Fachlichkeit, repräsentiert als Fachsprachlichkeit, und andererseits das Alltagsleben mit seinen üblichen Erfahrungen und deren sprachlicher Bewältigung mit der Gemeinsprache eine Verschränkung, ja auch eine kreative Integration, eingehen und darin öffentlich wirken.“ (Kalverkämper 2004 b: 148)

In der unspezifischen Werbung ist die Integration von Fachtermini und anderen fachlichen Elementen erforderlich, um beispielsweise Aussagen über bestimmte fachliche Aspekte eines Produkts machen zu können. Welche Implikaturen die Fachlichkeit und Fachsprachlichkeit in der Laienwerbung haben, die auf der Gemein- oder Alltagssprache basiert, d.h. wie Fachtermini und andere fachliche Elemente in die Werbung für Laien integriert werden, welchen Stellenwert und welche Funktionen sie dort besitzen und wie hoch der Anteil der Fachlichkeit in der Werbung für Laien ist, wird im Empirieteil der vorliegenden Arbeit untersucht.

2.3 Spezifika der Fachlichkeit und Fachlichkeitssignale

2.3.1 Spezifika der Fachlichkeit im Deutschen und Französischen

Die Spezifika der Fachlichkeit konstituieren sich auf der Ebene der Fachsprachlichkeit, in der situationsspezifischen Kommunikation über fachliche Inhalte in Fachtexten-in-Funktion (vgl. Kap. 2.1.1). Sie manifestieren sich auf der sprachlich-textuellen Ebene in der Terminologie (vgl. Kap. 2.2.2.1) und spezifischen Fachtextsortenkonventionen (vgl. Kap. 2.2.2.2) und auf der semiotischen Ebene in fachlichen Bildern (vgl. Kap. 2.5.1).

a) Terminologie

Fachlichkeit und Fachsprachlichkeit werden insbesondere über die Lexik signalisiert, d.h. Termini stellen aufgrund ihres häufigen Gebrauchs und systematischen Verstehens in der Fachkommunikation den wichtigsten Indikator der Fachsprachlichkeit und das offensichtlichste Fachlichkeitssignal dar (vgl. Kalverkämper 1983: 131 f., 154; 1998 b: 18). Termini signalisieren im Kontext, daß mittels ihrer Verwendung und über sie fachliche Inhalte in einer fachspezifischen Kommunikationssituation übermittelt werden, so daß vom Rezipienten entsprechendes fachspezifisches Vorwissen einzubringen ist, um diese fachlichen Inhalte entsprechend zu verstehen (vgl. Kalverkämper 1983: 155). In der Fachkommunikation in Fachtexten-in-Funktion auf der Ebene der Fachmann-Fachmann-Kommunikation (vgl. Kap. 2.2.3.1) werden Termini vornehmlich im engeren Sinne gebraucht und implizieren fachliche Denotate (vgl. Kap. 2.2.2.1).

b) Textsortenkonventionen

Außerdem weisen Fachtexte spezifische Textsortenkonventionen, sogenannte Fachtextsortenkonventionen auf der makro- und mikrostrukturellen Ebene auf. Über den Text und dessen spezifische Vertextungsstrategien wie die Kohäsion und Kohärenz auf der makro- und mikrostrukturellen Ebene sowie bestimmte Erklärungsstrategien wird signalisiert, wie das Informationsverhältnis zwischen Autor und angezieltem Adressaten gestaltet ist (vgl. Kap. 2.2.3) sowie die sprachliche Verständlichkeit und die kognitive Verstehbarkeit der mitzuteilenden Informationen gewährleistet (vgl. Kalverkämper 1998 b: 18).

Die Makrostruktur von Fachtexten ist an stringenten Textbauplänen (vgl. Roelcke 2005: 89) orientiert, die textsortenspezifisch sind. Allgemein sind Fachtexte hinsichtlich ihrer Textgliederung klar strukturiert, so daß Textkohärenz besteht. Charakteristische fachsprachliche Textbausteine sind der Titel, der einen spezifischen Ausweis der Fachlichkeit des zugehörigen Texts darstellt (vgl. Kalverkämper 1998 e: 83), Überschriften und Zwischenüberschriften, systematisch gestaltete Kapitel und Paragraphen, die beispielsweise numeriert sein können, Anmerkungen und Fußnoten, Exkurse, Literaturhinweise, Textzitate in Anführungsstrichen und Textverweise, die zur Schaffung von Intertextualität beitragen, Inhalts- und Literaturverzeichnisse, Nebentexte sowie Anfangs- und Endsignale in Fachtexten (vgl. Roelcke 2005: 91). Niederhauser bezeichnet derartige formale Textkomponenten als „wissenschaftlichen Apparat" (vgl. Niederhauser 1999: 103). Außerdem bestehen spezifische typographische Konventionen hinsichtlich der Gestaltung der Makrostruktur von Fachtexten (Textlayout, Kapitelnumerierung, etc.) (vgl. Roelcke 2005: 91). So ist die Position von Textelementen, die nicht in den Fließtext integriert sind wie zum Beispiel Fußnoten oder Bildunterschriften, ebenfalls konventionalisiert. Beispielsweise befinden sich Fußnoten in Fachtexten immer am unteren Seitenrand unter dem Fließtext.

Die Mikrostruktur von Fachtexten ist durch Verfahren der mikrostrukturellen Textverknüpfung gekennzeichnet (vgl. Kap. 2.2.2.2). Auf den Sprachbeschreibungsebenen der Morphologie und Syntax spielen in diesem Zusammenhang insbesondere in den Fachsprachen des Deutschen folgende Spezifika eine Rolle, die lediglich aufgezählt werden, da sie bereits dargestellt wurden (vgl. Kap. 2.2.2.2):

- **Morphologie**: Komposita, Derivata, Nominalstil; Abkürzungen; Nominalisierung: Gebrauch von Internationalismen mit griechischen oder lateinischen Wurzeln sowie Anglizismen; Verwendung von Attributierungen und Funktionsverbgefügen, Passivkonstruktionen, Gebrauch der dritten Person von Verbformen und Pronomina (unpersönlicher Stil) zur Anonymisierung und Objektivierung; Genitivreihungen (Ausdrucksökonomie) (vgl. Roelcke 2005: 71 ff.)
- **Syntax**: Aussagesätze, Attributreihungen/Attributierungen, syntaktische Konstruktionen mit Nominalisierungen und Funktionsverbgefügen, hohe Satzkomplexität und große Satzlänge, Präpositionalkonstruktionen, Infinitiv- und Partizipialkonstruktionen (vgl. ebd.: 80 ff.)

Die Fachsprachen des Französischen (vgl. Pöckl 1990: 269; 1998: 1498 f.) zeichnen sich auf der Ebene der Morphologie und Syntax durch folgende Charakteristika aus:

- **Morphologie**: Komposita und Mehrworttermini mit den Junktoren ‚de' und ‚à'; Nominalisierung: Reduktion von Nebensätzen, terminologische Präzision (Terminologisierung von Fachausdrücken in Form von Nomina), geringer Formulierungsaufwand durch Nominalgruppen, Schaffung von Unpersönlichkeit (Tilgung des Mitspielers des Verbs durch Nominalisierung); Dominanz der dritten Person Singular/Plural bei Verben und Pronomina; Verwendung von Funktionsverbgefügen und Infinitiven (Desematisierung des Verbs)
- **Syntax**: Substitution von Nebensätzen durch präpositionale Nominalgruppen und attributiven Gebrauch von Partizipialkonstruktionen, syntaktische Flexibilität von Nominalgruppen, parataktische Fügungen und Hypotaxen, Verwendung langer, komplexer Sätze

Gesamtheitlich gesehen weisen die Fachsprachen des Deutschen und Französischen ähnliche morphologische und syntaktische Muster auf. Unterschiede bestehen hinsichtlich der folgenden Aspekte: Obwohl sowohl in den Fachsprachen des Deutschen als auch in denen des Französischen eine starke Tendenz zur Nominalisierung besteht, die sich insbesondere im Deutschen im Nominalstil manifestiert, sind die französischen Fachsprachen insgesamt stärker am Verbalstil orientiert (vgl. Pöckl 1990: 280). Außerdem neigt das Französische stärker zur Prädikation und zu einer markanten Thema-Rhema-Gliederung, während das Deutsche die Determination und freiere Satzbaupläne bevorzugt und weniger auf eine rigide Thema-Rhema-Struktur achtet (vgl. Blumenthal 1983 b in Pöckl 1998: 1497). Ein weiterer Unterschied besteht darin, daß der Rezipient in französischen Fachtexten oft direkt angesprochen oder in einem stärkeren Maße durch Fragen aktiviert wird als in deutschen Fachtexten (vgl. Baumann 1995: 119).

Sowohl in den Fachsprachen des Deutschen als auch des Französischen stellt das Präsens das dominante Tempus dar, mit dessen Hilfe häufig zeitlich neutrale, allgemein gültige Aussagen gemacht werden.

Weitere Kennzeichen der Fachlichkeit, die sich in deutschen und französischen Fachtexten manifestieren, sind die Verwendung von Elementen des wissenschaftlichen Apparats wie beispielsweise Fußnoten und von Zahlenangaben sowie die Anwendung verschiedener Referenzstrategien, die zur Schaffung von Intertextualität beitragen. Auf der inhaltlichen Ebene wird Fachlichkeit in der Fachkommunikation durch die Herstellung eines festen Bezugs zu fachlichen Gegenständen, Sachverhalten und Handlungszusammenhängen signalisiert, der sich im Rahmen des spezifischen Verhältnisses von Fachlichkeit und Fachsprachlichkeit manifestiert und zu dessen Vermittlung, d.h. der Übermittlung von fachlichen Informationen, sprachliche Strategien wie Argumentation, Erklären (Metakommunikation) und Hypothesenbildung angewendet werden (vgl. Kalverkämper 1998 e: 83).

Die in Fachtexten geltenden Textsortenkonventionen werden im Empirieteil mit den Textsortenkonventionen verglichen, die in Werbeanzeigen Anwendung finden (vgl. Kap. 5.2.2.3 sowie Kap. 6.2.2.3).

c) Semiotik

Auf der semiotischen Ebene manifestieren sich ebenfalls Spezifika der Fachlichkeit. Fachliche Bilder (vgl. Kap. 2.5.1) stellen eine ergänzende Präsentationsform von Fachwissen dar und signalisieren Wissenschaftlichkeit (vgl. Kalverkämper 1998 a: 396; 1998 b: 18 f.). So werden in Fachtexten Abbildungen wie Fotografien und Zeichnungen, Graphiken, Symbole, Sonderzeichen u.a entsprechend in den Textverlauf integriert, um fachliche Information zu übermitteln und fachliche Inhalte darzustellen (vgl. ebd.). Außerdem werden in Fachtexten häufig weitere semiotische Darstellungsmittel wie Diagramme, Tabellen und Listen zur Vermittlung komplexer Fachinformationen verwendet. „Diagramme, Stemmata, Schemata und Skizzen in Texten erfüllen eindeutig *fachlich-informierende Kommunikationsaufgaben* und dienen somit [...] als deutliche *FORMALE* FACHLICHKEITSAUSWEISE [...].“ (Kalverkämper 1998 e: 76) [Hervorhebungen im Original].

Gesamtheitlich gesehen ist die Fachkommunikation im Deutschen und Französischen von ähnlichen Spezifika der Fachlichkeit und Fachsprachlichkeit geprägt, die sich auf der sprachlich-textuellen und semiotischen Ebene manifestieren.

2.3.2 Fachlichkeitssignale in der deutschen und französischen Anzeigenwerbung

Fachlich unspezifische, an Laien gerichtete Werbung unterscheidet sich grundsätzlich in ihrer Intention von der Fachkommunikation in Fachtexten-in-Funktion. Ziel der Werbung ist nicht in erster Linie die objektive Vermittlung fachlicher Inhalte sondern die Überzeugung der Rezipienten mit der übergeordneten Intention der Absatzsteigerung der beworbenen Produkte. Ein Mittel, dessen sich die Werbung für Laien bedienen kann, um dieses Ziel zu erreichen, ist der Einsatz fachlicher und fachsprachlicher Elemente. Fachlichkeitssignale, die sich in Fachtexten in der Kommunikation über fachliche Inhalte manifestieren (vgl. Kap. 2.3.1), können auch in der Werbung für Laien auftreten. In der Anzeigenwerbung kann Fachlichkeit und Fachsprachlichkeit mittels der im Folgenden dargestellten Komponenten auf der sprachlich-textuellen und semiotischen Ebene signalisiert werden.

a) Terminologie

Die Werbesprache stellt eine Variante der Standardsprache dar (vgl. Kap. 1.2), die zahlreiche fachsprachliche Elemente umfaßt (vgl. Römer 1980: 115 ff.). Folglich repräsentieren Termini, die in der Werbung für Laien auf der Ebene der Fachmann-Laie-Kommunikation (vgl. Kap. 2.2.3.2) verwendet werden, ein fundamentales Fachlichkeitssignal der Anzeigenwerbung. Außerdem können Fachtermini in der Werbung pseudofachlich verwendet werden (vgl. Kap. 2.1.4), d.h. sie dienen dann ausschließlich als Träger von Fachlichkeitssignalen in der Werbung, wobei es auf die semantische Dekodierung der Termini meist gar nicht ankommt (vgl. Pöckl 1998: 1497). „Von der fachsprachlichen Lexis geht werbende Signalwirkung aus, die dadurch evozierte Fachlichkeit wird im Text aber nicht durchgängig beibehalten, sondern von alltagssprachlicher Bezugnahme auf den Erfahrungshorizont des durchschnittlichen Konsumenten abgelöst.“ (Mautner 1998: 761).

b) Textsortenkonventionen

Werbung ist eine Kommunikationsform, in deren Rahmen sich auf der makro- und mikrostrukturellen Ebene der Werbeanzeigen verschiedene Textsortenkonventionen manifestieren. Auf der textuellen Ebene kann über die Makro- und Mikrostruktur der Werbeanzeigen Fachlichkeit signalisiert werden. Obwohl Werbeanzeigen hinsichtlich ihrer Gestaltung werbespezifischen Konventionen unterliegen, können in diesem Bereich ebenfalls Fachlichkeitssignale auftreten.

Ein Fachlichkeitssignal auf der makrostrukturellen Ebene von Werbeanzeigen stellt die Gestaltung von Werbeanzeigen in Form eines redaktionellen Artikels dar (Janich 1998 a: 189 f.). Werbeanzeigen können so aufgebaut und gegliedert sein, daß sie aufgrund der Fachtexten ähnlichen Makrostruktur Assoziationen zu Fachtexten oder wissenschaftlichen Artikeln beim Rezipienten auslösen. Derartig gestaltete Werbeanzeigen umfassen einen Titel, einen klar strukturierten Text, meist mit Zwischenüberschriften, sowie Bilder, zusätzliche Kästen mit ergänzenden Informationen, Fußnoten und andere Elemente, die in Fachtexten dem wissenschaftlichen Apparat (vgl. Kap. 2.3.1) zugeordnet werden. Sie müssen mit „Werbeanzeige", „Communiqué" o. ä. überschrieben werden, um sie als Werbeanzeigen zu kennzeichnen und von redaktionellen Artikeln abzugrenzen (vgl. Bechstein 1987: 291, 439).

Auf der mikrostrukturellen Ebene können Werbeanzeigen ebenfalls Fachlichkeitssignale aufweisen wie beispielsweise den für fachsprachliche Texte im Deutschen typischen Nominalstil (vgl. Kap. 1.2.2) oder den Verbalstil, der in französischen Fachtexten auftritt (vgl. Kap. 2.3.1), sowie die direkte Anrede des Rezipienten, die insbesondere in französischen Fachtexten erfolgt (vgl. Kap. 2.3.1). Ein weiteres Fachlichkeitssignal in Werbeanzeigen können Referenzstrategien darstellen wie zum Beispiel Zitate in Anführungsstrichen, Referenzhinweise zu weiterführenden Informationen oder Anmerkungen in Fußnoten (vgl. Janich 1998 a: 185 ff.). Außerdem können Zahlenangaben als ein Fachlichkeitssignal in der Werbung auftreten, die beispielsweise bei der Präsentation von Testergebnissen eine Rolle spielen können (vgl. ebd.: 47).

c) Semiotik

Auf der semiotischen Ebene kann Fachlichkeit in der Anzeigenwerbung über fachliche Bilder wie Fotos, schematische Abbildungen zur Darstellung fachlicher Aspekte sowie andere semiotische Komponenten wie Diagramme und

Tabellen signalisiert werden. Einerseits spielen in diesem Bereich Abbildungen von fachlichen Autoritäten eine Rolle, d.h. in der Werbung werden Fotos von Wissenschaftlern oder anderen Experten eingesetzt. Andererseits werden in der Werbung schematische Darstellungen, Diagramme, Tabellen u.ä. zur Präsentation fachlicher Prozesse verwendet (vgl. Stöckl 2004: 274 ff.), die nicht der sachbezogenen Information und der Darstellung objektiver Sachverhalte dienen sollen, sondern die pseudofachlich eingesetzt werden (vgl. Kap. 2.1.4).

Eine detaillierte Analyse von in der deutschen und französischen Anzeigenwerbung verwendeten fachlichen Komponenten und fachsprachlichen Elementen auf der sprachlich-textuellen und semiotischen Ebene wird im Empirieteil anhand eines Korpus von Werbeanzeigen aus den Produktgattungen „Kosmetik" und „Nahrungs- und Genußmittel" vorgenommen. Auf der Grundlage der Untersuchungsergebnisse werden die Fachlichkeitssignale in der deutschen und französischen Anzeigenwerbung dargestellt (vgl. Kap. 5.2, Kap. 6.2, Kap. 7.1).

2.4 Fachliche Implikationen der Werbung für Laien

2.4.1 Produktkategorien mit Fachlichkeit in der Werbung für Laien

In der Produktwerbung, die sich an Laien richtet, wird ein sehr breites Spektrum an Produkten beworben. Die Werbung bedient sich dazu verschiedener Mittel und Strategien und impliziert je nach beworbenem Produkt bzw. beworbener Produktgattung in unterschiedlichem Maße fachliche Elemente, so daß in der Werbung für Laien Produktkategorien auftreten, die einen sehr hohen Fachlichkeitsgrad aufweisen, es aber auch Produktgattungen gibt, die nur von einem sehr geringen Fachlichkeitsgrad geprägt sind oder überhaupt keine fachlichen Elemente umfassen.

Im Rahmen der vorliegenden Arbeit werden im Empirieteil Werbeanzeigen aus zwei Produktgattungen, d.h. der Kosmetikwerbung und der Werbung für Nahrungs- und Genußmittel, analysiert, die sich vermutlich als Extreme gegenüberstehen und sich bei der Einordnung auf einer Fachlichkeitsskala jeweils im oberen bzw. unteren Randbereich dieser Skala befinden. Im Folgenden werden Hypothesen hinsichtlich der Einordnung dieser beiden Produktkategorien als Produktgattung mit Fachlichkeit im Vordergrund bzw. Produktgattung mit Fachlichkeit im Hintergrund aufgestellt und Beispiele für weitere Produktkategorien angeführt, die sich der ersten oder der zweiten Gruppe zuweisen lassen. Diese weiteren Produktkategorien können jedoch aufgrund des vorgegebenen Rahmens dieser Arbeit nicht untersucht werden.

Produktkategorien mit Fachlichkeit im Vordergrund

Im Hinblick auf die Kosmetikwerbung ist zu vermuten, daß sie eine Produktgattung darstellt, in der viele fachliche Elemente auftreten. Auf einer Fachlichkeitsskala, die ein Spektrum von sehr geringer bis sehr hoher Fachlichkeit umfaßt, wird sie im oberen Bereich anzusiedeln sein, d.h. der Fachlichkeitsgrad ist vermutlich sehr hoch. Deshalb ist diese Produktkategorie als eine Produktgattung einzustufen, in der die Fachlichkeit ebenfalls in der Werbung für Laien wahrscheinlich eine wichtige Rolle spielt. Eine detaillierte Untersuchung der vorgenannten Aspekte erfolgt im Empirieteil, um die hier aufgestellten Hypothesen anhand der Analyse eines Korpus von Werbeanzeigen zu fundieren und zu beweisen (vgl. Kap. 5).

Weitere Produktgattungen, in denen viele fachliche Elemente auftreten und die folglich einen hohen Fachlichkeitsgrad aufweisen, sind beispielsweise die Werbung für Autos, Arzneimittel und für technische Geräte (vgl. Janich 1998 a).

Produktkategorien mit Fachlichkeit im Hintergrund

In Bezug auf die Werbung für Nahrungs- und Genußmittel wird die Vermutung aufgestellt, daß es sich um eine Produktgattung handelt, in der nur wenige fachliche Elemente auftreten, so daß der Fachlichkeitsgrad dieser Produktkategorie als gering einzustufen ist. Diese Hypothese wird ebenfalls im Empirieteil auf der Grundlage der Analyse von Werbeanzeigen aus dieser Produktkategorie zu belegen sein (vgl. Kap. 6).

Weitere Produktgattungen, die einen sehr geringen Fachlichkeitsgrad aufweisen, sind beispielsweise die Werbung für Parfum und für Kleidung (Mode) (vgl. Rentel 2005; Kalverkämper 2004 b: 172 f.).

2.4.2 Integration von Fachlichkeit in die Werbung für Laien

Mit der Verwendung fachlicher Elemente in der an Laien gerichteten Werbung wird eine Verschränkung von Fachlichkeit und Nicht-Fachlichkeit (vgl. Kap. 2.1.3) vollzogen, die sich insbesondere auf der Ebene der Fachsprachlichkeit manifestiert. Fachliche Komponenten werden im Rahmen der Fachmann-Laie-Kommunikation in eine nicht-fachliche Kommunikationsform, d.h. in die Laienwerbung integriert. Diese Integration erfolgt mit dem Ziel der Persuasion des laienhaften Rezipienten der Werbung mittels des Einsatzes fachlicher Elemente, die dem Laien aus seinen Alltagserfahrungen im allgemeinen nicht bekannt sind. Dennoch versucht die Werbung, die Anbindung der fachlichen Komponenten an die Laienwelt so zu vollziehen, daß die Verständlichkeit der Gesamtwerbebotschaft gewährleistet ist und sie ihre Intentionen erfüllen kann. Da die Integration fachlicher Elemente in die Laienwerbung jedoch als gelungen angesehen werden kann, wenn die allgemeine Werbebotschaft vom laienhaften Adressaten erfaßt worden ist und er mit dem Kauf der beworbenen Produkte entsprechend handelt, wird die detaillierte Verständlichkeit jeder einzelnen fachlichen Komponente nicht angestrebt, und die fachlichen Elemente werden dementsprechend auch nicht so verwendet, daß diese gegeben wäre (vgl. Kap. 2.6.2.2). Einerseits werden fachliche Aspekte und Informationen, bei denen ein Verstehen seitens des Laien nicht vorausgesetzt werden kann, da sie über sein allgemeines Alltagswissen sowie seine Lebenspraxis und Alltagserfahrungen hinausgehen, so dargestellt, daß deren Gesamtverständlichkeit gesichert ist. Häufig werden fachliche Elemente aus diesem Grund in der Werbung für Laien so eingesetzt, daß sie an das Alltagswissen in der Laienwelt des Rezipienten anknüpfen, das aufgrund der zunehmenden Technisierung der Lebenswelt und der wissenschaftlichen Durchdringung des Alltags immer spezialisierter wird, und über den alltagssprachlich geprägten Kontext von ihm erschlossen werden können. Andererseits übernehmen fachliche Elemente in der Laienwerbung eine spezifische Funktion der „Werbenden Fachlichkeit“ (vgl. Kap. 2.1.4), d.h. sie werden intentional so verwendet, daß der laienhafte Adressat erkennt, daß es sich um etwas Fachliches handelt und damit positive Assoziationen zum Prestige der Wissenschaften in Verbindung bringt. In diesem Fall wird keine vollkommene Verständlichkeit der auf diese Weise verwendeten Elemente seitens des Laien angestrebt, sondern er soll aufgrund des positiven Bilds der Wissenschaften in der Gesellschaft mittels der sogenannten „inszenierten Wissenschaftlichkeit" (vgl. Kap. 2.1.4) von den beworbenen Produkten überzeugt werden.

2.5 Semiotik in der Anzeigenwerbung

Die Semiotik ist ein Bereich, der in der Werbung eine wichtige Rolle spielt, insbesondere im Hinblick auf die nonverbale Visualisierung von Werbeinhalten und Werbebotschaften. Die Lehre von den Zeichen und Zeichensystemen, speziell die Bildsemiotik, d.h. der Bereich der visuellen, nicht-sprachlichen Zeichen, nimmt eine zunehmend zentrale Stellung in der Werbung ein, weil Bilder und Abbildungen eine immer wichtigere Komponente von Werbeanzeigen darstellen und dadurch eine enge Beziehung zwischen verbalen und nonverbalen Elementen in der Werbung aufgebaut wird (vgl. Nöth 1975: 1 f.). Nach Brandt werde der semiotische Ansatz der Werbung als einer mit mehreren Kodes arbeitenden Kommunikationsform am besten gerecht, weil die Semiotik linguale, visuelle und auditive Kommunikationsmöglichkeiten als gleichberechtigte Untersuchungsgegenstände begreife (vgl. Brandt 1973: 78 f.). Im Hinblick auf den Aspekt der Fachlichkeit in der Anzeigenwerbung auf der semiotischen Ebene stehen fachliche Bilder und Text-Bild-Beziehungen im Zentrum der Betrachtung, deren Charakteristika im Folgenden dargestellt und bei der Analyse der Werbeanzeigen (vgl. Kap. 5.2.3 sowie Kap. 6.2.3) berücksichtigt werden.

2.5.1 Visualisierung und fachliche Bilder

Im allgemeinen weisen Visualisierungen und Bilder folgende Eigenschaften auf (vgl. Burger 1990: 300 ff.; Rentel 2005: 96 ff.): Bilder unterscheiden sich von Sprache grundlegend dadurch, daß sie immer nur Individuen, d.h. Exemplare von Klassen jedoch keine generischen Verhältnisse darstellen. Aufgrund ihrer Darstellungsform für Individuen von Individuen sind Bilder semantisch offen und unendlich deutbar, werden aber durch dazugehörige Texte monosemiert. Visualisierungen sind nicht konventionalisiert. Außerdem unterscheiden sich Bilder grundlegend von Sprache dadurch, daß sie immer Konkreta und keine Abstrakta zeigen. Abstrakte Zusammenhänge werden mit Hilfe von Sprache zum Ausdruck gebracht, können jedoch durch Konkreta in Bildern illustriert werden. Ein weiteres Merkmal von statischen Bildern ist, daß sie zeit- und raumindifferent sind und entsprechende Zuordnungen und Erläuterungen nur in sprachlicher Form erfolgen können.

Faktoren, die in Bezug auf Visualisierungen in der Werbung (vgl. Rentel 2005: 96 ff.) eine Rolle spielen, sind insbesondere folgende: Bilder dienen der Aufmerksamkeitserregung, sie können schneller und einfacher rezipiert werden als Sprache, sie sind leichter memorisierbar, über Bilder lassen sich emotionale Inhalte besser vermitteln, und über den visuellen Kode können in kürzerer Zeit größere Informationsmengen übermittelt werden als über den verbalen Kode. Visualisierte Informationen in Werbeanzeigen in Form von Bildern und anderen Darstellungen haben gegenüber schriftlich fixierten Informationen in Form von Texten den Vorteil, daß sie eine aufmerksamkeitserregende Funktion übernehmen, da sie in Werbeanzeigen meist vor den Textelementen rezipiert werden und ihre Rezeption im Gegensatz zu Texten, die erst gelesen werden müssen, um deren Inhalt zu erschließen, ohne großen Aufwand erfolgt. Sie vermitteln oft detaillierte Informationen über das Aussehen, die Eigenschaften oder die Verwendung des beworbenen Produkts (vgl. Kavalcová 2002: 64 f.) und heben insbesondere dessen positive Merkmale hervor. Ein Kennzeichen von Bildern, das in der Werbung eine wichtige Rolle spielt, ist die bildliche Darstellung konnotativer Aspekte von in Texten sprachlich realisierten Denotaten. So wird in Werbeanzeigen das beworbene Produkt zwar oft sprachlich als Denotat benannt, aber das Produkt selbst wird nicht abgebildet, sondern bildlich dargestellt werden konnotative oder assoziative Bezüge, die beim Rezipienten der Werbung ausgelöst werden und mit dem Produkt in Zusammenhang stehen (vgl. Burger 1990: 300 ff.). Folglich verfügen Bilder über ein hohes Aktivierungspotential, d.h. sie lösen Assoziationen aus, rufen Emotionen hervor und tragen dadurch zum Einprägen der jeweiligen Werbung bzw. zum Erinnern an das beworbene Produkt bei (vgl. Kavalcová 2002: 64 f.).

Im Speziellen werden im Folgenden fachliche Bilder betrachtet, die im Hinblick auf die Betrachtung des Aspekts der Fachlichkeit in der Werbung eine wichtige Rolle spielen. Sie zeichnen sich durch die nachfolgend dargestellten Charakteristika aus. In Texte eingebettete Bilder werden stets als in den Text integrierte Bestandteile des sprachlichen Texts angesehen, d.h. die Textqualität nimmt Einfluß auf die Einschätzung der Textbilder (vgl. Kalverkämper 1990 b: 204). Da in Fachtexten die Textqualität der Fachsprachlichkeit gegeben ist (vgl. Kap. 2.2.1), werden in Fachtexte integrierte Bilder als fachliche Bilder verstanden (vgl. ebd.). Ihre Fachlichkeit konstituiert sich aus dem sprachlichen Kontext und dem fachlichen Handlungsumfeld, in das sie eingebettet sind. Bilder sind von sich aus nicht fachlich, sondern werden erst im Kontext aufgrund ihrer Signalkraft durch Verstehen, Interpretation und Klassifikation seitens des Rezipienten sowie durch von dem zugehörigen Text ausgehende „Determinationssignale“ zu Bildern „mit fachbezogener Aussagequalität, […] mit wissenschaftlich bedeutsamen Intentionen“ (Kalverkämper 1998 a: 370; 363). Unterstützend auf die Einbettung in einen fachlich-sprachlichen Kontext wirken Signale der Fachlichkeit wie Buchstaben bzw. Beschriftungen, Zahlenverweise, Pfeilhinweise und andere Referenzzeichen, mit denen fachliche Bilder gekennzeichnet sind und die in Begleittexten meist erklärt werden (vgl. Kalverkämper 1990 b: 204 f.).

Fachliche Bilder sind eine deskriptiv-analytische, monologisch-expositorische Präsentationsform von Fachwissen und fachlich-wissenschaftlichen Informationen, die auf funktionale, reduktive und modellierende Art und Weise übermittelt werden (vgl. Kalverkämper 1998 a: 383; 394). Fachliche Bilder werden als komplexe Darstellungen der Wirklichkeit, als Mittel der wissenschaftlichen Kommunikation „sachbezogen und kenntnismotiviert“ eingesetzt (ebd.: 354) und übernehmen folgende Funktion: Sie dienen dazu, „die […] Wirklichkeit der Welt für einen ‚fachmännischen‘, ‚sachorientierten‘, gleichsam ‚wissenschaftlichen‘ Blick und Zugriff in Zeichnungen, in Skizzen, in Bildern umzusetzen und diese als Erklärung, als Verdeutlichung, auch als Ersatz für sprachliche Beschreibungen einzusetzen […]“ (Kalverkämper 1990 b: 201) [Hervorhebungen im Original]. Ziel fachlicher Bilder ist es, „möglichst umfassend verständlich zu sein, möglichst komplex darstellen, möglichst informativ mitteilen zu können“ (ebd.: 203). Mit Hilfe fachlicher Bilder werden fachbezogene, wissenschaftliche Informationen übermittelt. Fachliche Bilder weisen folgende Merkmale auf (vgl. Kalverkämper 1990 b: 213 f.; 1998: 373 f.):

- mit Hilfe fachlicher Bilder lassen sich eindeutig und auf ökonomische Weise komplexe und relativ simultane Prozesse und Objekte erfassen und fachwissenschaftliche Kenntnisse oder Prozesse der Erkenntnisfindung bildlich darstellen
- abzubildende Gegenstände oder Sachverhalte können auf verschiedene Art und Weise in fachlichen Bildern präsentiert werden
- mit Hilfe fachlicher Bilder können Teile, die meist über direkte Referenzialisierungen als fachlich relevant herausgestellt werden, im präsentierten übergeordneten Ganzen lokalisiert werden
- fachliche Bilder dienen der Illustration komplexer Sachverhalte und folglich der Unterstützung von Verstehensprozessen des Rezipienten sowie der Verständlichkeitssicherung

Weitere nichtsprachliche, fachliche Darstellungsformen der graphischen Visualisierung, die in die Kategorie „Fachliche Bilder" eingeordnet werden können, sind Diagramme, Schemata, Stemmata und Tabellen. Diese Formen der wissenschaftlichen Darstellung „*kondensieren* Information und etikettieren diese unterschwellig als Fachinformation" (Kalverkämper 1998 e: 76) [Hervorhebung im Original]. Schemata dienen der transparenten Präsentation komplexer Strukturen und Prozesse, mit Hilfe von Stemmata werden hierarchische Zusammenhänge gekennzeichnet, in Diagrammen werden quantitative Informationen über meßbare Variablen vergleichend dargestellt, und mittels Tabellen können Informationen zweidimensional aufeinander bezogen werden (vgl. ebd.: 78 f.). Aufgrund ihrer Komplexität erfordert diese Darstellungsform eine „Ersehenskompetenz" seitens des Rezipienten, d.h. Diagramme, Schemata und Stemmata können nicht „auf einen Blick" rezipiert werden, sondern sie müssen in einem Ersehens-, Verstehens- und Bewertungsprozeß sukzessiv erschlossen werden (vgl. ebd.: 76).

Visualisierte Informationen in Form von statischen Bildern und anderen Abbildungen wie technische und naturwissenschaftliche Graphiken oder erläuternde Fotos und Zeichnungen stellen wichtige Komponenten der Fachkommunikation dar (vgl. Janich 1998 a: 50). Sie werden eingesetzt, um beispielsweise Daten, Funktionsabläufe, Konstruktionen oder technische Details zu veranschaulichen (vgl. ebd.: 51, 60). Nach Stöckl können fachliche Bilder beliebig exportiert und adaptiert werden, sind nicht zwingend an einen fachlichen Handlungskontext gebunden und finden folglich auch außerhalb von Fachtexten so beispielsweise in Werbeanzeigen Anwendung (vgl. Stöckl 2004: 274). So werden auch in der Anzeigenwerbung für Laien fachliche Bilder, Schemata und Diagramme verwendet und stellen häufig konstitutive Elemente von Werbeanzeigen dar. Sie dienen in der Laienwerbung einerseits der Darstellung und Erläuterung von Produkteigenschaften und andererseits der Erzeugung von Pseudofachlichkeit (vgl. Kap. 2.1.4). So wird durch die Verwendung von Diagrammen und ähnlichen fachlichen Darstellungsformen in der Werbung für Laien „Fachlichkeitsanspruch des Werbematerials, Kompetenz des Produktanbieters, Selektionssignal an nur bestimmte Kunden, Imponierhaltung u.ä." (Kalverkämper 1998 e: 77) signalisiert.

Im Rahmen der vorliegenden Arbeit werden unter ‚fachlichen Bildern' alle Formen der nichtsprachlichen Präsentation von Informationen und alle Arten von Abbildungen wie Fotos, Zeichnungen, Skizzen, schematische Darstellungen, Schaubilder u.a. sowie Schemata wie Diagramme, Kurvendarstellungen und ähnliche graphische Darstellungen sowie Aufstellungen wie Tabellen verstanden, die der Übermittlung fachlicher Informationen dienen sollen. Die Kriterien und Ergebnisse der Analyse der fachlichen Bilder in den Werbeanzeigen werden in den Kapiteln 5.2.3. und 6.2.3 dargestellt und anhand von Beispielen illustriert.

2.5.2 Text-Bild-Beziehungen

Zwischen Texten und Bildern besteht eine „semiotische Funktionsgemeinschaft" der „doppelten Form der Darstellung" (Kalverkämper 1990 b: 202), die eine „Informationsgemeinschaft von Text und Bild als fachliche Darstellungsform" (Kalverkämper 1998 e: 75) repräsentiert. Nach Kalverkämper übernimmt diese Zeichengemeinschaft die Funktionen, „über zwei breitest zugängliche Zeichensysteme – Sprache und Bilder – Wissen und Kenntnisse zu vermitteln" und „den vielfältigen und wachsenden Bedarf an wissenschaftlichen […] Sachinformationen zu erfüllen" (Kalverkämper 1990 b: 201). Da ein Zeichensystem allein dies oft nicht in ausreichendem Maße leisten kann, so daß Informationen umfassend vermittelt werden, und da eine feste Beziehung zwischen Text und Bild besteht, eignet sich die Gemeinschaft von Text und Bild zur „optimalen Erfüllung von ganzheitlicher

Information im Kommunikationsprozeß“ (ebd.: 203). Fachliche Bilder konstituieren sich einerseits aus den vom zugehörigen Text ausgehenden „Determinationssignalen“, d.h. sie werden als solche durch den Text und den Kontext bestimmt, und andererseits wird die Wissenschaftlichkeit des Texts durch die darin eingebetteten fachlichen Bilder verstärkt (vgl. Kalverkämper 1998 a: 370 f.).

Zwischen Bild und Text können auf der Inhaltsebene folgende semantische Beziehungen und Einbettungsverhältnisse bestehen (vgl. Kalverkämper 1990 b: 207):

1. Gleichwertigkeit von Bild und Text: das Bild dient zur Illustration des sprachlichen Textinhalts. Es bietet vergleichbare Informationen wie die semiotischen Möglichkeiten eines anderen Kodes. Das Einbettungsverhältnis ist textintegriert.
2. Überwertigkeit des Bilds: das Bild bietet wesentlich mehr Informationen als der sprachliche Text. Es unterstützt die Textinhalte und wirkt textinitiierend. Das Einbettungsverhältnis ist textdominierend.
3. Unterwertigkeit des Bilds: das Bild dient als Zusatz zum sprachlichen Text. Es könnte wegfallen, ohne daß die Textverständlichkeit dadurch reduziert werden würde. Das Einbettungsverhältnis ist textergänzend.

In der Gemeinschaft von Text und Bild in der wissenschaftlichen Kommunikation können in Texte integrierte fachliche Bilder wie Diagramme, Skizzen oder Fotos eine textbegleitende (illustrierende), textergänzende, texterläuternde (oder informationsdeterminierende), texterweiternde oder eine eigeninformierende Funktion übernehmen (vgl. Kalverkämper 1998 a: 369). Polysemiotische Texte signalisieren einen fachlichen Anspruch, insbesondere wenn sie neben fachlichen Bildern noch andere „wissenschaftstextuelle Markierungen“ wie eine spezielle Textgliederung oder Elemente des wissenschaftlichen Apparats aufweisen (vgl. ebd.).

In der Werbung, im Speziellen in Werbeanzeigen besteht ebenfalls eine enge Beziehung zwischen sprachlich-textuellen und visuellen Elementen[11] bzw. ver-

---

[11] Sehr detailliert werden die Text-Bild-Beziehungen in der Anzeigenwerbung anhand eines Korpus von französischen Werbeanzeigen, das ein breites Produkt- und Dienstleistungsspektrum abdeckt, in Rentel 2005 dargestellt.

balen und nonverbalen Informationen (vgl. Rentel 2005: 15). Um Werbebilder im Werbevorgang und dem jeweiligen Kontext der Werbestrategie richtig einordnen zu können, bedarf es meist des Werbetexts (vgl. Kavalková 2002: 65). Bilder und andere Darstellungen werden im allgemeinen zuerst vom Rezipienten erfaßt, und deren Sinn und Bedeutung innerhalb der Werbeanzeige wird durch die Textelemente präzisiert und komplementiert. Janich beschreibt die Text-Bild-Beziehung in der Werbung wie folgt:

> „[...] Bild und Sprache ergänzen sich in der Werbung gegenseitig und sind aufeinander abgestimmt.“ (Janich 2003: 191)

So bestehen in der Werbung enge Beziehungen zwischen Text und Bild, die sich meist komplementär zueinander verhalten. Die Text-Bild-Beziehungen in der Werbung können trotz der Bezugnahme der oben dargestellten semantischen Beziehungen zwischen Bild und Text auf fachliche Bilder und auf deren Konstitution im fachlichen Kontext und Fachtext auf der Grundlage dieser Darstellungen beschrieben werden (vgl. Kap. 5.2.3 sowie Kap. 6.2.3), weil die „Sprache-Bild-Bezüge beliebig adaptiert werden können“, deren Spezifika exportiert werden können und sie folglich auch außerhalb fachlicher Handlungskontexte Anwendung finden (vgl. Stöckl 2004: 274).

Da in der vorliegenden Arbeit die Fachlichkeit in der Werbung im Vordergrund steht, in deren Rahmen fachliche Bilder und die entsprechenden dargestellten Text-Bild-Beziehungen anhand eines Korpus von Werbeanzeigen analysiert werden, wird an dieser Stelle ausschließlich auf damit in Zusammenhang stehende spezielle Aspekte eingegangen. Auf allgemeine semiotische Faktoren und Text-Bild-Beziehungen in der Werbung sei nur verwiesen[12], weil sie mit Blick auf die Betrachtung der Fachlichkeit in der Werbung auf der semiotischen Ebene von untergeordneter Bedeutung sind.

12 Zur Semiotik von Werbung und Text-Bild-Beziehungen in der Werbung vgl. Geiger/Henn-Memmesheimer 1998, Lehmann 1998, Nöth 1975, Rentel 2005, Spillner 1982, Stöckl 1997, Stöckl 1998 und Stöckl 2004.

2.6 Rezeption von Werbung

Ein weiterer Aspekt, der bei der Betrachtung von Fachlichkeit in der Werbung eine wichtige Rolle spielt, ist die Rezeption, insbesondere die Verständlichkeit von Fachlichkeit in der Werbung für Laien als eine Facette der Rezeptions- und Wirkungsforschung. In diesem Kapitel wird zunächst eine Zielgruppenbestimmung anhand von verschiedenen Merkmalen vorgenommen. Anschließend wird die Fragestellung des Verstehens und der Verständlichkeit erörtert und insbesondere auf die Verständlichkeit fachlicher Elemente in der Werbung für Laien eingegangen, und es werden entsprechende Erklärungsstrategien für fachliche Komponenten betrachtet.

2.6.1 Zielgruppenkategorisierung in der Werbung

Eine Zielgruppe von Werbung wird mit den Mitteln der Marktforschung aufgrund folgender Merkmale näher bestimmt (vgl. Huth/Pflaum 1996; Zielke 1991 in Janich 2003: 24):

1. Soziodemographische Merkmale: Alter, Geschlecht, Einkommen, Beruf etc.
2. Psychologische Merkmale: Denkweisen, Fühlen, Vorurteile, möglichst auch aktive und passive Sprachkompetenz usw.
3. Soziologische Merkmale: Gruppennormen, Gruppenmerkmale, Meinungsführer usw., insbesondere Seh-, Lese- und sonstige Mediennutzungsgewohnheiten
4. Konsumdaten: vorhandene Ausstattung mit Konsumgütern, Konsumbedürfnisse und reales Kaufverhalten

In der vorliegenden Arbeit werden einige Kategorien der oben dargestellten Zielgruppenkategorisierung übernommen, andere Faktoren jedoch modifiziert bzw. ergänzt, da bei der vorliegenden Untersuchung nicht das Kaufverhalten und ähnliche Aspekte der Marktforschung im Vordergrund stehen, sondern der Schwerpunkt auf der Fachlichkeit von Werbung und deren allgemeine Verständlichkeit seitens des laienhaften Rezipienten liegt. Aus diesem Grund erfolgt die

Zielgruppenbestimmung für die Anzeigenwerbung anhand der folgenden Merkmale.

Geschlecht und Alter

Eine Kategorisierung in Bezug auf Geschlecht und Alter wird vorgenommen, da sich die Werbung aus bestimmten Produktkategorien an besondere Zielgruppen richtet. So sind Frauen die Hauptzielgruppe der Kosmetikwerbung, und Werbeanzeigen aus dieser Produktgattung werden vornehmlich in Frauenzeitschriften geschaltet. Neben der Darstellung des allgemeinen Schönheitsideals, das in der Mehrheit der Werbeanzeigen für Kosmetika in den Printmedien eine wichtige Rolle spielt – es werden meist schlanke, junge Frauen mit faltenfreier Haut und gesunden, perfekt frisierten Haaren gezeigt – ist auch das Alter ein bedeutender Faktor in der Kosmetikwerbung. Ein Großteil der Werbeanzeigen aus dieser Produktgattung soll insbesondere Frauen mittleren Alters ansprechen, bei denen erste Probleme wie Falten auftreten, die folglich nicht mehr dem suggerierten Schönheitsideal entsprechen, dieses aber durch Anwendung der beworbenen Produkte vorgeblich wieder herzustellen vermögen.

Eine andere Produktkategorie, die sich vorrangig an Frauen richtet, ist die Lebensmittelwerbung. Werbeanzeigen aus dieser Produktgattung werden ebenfalls vornehmlich in Frauenzeitschriften geschaltet. Da es in unserer Gesellschaft trotz der Emanzipation der Frau dieser weiterhin obliegt, sich um den Haushalt und die Ernährung der Familie zu kümmern, sind Frauen die Hauptzielgruppe der Werbung aus dieser Produktkategorie. Ein weiterer Faktor, der hinsichtlich der Rezipientenschaft von Lebensmittelwerbung eine Rolle spielt, ist die Tatsache, daß sich Frauen oft bewußt mit ihrer Ernährung beschäftigen, häufiger Wert auf eine gesunde, ausgewogene Ernährung legen, Diäten durchführen und beispielsweise mehr kalorienreduzierte Lebensmittel konsumieren. Das Alter spielt in der Lebensmittelwerbung eine geringere Rolle als in der Kosmetikwerbung, ist jedoch insbesondere im Hinblick auf Werbung für Diätprodukte nicht zu vernachlässigen, die sich wie auch ein Großteil der Kosmetikwerbung an junge Frauen sowie Konsumentinnen mittleren Alters richtet.

Eine Produktkategorie, die stärker Männer ansprechen soll, stellt die Werbung für Genußmittel, speziell die Werbung für Alkoholika wie beispielsweise Bier dar. Die Werbung aus dieser Produktgattung ist vielfach den Konsumgewohnheiten des Mannes angepaßt. So werden zum Beispiel in der Bierwerbung fast ausschließlich Männer gezeigt. Werbeanzeigen aus dieser Produktkategorie werden vornehmlich in allgemeinen Wochenzeitschriften und Zeitschriften geschaltet, die sich an einen männlichen Adressatenkreis richten. Das Alter spielt in der Werbung aus dieser Produktgattung keine Rolle.

Sozialklassen- und Gruppenzugehörigkeit

Individuelle und soziale Merkmale wie unterschiedlich ausgeprägte Fähigkeiten und Fertigkeiten, Erfahrungen, Einstellungen, Interessen, Motivationen und Emotionen des Rezipienten sowie die Zugehörigkeit zu einer bestimmten Sozialklasse oder gesellschaftlichen Gruppe stellen wichtige Faktoren dar, welche die Rezeption von Werbung und die Verständlichkeit fachlicher Informationen beeinflussen (vgl. Jahr 2001: 241). Insbesondere die Zugehörigkeit zu einer bestimmten gesellschaftlichen Gruppe steht in einem engen Zusammenhang mit dem Bildungsgrad und Wissen des Rezipienten und beeinflußt die Rezeption von Werbung. Adressaten mit einem geringen Bildungsniveau werden insbesondere auf der emotionalen Ebene von der Werbung gleichermaßen angesprochen wie Rezipienten mit einem höheren Bildungsstand. Unterschiede bestehen auf der Informationsebene hinsichtlich der Verständlichkeit fachlicher Komponenten in der an Laien gerichteten Werbung. Diese Elemente werden von Rezipienten mit einem umfangreicheren Kenntnisstand im Kontext meist leichter verstanden, so daß sie sich von der Werbung, in der derartige Komponenten eingesetzt werden, meist stärker angesprochen fühlen.

Ein weiterer Faktor, der im Hinblick auf die Sozialklassen- und Gruppenzugehörigkeit eine Rolle spielt, ist das soziale Prestige, das mit den in der Werbung präsentierten Produkten in Verbindung gebracht wird. An Luxusgüter und langlebige Gebrauchsgüter wie Parfum und Autos ist ein höheres soziales Prestige geknüpft als an Verbrauchsgüter des täglichen Bedarfs wie Lebensmittel und Kosmetika. Häufig lassen sich gesellschaftliche Gruppen, die über weniger Mittel und einen geringeren Bildungsgrad verfügen, vom Prestige hochwertiger Produkte beeinflussen, weil dem Rezipienten der Werbung mit dem Konsum derartiger Luxusgüter das Erreichen einer höheren Sozialstufe versprochen und dem Konsumenten des beworbenen Produkts vorgetäuscht wird. Im Bereich der Werbung für Nahrungs- und Genußmittel, insbesondere bei Lebensmitteln des täglichen Bedarfs, ist dieser Faktor von untergeordneter Bedeutung. In der Kosmetikwerbung hingegen, die auch Luxusgüter wie Parfum oder teure Pflegeprodukte bewirbt, spielt das soziale Prestige eine Rolle. Mit der Werbung aus dieser Produktkategorie sollen sowohl Rezipienten aus höheren gesellschaftlichen Klassen, die über die entsprechenden finanziellen Mittel verfügen, als auch Adressaten aus sozialen Gruppen angesprochen werden, in denen das soziale Prestige der beworbenen Produkte von Bedeutung ist.

Im Kontext der Betrachtung der Faktoren der Sozialklassen- und Gruppenzugehörigkeit ist auch das Prestige der Wissenschaften zu nennen (vgl. Kap. 2.1.4), das die Kosmetikwerbung unter anderem unter Berücksichtigung der oben dargestellten Faktoren ausnutzt. So sollen mittels der Verwendung fachlich-wissenschaftlicher Elemente keine fachlich versierten Rezipienten angesprochen werden sondern insbesondere Adressaten, die nicht mit den fachlichen Komponenten vertraut sind, so daß ihnen damit der Eindruck von Wissenschaftlichkeit vermittelt wird und folglich die Glaubwürdigkeit seitens des laienhaften Rezipienten erhöht wird.

Beruf und Bildungsgrad, Wissen und Kenntnisse

Bei der Rezeption von Werbung im Hinblick auf die Verständlichkeit fachlicher Elemente spielen außerdem Faktoren wie Verstehenshorizonte, Welt- und Erfahrungswissen, Wirklichkeitsmodelle, Bildungshintergrund, verstehender Einblick in die fachlichen Zusammenhänge, Kenntnis der inneren systematischen Struktur des betreffenden Fachgebiets, Verstehen von Fremdwörtern, übergreifenden Fachwörtern und von kondensierter Erklärungssprache sowie Lese- und Verstehenskompetenz (vgl. Kalverkämper 2001: 380) eine bedeutende Rolle. Der Beruf und der Bildungsgrad sowie das Vorwissen und der Kenntnisstand des Rezipienten stellen wichtige Faktoren in Bezug auf die Verständlichkeit fachlicher

Komponenten in der Werbung dar. Das Bildungsniveau und die Vorkenntnisse des Rezipienten sind insofern von Bedeutung, als Adressaten mit umfangreicherem Wissen fachliche Elemente im Kontext aufgrund ihres Vorwissens im allgemeinen leichter rezipieren und verstehen können.

Die an Laien gerichtete Produktwerbung orientiert sich an einem laienhaften Durchschnittsrezipienten und zielt nicht auf Experten eines Fachs ab. Trotz des Einsatzes fachlicher Komponenten sollen damit Rezipienten angesprochen werden, die über keine speziellen Kenntnisse oder besonderes Vorwissen auf einem Fachgebiet verfügen. Denn die verwendeten fachlichen Elemente in der Laienwerbung dienen vielfach nicht der Informationsvermittlung, sondern werden häufig werbend fachlich verwendet (vgl. Kap. 2.1.4). Das spezifische Wissen von Fachleuten ist im Hinblick auf die Rezeption von Werbung für Laien meist nicht „erwünscht“, weil ein Großteil der in der Laienwerbung eingesetzten fachlichen Komponenten wissenschaftlicher Nachprüfung von Experten nicht standhielte.

Die Lebenserfahrung, Vertrautheit und die Identifikation des Rezipienten mit einem bestimmten Thema bzw. Fach stellen weitere wichtige Rezeptionsfaktoren dar, die sich auf die Verständlichkeit fachlicher Elemente auswirken. In diesem Zusammenhang spielt auch das Interesse an bestimmten Sachverhalten und Themenkreisen eine Rolle. Frauen, die sich beispielsweise mit Fragen der gesunden Ernährung oder der Körperpflege intensiver beschäftigen und folglich mit diesen Bereichen besser vertraut sind und sich mit diesen identifizieren, verstehen fachliche Komponenten in der an Laien gerichteten Lebensmittel- oder Kosmetikwerbung im Kontext besser als andere Adressaten, die kein Interesse daran haben.

Auf der Grundlage der Zielgruppenkategorisierung wird im Empirieteil im Rahmen der Betrachtung der Verständlichkeit fachlicher Elemente seitens des laienhaften Rezipienten die Frage diskutiert, ob und inwiefern in der Laienwerbung eine spezifische Rezipientenselektion vorgenommen wird (vgl. Kap. 5.2.4.3 sowie Kap. 6.2.4.3). In diesem Zusammenhang werden allgemeine Tendenzen hinsichtlich der Verständlichkeit von Fachlichkeit in der Werbung für Laien dargestellt. Rezipientenabhängige Faktoren der Rezeption und Verständlichkeit im soziokulturellen Kontext, die auf der Basis empirischer Befragungen zu bestimmen wären, können hingegen nicht ermittelt werden, weil dies über den Rahmen der vorliegenden Arbeit hinausgeht.

2.6.2 Verständlichkeit

2.6.2.1 Verstehen – Verständlichkeit – Verständigung – Verständnis

In der Verständlichkeitsforschung werden Verstehen und Verständlichkeit differenziert. Der kognitive Vorgang des Verstehens umfaßt „die [subjektiv erfaßbaren] psycholinguistischen Prozesse, die sich bei der Verarbeitung von Texten in Individuen abspielen“ (Burger 1990: 252) [H.T.]. Dabei geht es um das Erkennen des wesensgemäßen Zusammenhangs einer Information (vgl. Oksaar 1988: 133). Das Textverstehen basiert auf strategiegeleiteten Prozessen, „in denen Sprach-, Realitäts- und Handlungswissen auf spezifische Weise genutzt werden“ (Baumann 1995: 117). Textverstehen ist ein zielgerichteter, komplexer kognitiver Prozeß, bei dem „sprachliche und außersprachliche Wissensbestände, situative Faktoren zusammenwirken“ (ebd.: 118). Unter die kognitive Leistung der Verständlichkeit (vgl. ebd.) werden „objektive Eigenschaften der Texte (in Syntax, Vokabular etc.)“ (Burger 1990: 252) und der „graphischen Gestaltung“ bei schriftlichen Texten (Oksaar 1988: 134) subsumiert. Dabei geht es um die Erfassung des Gemeinten und der Funktion der zu verstehenden Information (vgl. Oksaar 1988: 134). Die Textverständlichkeit stellt eine „zentrale Kategorie der Textrezeption“ dar, die aus der komplexen Wechselwirkung mentaler Repräsentationen von Textinhalten und individueller Wissensstrukturen resultiert (Baumann 1995: 118). Mit Blick auf die kommunikative, situationsbezogene und relationale Textqualität der Verständlichkeit spielen rezipientenorientierte, individuelle Faktoren wie Alter, Geschlecht, Herkunft, Lebenslauf, soziokultureller Hintergrund, Intelligenz, Bildung, Sach- und Fachwissen sowie Vorkenntnisse (vgl. Kap. 2.6.1) eine wichtige Rolle, so daß daraus kommunikations- und situationsspezifische „Graduierungen von Verständlichkeit und Spezialisierung“ in Bezug auf die Verständlichkeit bestimmter Fach- und Fremdwörter oder anderer fachlicher Elemente in Texten resultieren (vgl. Kalverkämper 1990 a: 104 f.). Die Verständlichkeit seitens des Rezipienten hängt von der Art und Weise der Anknüpfung der Fachinformationen an die Verstehensmöglichkeiten,

Vorstellungsmodelle, Wirklichkeitsschemata und Weltkonzepte des Adressaten ab (vgl. Kalverkämper 1998 a: 397). Das Verstehen und die Verständlichkeit fachlicher Komponenten können einerseits auf die sprachliche Gestaltung und andererseits auf die Verständlichkeit fachlicher Sachverhalte und Zusammenhänge bezogen werden (vgl. Biere 1998: 403). Die Verständlichkeit auf der sprachlichen Ebene ist meist stark kontextabhängig und kann mit Hilfe von sprachlich-textuellen Erklärungsstrategien wie beispielsweise kata- oder anaphorischen Definitionen gesichert werden, während die fachbezogene Verständlichkeit stärker vom sachbezogenen Vorwissen des Rezipienten abhängt und komplexere Erklärungsstrategien mit einer systematischen Einbettung des fachlichen Sachverhalts erfordert. Die Textqualität der Verständlichkeit kann in Texten neben der Verwendung sprachlich-textueller Erklärungsstrategien außerdem mit Hilfe illustrierender Bilder zu fachlichen Inhalten aufgebaut werden.

Bei der Vermittlung von Fachwissen treten aufgrund unterschiedlicher Wissensvoraussetzungen und -bestände seitens der Rezipienten, die im Vokabular ihren Ausdruck finden, verschiedene Formen von Verstehen, Halbverstehen oder Mißverstehen auf, die aus verschiedenen Arten von Wissen (Expertenwissen, Pseudowissen oder Laienwissen) resultieren (vgl. Burger 2005: 341). Das Textverständnis wird von unterschiedlichen sprachlichen, psychischen und sozialen Faktoren wie beispielsweise dem Vorwissen oder Ausbildungsstand des Rezipienten beeinflußt. Früh gelangte auf der Grundlage von Untersuchungen zu der folgenden Feststellung hinsichtlich der Verständlichkeit von Lexik:

> „Den stärksten Einfluß [...] auf das Textverständnis [...] hat – unter allen Subjektsbedingungen – die Vertrautheit des Vokabulars: Werden viele ungeläufige Ausdrücke, insbesondere Fach- und Fremdwörter verwendet, dann wird der Text mit großer Sicherheit [...] schlecht verstanden.“ (Früh 1980 in Burger 1990: 257)

Burger schließt sich der Feststellung Frühs an und konstatiert, daß der Hauptbereich des Lexikons, der für das Verstehen Probleme schafft, der Bereich der Fachsprachen sei (Burger 1990: 260). Nach Janich hängt die Verständlichkeit zwar auch von der sprachlichen Form ab, wird aber insbesondere vom Vorwissen der Rezipienten beeinflußt, das aufgrund der zunehmenden Verwissenschaftlichung der Alltagswelt immer spezialisierter wird (vgl. Janich 2004: 181).

Ein Faktor, der zur besseren und leichteren Verständlichkeit von Fachtermini beiträgt, ist deren Einbindung in einen Kontext. So können viele zunächst unverständlich erscheinende Termini über den Kontext, in den sie eingebettet sind, erschlossen werden (vgl. Oksaar 1988: 148). Ein weiterer Faktor, der das Verstehen und die Verständlichkeit entscheidend beeinflußt, ist die Redundanz (vgl. Burger 1990: 258), die sich sowohl sprachlich als auch in Form von Bildern manifestieren kann. In diesem Kontext spielen Text-Bild-Beziehungen (vgl. Kap. 2.5.2) wie die Illustration des Textinhalts in Form von Bildern oder Abbildungen eine wichtige Rolle.

Nach Groeben wird die relationale Größe der Textverständlichkeit, die vom Rezeptionsprozeß des Lesers ausgeht (vgl. Groeben 1981 in Baumann 1995: 118), von den folgenden vier Faktoren beeinflußt (vgl. Groeben 1982 in Rickheit 1995: 23): ästhetische Information/grammatikalisch-stilistische Einfachheit, kognitive Strukturierung/inhaltliche Gliederung, semantische Redundanz, konzeptueller Konflikt. Jahr wendet diese Gesichtspunkte auf wissenschaftliche Texte an und stellt im Hinblick auf die Verständlichkeit wissenschaftlicher Texte mit adressatenspezifischem Rezipientenbezug und deren Verständlichkeitsoptimierung folgende Faktoren dar (vgl. Jahr 2001: 243 ff.):

- **inhaltliche Faktoren**: hierarchische Strukturierung der Textinformationen entsprechend der sachlogischen Struktur der Sachverhalte; Auswahl der wichtigen und relevanten Informationen sowie Hervorhebung zentraler Konzepte; Verdeutlichung der Relation allgemeine Aussage – illustrierendes Beispiel; Verweise zu Nachbarthematiken
- **Explizierung von Fachausdrücken** (vgl. Kap. 2.6.2.3): Erklärung von Fachausdrücken als neue Information und als Verstehensvoraussetzung; Angabe von Synonymen zu Fachausdrücken
- **Verdichtungsgrad der Informationen**: angemessene Redundanz der Informationen; Abstraktionsgrad der Textinformationen
- **bildliche Veranschaulichung von Wissensinhalten** (vgl. Kap. 2.5): Anordnung der Bilder im sprachlichen Kontext (Textpräsentation vor der Bildpräsentation, weil in Fachtexten Textdominanz gegenüber Bil-

dern vorherrscht (vgl. Kalverkämper 1993: 220)); inhaltliche Text-Bild-Bezüge (Redundanz, Komplementarität, Elaborativität)

- **Auswahl sprachlicher Mittel**: explizite sprachliche Verknüpfung der Hauptaussagen (Kohärenz); sprachliche Explizitheit zentraler logisch-semantischer Relationen

Kalverkämper betrachtet die Komponenten Verständlichkeit, Verständigung und Verständnis[13] im Hinblick auf die Verständlichkeit von Fachlichkeit und Fachsprachlichkeit im Rahmen der fachexternen Kommunikation zwischen Experten und Laien, der Popularisierung von Wissenschaftlichkeit und des Wissenschaftstransfers (vgl. Kalverkämper 1988 a, 1988 b). Seine Überlegungen basieren auf dem folgenden Bedingungsgefüge: das Verständnis für fachliche Inhalte beruht auf der Verständigung zwischen Fachleuten und Laien, und die Verständigung hängt von der Verständlichkeit seitens des Laien auf der Ebene der Fachsprachen in Texten-in-Funktion ab, die wiederum das Verstehen auf der kognitiven Ebene voraussetzt. Verständigung sei die Hauptintention der nicht-fachlichen und fachlichen Kommunikation. Die Verständigung zwischen Fachleuten untereinander und zwischen Experten und Laien hänge nicht vom Sprachsystem, d.h. von der Gesamtsprache mit fachsprachlich besetzten Besonderheiten ab, sondern sie sei vom Sprachgebrauch, von der Sprachrealisierung abhängig. „Die Auswahl, der Einsatz, die Kombination der vom System zur Verfügung gestellten Sprachmittel in der konkreten Kommunikationssituation – das ist der Ort, wo sprachliche Verständigung erzielt wird." (Kalverkämper 1988 b: 312) Die Voraussetzung für eine erfolgreiche Verständigung stellt die kommunikative Textqualität der Verständlichkeit dar, d.h. Verständlichkeit in einem „Text-in-Funktion", in einer Kommunikationssituation ermöglicht adäquate Verständigung (vgl. ebd.: 313), die im Rahmen der Fachkommunikation verschiedene fachliche Kommunikationskonstellationen (vgl. Kap. 2.2.3) impliziert. Die kommunikativen Qualitäten der Verständlichkeit und das Gebot der wissenschaftlichen Verständigung manifestieren sich in der sprachlichen Fassung fach-

[13] Zu der Bedingungsgemeinschaft von Verstehen, Verständlichkeit, Verständigung und Verständnis vgl. auch Kalverkämper 2004 c: 26 ff.

spezifischer Handlungsabläufe und fachlicher Zusammenhänge. In diesem Kontext gelten die Leitbegriffe Klarheit, Genauigkeit, Schlichtheit, Angemessenheit, Anschaulichkeit und Faßlichkeit als erstrebenswerte Qualitäten der Verständlichkeit im Hinblick auf den Wissenschaftstransfer von Experten zu Laien, dessen erfolgreiche Realisierung nicht nur auf der Auswahl adäquater sprachlicher Mittel und einer angemessenen Darstellung des fachlichen Sachverhalts basiert, sondern auch stark rezipientenabhängig ist, d.h. sie beruht auf den Verstehensvoraussetzungen, dem Vorwissen, den Interessen u.a. des Rezipienten (vgl. ebd.: 317). Um die Fachlichkeit spezifischer Informationen beim Wissenschaftstransfer und im Popularisierungsprozeß zu erhalten, kann sich der vermittelnde Autor im Rahmen der fachexternen Kommunikation verschiedener Erklärungsstrategien bedienen, die nicht auf eine Substitution fachlicher und fachsprachlicher Elemente durch Komponenten der allgemein verständlichen Gemeinsprache sondern auf die Verständlichkeitssicherung seitens des Laien mittels verschiedener Formen der Explikation in Text und Bild abzielen (vgl. Kap. 2.2.3.3). Mit Blick auf den Wissenschaftstransfer im Bedingungsgefüge von Verständlichkeit, Verständigung und Verständnis im Rahmen der fachexternen Kommunikation, der Popularisierung von Wissenschaftlichkeit schlägt Kalverkämper folgende Bausteine einer „Fachsprachen-Hermeneutik" zur Verständlichkeitssicherung seitens des Laien vor (vgl. Kalverkämper 1988 a: 162 ff.; 1988 b: 318 ff.):

- *Vertextungsstrategie*: Explikation fachlicher Elemente mit Hilfe von Erklärungsstrategien (Rückgriff, Wiederholung, Umschreibung, Neuformulierung, Kommentare, verdeutlichende Zusätze u.a.)
- *Systematizität*: systematisierende Verständnissicherung mittels systematischer Einbindung von Erklärungsinformationen in einen fachlichen Zusammenhang und in einen entsprechenden fachsystematischen Verstehenshintergrund; systematisierende Integration des Definitionskontexts von Fachwörtern beim Transfer in den an Laien gerichteten Text
- *dialogisches Prinzip* zwischen fachlichem Textautor und interessiertem Laienrezipienten; verstärkter Gebrauch der Sprachmittel der Gemeinsprache beim Wissenschaftstransfer vom Experten zum Laien

- *implizite Didaktik* mit Blick auf den Laienrezipienten; fachexterne, popularisierende Darstellung fachbezogener Objekte, Sachverhalte oder Handlungszusammenhänge mittels sprachlicher Anknüpfung an Erfahrungsmuster und -wissen, bekannte Lebens- und Wirklichkeitsmodelle, Weltausschnitte, Alltagskenntnisse und -erfahrungen, Bildungsgut sowie soziokulturelle Gewohnheiten des Laien
- *Anwendung von Verständlichkeitsstrategien auf der sprachlich-textuellen und semiotischen Ebene* bezüglich des Textaufbaus (Makro- und Mikrostruktur, Kohärenz, etc.) und der Erklärungsgemeinschaft von Text und Bild

Das Erkennen der Textorganisation, die Erfassung der Makrostrukturen und deren Memorierung als verstehensleitende Basis gelten als grundlegende Voraussetzungen für Verständnis (Anpassung des Lesers an den Text) durch Verständlichkeit (Anpassung des Texts an den Leser) (vgl. Groeben 1982 in Kalverkämper 1988 b: 321).

Die Bedingungsgemeinschaft von Verständlichkeit, Verständigung und Verständnis basiert auf der sprachlich-textuellen (Verständlichkeit), der soziokommunikativen (Verständigung) und der sozial-pragmatischen (Verständnis) Dimension einer „funktionierenden Kulturgemeinschaft“ (vgl. Kalverkämper 1988 a: 154; 2004 c: 29).

2.6.2.2 Verständlichkeit von Fachlichkeit in der Werbung für Laien

Fachlichkeit in der Werbung für Laien unterliegt einer speziellen Art von Verstehen und Verständlichkeit. Hinsichtlich der in der Werbung verwendeten fachlichen Komponenten besteht die Intention der Werbeproduzenten insbesondere darin, die Verständlichkeit der Gesamtwerbebotschaft seitens des laienhaften Rezipienten mit dem Ziel der Persuasion des Adressaten von den beworbenen Produkten zu gewährleisten. Janich beschreibt diese Art von Verständlichkeit und Verständnis in der Werbung wie folgt:

> „Was der Verbraucher unbedingt und in erster Linie verstehen soll, ist, dass etwas funktioniert. […] Wird dieses Verständnis der Werbebotschaft erreicht, ist es oft

genug unwichtig, ob auch das *Wie?* verstanden wird." (Janich 2001: 258) [Hervorhebung im Original]

Die Verständlichkeit fachlicher Elemente in der an Laien gerichteten Werbung kann auf der sprachlich-textuellen Ebene in Bezug auf Fachtermini und andere sprachliche und textuelle Komponenten sowie auf der semiotischen Ebene im Hinblick auf fachliche Bilder untersucht werden (vgl. Kap. 5.2.4 sowie 6.2.4). Fachwörter und andere fachliche Elemente werden vom Laien ohne spezielles Fachwissen häufig nicht in ihrem vollen Bedeutungsumfang verstanden, transportieren aber positive Produkteigenschaften. Der Laie reagiere vorrangig auf die konnotative und nicht auf die kognitive Bedeutung der fachlichen Komponenten und verarbeite die Begriffe mit geringer „kognitiver Tiefe" (Mautner 1998: 761). Die Verständlichkeit bestimmter Fachtermini aus spezialisierten Fachgebieten wie beispielsweise Medizin und Pharmazie kann folglich beim laienhaften Rezipienten nicht grundsätzlich vorausgesetzt werden. Die hundertprozentige, detaillierte Verständlichkeit von Fachwörtern seitens des laienhaften Rezipienten ist auch nicht die Intention der Werbeproduzenten (vgl. Janich 2001: 258 f.), denn oft werden Fachtermini mit dem Ziel der Evokation des Eindrucks von Wissenschaftlichkeit und zur Erhöhung der Glaubwürdigkeit eingesetzt (vgl. Kap. 2.1.4). Die Erschließung der Gesamtwerbebotschaft kann vielfach über den Kontext erfolgen, über den auch die allgemeine Verständlichkeit von Fachtermini seitens des laienhaften Rezipienten gesichert werden kann.

Außerdem werden in der Werbung für Laien fachliche Bilder wie graphische Darstellungen oder schematische Zeichnungen verwendet, um komplexe Fachinhalte darzustellen (vgl. Kap. 2.5.1) oder bestimmte Aspekte zu illustrieren. Die Verständlichkeit fachlicher Bilder in der Laienwerbung wird vielfach nicht angestrebt. Fachliche Bilder in der Laienwerbung dienen ebenfalls nicht in erster Linie der Verständlichkeitssicherung, sondern sollen häufig auch den Eindruck von Fachlichkeit erwecken (vgl. Kap. 2.1.4).

Weitere Faktoren, die im Rahmen der Betrachtung der Verständlichkeit fachlicher Elemente in der Werbung auf der Ebene der fachexternen Kommunikation eine Rolle spielen, sind das Fachmann-Laie-Gefälle und die Popularisierung von Fachlichkeit sowie der damit zusammenhängende Wissens- oder Wissenschaftstransfer. In diesem Kontext gilt es zu ergründen, inwiefern ein Fachmann-Laie-Gefälle in Bezug auf die Verständlichkeit fachlicher Komponenten in der Werbung für Laien besteht sowie die Frage zu beantworten, ob und mit Hilfe welcher Verständlichkeits- und Erklärungsstrategien auf der sprachlich-textuellen und semiotischen Ebene dieses zu überwinden versucht wird (vgl. Kap. 5.2.4.2 sowie Kap. 6.2.4.2). Bei der Popularisierung von Fachlichkeit mit dem Zweck der Kompensation des Fachmann-Laie-Gefälles sind Faktoren wie die Transparenz und Selbstevidenz von Termini, die Integration fachlicher Elemente in die Laienwelt und deren Anbindung an das Alltagswissen und die Erfahrungen des Laien, angemessene Text-Bild-Verknüpfungen sowie die Verwendung adäquater Formen der Explikation in Text und Bild von Bedeutung. Die Popularisierung von Fachlichkeit kann mittels der Anwendung adressatenspezifischer Verständlichkeits- und Erklärungsstrategien erreicht werden, indem die Verständlichkeit als Ziel gesetzt und diese Intention entsprechend realisiert wird. Im Gegensatz zum Wissenstransfer, der beispielsweise in populärwissenschaftlichen Texten zu bestimmten fachlichen Themen erfolgt und welcher der verständlichen Übermittlung von Fachinformationen an Laien dient, wird in der Werbung, die sich fachlicher Elemente bedient, jedoch nicht das vornehmliche Ziel verfolgt, fachliche Inhalte verständlich zu vermitteln. Fachliche Komponenten sollen in der Werbung für Laien vorrangig der positiven Beschreibung von Produkteigenschaften und Produktleistungen und somit der Herstellung von Glaubwürdigkeit mittels der Prestigefunktion der Wissenschaften und Fächer und nicht vornehmlich der Popularisierung von Fachwissen oder der Verständlichkeitssicherung seitens des Laien dienen (vgl. Janich 2001: 260).

2.6.2.3 Erklärungsstrategien für fachliche Elemente in der Werbung für Laien

Obwohl in der Werbung für Laien die Verständlichkeit der Werbebotschaft und nicht die präzise inhaltliche Erfassung der verwendeten fachlichen Komponenten im Vordergrund steht, werden auch dort Erklärungsstrategien eingesetzt, um dem Laien Fachinformationen zu verdeutlichen und damit einen Beitrag zur Verständlichkeitssicherung zu leisten. Dazu gehören folgende Erklärungsmuster, die auch in popularisierender Literatur Anwendung finden (vgl. Janich 2001:

259), sowie folgende Formen der Explikation fachlicher Ausdrücke und Zusammenhänge in der Werbung (vgl. ebd.: 262 ff.):

- **sprachliche Definition/Paraphrase**: Fachtermini werden definiert bzw. umschreibend erklärt, Kurzwörter werden aufgelöst und/oder erläutert. Von dieser Erklärungsstrategie wird in der Werbung nicht sehr oft Gebrauch gemacht.
- **Analogie und Vergleich**: Fachliches wird mit Hilfe von Vergleichen oder Analogiebildungen zu Alltagserfahrungen auf der sprachlichen oder visuellen Ebene erläutert bzw. dargestellt.
- Sprachspiele wie **Personifizierungen** oder **Metaphern** werden in der Werbung ebenfalls zu diesem Zweck eingesetzt.
- **sprachliche Beschreibung von Abläufen**: Prozesse und Funktions-/ Wirkungsweisen von Produkten werden erläutert.
  Diese Erklärungsstrategie wird in der Werbung nicht sehr oft angewendet, da sie erhöhte Aufmerksamkeit verlangt und Anzeigenplatz kostet.
- **visuelle Demonstration**: Prozesse und Funktions-/Wirkungsweisen werden auf der visuellen Ebene dargestellt. Oft korrespondiert damit eine sprachliche Beschreibung der dargestellten Abläufe.
- **Funktionszeichnungen, stilisierte Abbildungen und Diagramme**: Abbildungen und graphische Darstellungen stellen einen Sonderfall der visuellen Demonstration dar und dienen auch der Illustration fachlicher Abläufe. Sie weisen ein hohes fachliches Assoziationspotential auf, da sie an wissenschaftliche Darstellungsweisen erinnern. Aus diesem Grund werden Abbildungen und graphische Darstellungen weniger zur Erläuterung fachlicher Abläufe als vielmehr zur visuellen Inszenierung von Wissenschaftlichkeit eingesetzt.

Die in Kapitel 2.2.3.3 dargestellten formalen Techniken und inhaltsbezogenen Strategien des Wissens- und Wissenschaftstransfers finden neben dem Gebrauch in populärwissenschaftlichen Texten zum Teil auch in der Werbung Anwendung (vgl. Janich 2001: 267 ff.). Eine kurze Darstellung ihrer Verwendung in der Werbung erfolgt im Folgenden:

a) Formale Techniken:

Die Informationsfülle wird in Werbetexten zu deren besserer Verständlichkeit reduziert. Zur Illustration von fachlichen Abläufen werden oft Bilder, schematische Zeichnungen und graphische Darstellungen eingesetzt. Auch die Informationsdichte wird mit Hilfe alltagssprachlicher Vergleiche oder Metaphern reduziert, die der Erläuterung von Vorgängen dienen. Werbetexte sind jedoch oft so komprimiert, d.h. Informationen sind in knapper Form dicht aneinandergereiht, daß sie eine hohe Informationsdichte aufweisen.

Hinsichtlich der Erklärung von Fachtermini in der Werbung ist festzustellen, daß Termini in Werbetexten in Erklärungskontexte eingebettet werden, so daß sie sich vielfach daraus erschließen lassen. Explizite Definitionen treten in der Werbung selten auf. Anaphorische oder kataphorische Erläuterungen werden hingegen häufiger gegeben.

Der in Fachtexten genutzte wissenschaftliche Apparat aus Fußnoten, Verweisen und ähnlichen Referenzzeichen wird in der Werbung zur Inszenierung von Wissenschaftlichkeit auf formaler Ebene eingesetzt. Insbesondere Fußnoten mit Asteriskus, in denen meist Angaben zu Testergebnissen dargeboten werden, finden sich häufig in Werbeanzeigen, übernehmen aber im Gegensatz zu denen in Fachtexten keine erklärende Referenzfunktion.

Bilder und graphische Darstellungen werden in der Werbung zur Illustration fachlicher Zusammenhänge und als Blickfänger eingesetzt. Sie übernehmen jedoch meist keine erklärende Funktion, weil insbesondere graphische Darstellungen und schematische Zeichnungen eine sehr geringe Aussagekraft besitzen und trotz tiefergehender Betrachtung oft unverständlich bleiben, sondern dienen der Unterstützung des Eindrucks von Fachlichkeit.

b) Inhaltsbezogene Strategien:

Die Personalisierung von Forschungsergebnissen findet in der Werbung selten Anwendung. Narrative Darstellungen wissenschaftlicher und technischer Entwicklungen hingegen treten öfter auf.

Der zu erwartende technische oder individuelle Nutzen eines Produkts wird in der Werbung häufig dargestellt. Oftmals werden auch Bezüge zum Alltag des

Konsumenten, vornehmlich in Form von Vergleichen und Analogien hergestellt, so daß eine Anknüpfung an Alltagserfahrungen des Rezipienten erfolgen kann. Insbesondere Metaphern werden aufgrund ihrer Anbindung an das Welt- und Alltagswissen im Rahmen der popularisierenden Fachmann-Laie-Kommunikation (vgl. Kap. 2.2.3.2) eingesetzt (vgl. Kalverkämper 1998 d: 52).

Die in der Werbung verwendeten Erklärungsstrategien für fachliche Elemente und die Vermittlungsformen des Wissenschaftstransfers übernehmen im Gegensatz zu ihrer Funktion in popularisierenden Texten keine didaktische Funktion, sondern dienen vornehmlich der Inszenierung von Fachlichkeit, folglich der Erhöhung der Glaubwürdigkeit und somit letztlich der Grundintention von Werbung, der Persuasion des Adressaten mit dem Ziel der Verkaufsförderung der beworbenen Produkte (vgl. Janich 2001: 269 f.).

Eine detaillierte Darstellung der Verständlichkeits- und Erklärungsstrategien auf der sprachlich-textuellen und semiotischen Ebene, die in der Werbung für Laien aus den Produktgattungen „Kosmetik“ und „Nahrungs- und Genußmittel“ Anwendung finden, erfolgt in den Kapiteln 5.2.4 und 6.2.4.

3 Methodik: Vorgehensweise und Analysekonzept

Im Folgenden wird die Vorgehensweise bei der Untersuchung von Anzeigenwerbung beschrieben und das Analysekonzept dargestellt, das bei der Analyse des im Empirieteil zu untersuchenden Korpus von Werbeanzeigen Anwendung findet, um spezielle Aspekte der Fachlichkeit in deutschen und französischen Werbeanzeigen, die an Laien gerichtet sind, herauszuarbeiten.

In einem ersten Schritt werden die Werbeanzeigen aus der jeweiligen Produktkategorie auf ihre Fachlichkeit, d.h. die Implikaturen von Fachlichkeit in der Werbung für Laien untersucht, wobei die Frequenz, Distribution und Semantik fachlicher Elemente im Zentrum stehen. In diesem Kontext wird zunächst die sprachlich-textuelle Ebene betrachtet, d.h. die Terminologie der einzelnen Werbeanzeigen wird hinsichtlich der Kategorien Fachtermini und fremdsprachliche Elemente analysiert, und die Textsortenkonventionen werden in Bezug auf die Makrostruktur und Mikrostruktur der Werbeanzeigen und der darin enthaltenen Textelemente untersucht. Anschließend werden auf der semiotischen Ebene fachliche Bilder in den Werbeanzeigen analysiert, die Text-Bild-Beziehungen betrachtet und die relevanten semiotischen Komponenten hinsichtlich ihrer Fachlichkeit erschlossen.

In einem zweiten Schritt wird der Laienbezug hergestellt, d.h. es werden auf der kognitiven Ebene die Verständlichkeit der verwendeten Fachtermini und fachlichen Bilder seitens des laienhaften Rezipienten betrachtet und die Erklärungsstrategien, d.h. die Formen der Explikation in Text und Bild analysiert, die bei der Erklärung fachlicher Elemente in den Werbeanzeigen Anwendung finden. Auf der Grundlage der Ergebnisse der Analyse der Terminologie, der Textsortenkonventionen, der fachlichen Bilder und der Verständlichkeits- und Erklärungsstrategien wird in einem dritten Schritt der Bezug zur Werbung hergestellt, indem der Fachlichkeitsgrad der Werbeanzeigen ermittelt und das entsprechende Fachlichkeitskonzept der Werbung aus der jeweiligen Produktkategorie beschrieben wird.

Die drei genannten Analyseschritte der Untersuchung fachlicher Elemente, des Laienbezugs (Verständlichkeit der Fachlichkeit für Laien) und der Fachlichkeit in der Werbung (Fachlichkeitskonzept) stellen die Hauptaspekte der vorliegenden Arbeit dar, in der Fachliches, das über das Medium der Werbung für Laien vermittelt wird, die zentrale Rolle spielt.

Ein weiterer Gesichtspunkt neben der Fachlichkeit, der jedoch nicht Hauptthema der vorliegenden Arbeit ist und deshalb nur exkursartig für die Werbung aus einer der untersuchten Produktgattungen, die Kosmetikwerbung, betrachtet wird, sind translatorische Aspekte und interkulturelle Beziehungen, die im Rahmen der Analyse der Fachlichkeit in der Werbung für Laien eine Rolle spielen. In diesem Zusammenhang werden zunächst translatorische Gesichtspunkte wie die Übersetzbarkeit der Werbeanzeigen, Äquivalenz bzw. Adäquatheit bei der Übersetzung gleichwertiger Werbeanzeigen vom Französischen ins Deutsche sowie möglicherweise auftretende Übersetzungsprobleme beim Transfer der Fachlichkeit anhand ausgewählter Beispiele betrachtet. Anschließend erfolgt eine Einbettung in den kulturellen Kontext, und typische Kultureme der Werbung aus der untersuchten Produktkategorie werden kontrastiv für das Deutsche und Französische dargestellt.

Analysekonzept

I. Fachlichkeit: Implikaturen von Fachlichkeit in der Werbung für Laien

1. Frequenz, Distribution und Semantik fachlicher Elemente (Text + Bild)

a) *Sprachliche Ebene*: **Terminologie**

- Fachtermini (fachlich im engeren Sinne, fachlich im weiteren Sinne, pseudofachlich)
- fremdsprachliche Elemente (fremdsprachliche Wörter, Wörter mit fremdsprachlichen Konstituenten)

b) *Textuelle Ebene*: **Textsortenkonventionen**

- Makrostruktur (Aufbau der Werbeanzeigen; Textgliederung)
- Mikrostruktur (Syntax und Morphologie; Stil; Sonstiges)

c) *Semiotische Ebene*: **fachliche Bilder**

- Text-Bild-Beziehung

2. Verständlichkeit der Fachlichkeit und Erklärungsstrategien *(kognitive Ebene)*

3. Fachlichkeitsgrad und Fachlichkeitskonzept

II. Exkurs: Translation und interkulturelle Beziehungen bezüglich der Fachlichkeit in der Werbung für Laien

1. Translation

a) Übersetzbarkeit der Werbeanzeigen

b) Übersetzung Französisch – Deutsch unter dem Aspekt der Äquivalenz/Adäquatheit

c) Übersetzungsprobleme beim Transfer der Fachlichkeit

2. Kulturelle Aspekte

a) Kultureller Kontext

b) Kultureme in deutschen und französischen Werbeanzeigen

Bei der Untersuchung der Werbeanzeigen wird eine Eingrenzung auf grundlegende Elemente vorgenommen. Es werden insbesondere die Schlagzeile bzw. Headline und Subheadline, der Fließtext und andere Textelemente wie Bildunterschriften und Fußnoten sowie Bilder bzw. andere visuelle Darstellungen wie Diagramme in den Werbeanzeigen und auf den abgebildeten Produktverpackungen, sofern diese vorhanden und deutlich erkennbar sind, hinsichtlich ihrer Fachlichkeit analysiert. Andere Komponenten der Werbeanzeigen wie der Slogan oder zusätzliche Elemente wie beispielsweise Rabattcoupons finden bei der Untersuchung keine Berücksichtigung.

Die Analyse der Werbeanzeigen aus den verschiedenen Produktkategorien erfolgt nach dem von Janich entwickelten (vgl. Janich 1998 a: 315 ff.) und in der vorliegenden Arbeit modifiziert übernommenen Analyseraster (siehe Anhang). Der Empirieteil ist für jede der untersuchten Produktkategorien entsprechend des Analysekonzepts untergliedert, und eine detaillierte Aufstellung der einzelnen Analysekriterien befindet sich jeweils in dem entsprechenden Kapitel des Empirieteils (vgl. Kap. 5.2 sowie Kap. 6.2). Die Kriterien, die bei der Untersuchung der einzelnen Werbeanzeigen eine Rolle spielen, werden in den entsprechenden Unterkapiteln aufgeführt und erläutert. Die Analyseergebnisse werden im Anschluß daran jeweils kontrastiv für die deutsche und französische Anzeigenwerbung aus den untersuchten Produktgattungen präsentiert.

Die Werbeanzeigen aus der jeweiligen Produktkategorie wurden hinsichtlich der im Analysekonzept und Analyseraster dargestellten Aspekte entsprechend der beschriebenen Vorgehensweise einzeln analysiert.

Im Resultatteil werden die Ergebnisse der Analyse von Werbeanzeigen aus den verschiedenen Produktkategorien auf der Grundlage der oben dargestellten Aspekte zusammenfassend und vergleichend gegenübergestellt und interpretiert.

Bei der statistischen Ermittlung der Frequenz und Distribution der einzelnen fachlichen Elemente in den Werbeanzeigen wurde folgendermaßen verfahren: Es wurden je 50 deutsche und 50 französische Werbeanzeigen, d.h. insgesamt jeweils 100 Werbeanzeigen pro Produktgattung, aus zwei verschiedenen Produktkategorien auf der Grundlage des Analysekonzepts und Analyserasters untersucht. Auf der Basis der Einzelanalysen und mit Hilfe der im Empirieteil dargestellten Analysekriterien wurden die Untersuchungsergebnisse statistisch erfaßt, um eine Vergleichsgrundlage für die kontrastive Betrachtung deutscher und französischer Anzeigenwerbung sowie hinsichtlich des Vergleichs der Produktgattungen zu schaffen. In diesem Kontext wurden keine statistischen Verfahren zur exakten Ermittlung der Frequenz und Distribution der fachlichen Elemente angewandt, sondern Strichlisten durch Auszählen der fachlichen Elemente in den einzelnen Werbeanzeigen in Bezug auf die jeweiligen Analysekriterien erstellt. Auf dieser Grundlage wurde der prozentuale Anteil der einzelnen fachlichen Elemente ermittelt, woraus keine absoluten Zahlen sondern relativ zu betrachtende Ergebnisse resultieren, anhand derer Tendenzen und Verhältnismäßigkeiten aufgezeigt werden sollen. Außerdem können sich aus diesem Grund Rundungen und Überschneidungen ergeben, die jedoch insgesamt keinen Einfluß auf das Gesamtergebnis haben. Die auf diese Weise ermittelten Untersuchungsergebnisse werden im Empirieteil mittels der Nennung von prozentualen Anteilen sowie in kontrastiver Zusammenfassung für die deutsche und französische Anzeigenwerbung für die jeweilige Produktkategorie dargestellt. Im Resultatteil werden die untersuchten Produktgattungen auf der Grundlage der Ergebnisse verglichen und eine zusammenfassende Bewertung zur Fachlichkeit in der an Laien gerichteten Werbung gegeben.

B Empirie

4 Analysekorpus

Im Empirieteil erfolgt die kontrastive Analyse eines Korpus von deutschen und französischen Werbeanzeigen, die sich an Laien richten, aus den Printmedien aus zwei verschiedenen Produktkategorien. In diesem Kontext spielt die Untersuchung der Fachlichkeit hinsichtlich verschiedener Aspekte wie Terminologie, Textsortenkonventionen, fachliche Bilder sowie Verständlichkeits- und Erklärungsstrategien eine zentrale Rolle. Die Implikaturen von Fachlichkeit in der Werbung für Laien werden entsprechend des Analysekonzepts (vgl. Kap. 3) für die Werbung aus den beiden ausgewählten Produktkategorien jeweils konsekutiv anhand der dort dargestellten Kriterien untersucht. Außerdem wird exkursartig für die Werbung aus einer der Produktgattungen der Aspekt der Translation und der interkulturellen Beziehungen betrachtet.

Zunächst werden die Werbeträger und Produktgattungen vorgestellt, aus denen die Werbeanzeigen für das Analysekorpus entnommen wurden. Daran schließt sich in den Kapiteln 5 und 6 die Analyse der Werbeanzeigen aus den einzelnen Produktkategorien auf der Grundlage der in Kapitel 3 dargestellten Methodik an.

4.1 Untersuchte Werbeträger

Zur Erstellung des Korpus von Werbeanzeigen wurde als Werbeträger das Medium Zeitschrift herangezogen. Es handelt sich in diesem Fall um verschiedene aktuelle Zeitschriften aus dem Bereich der Massen- und Publikumszeitschriften, die über eine hohe Reichweite verfügen, insbesondere um General-Interest-Zeitschriften[14], die ein allgemeines Publikum ansprechen. Publikumszeitschriften eignen sich aufgrund ihrer Gestaltung für die Vermittlung von Atmosphäre

[14] Zur Typologie von Zeitschriften vgl. Rentel 2005: 71.

und Stimmungsgehalten in Werbeanzeigen zur Übermittlung von Werbebotschaften (vgl. Janich 1998 a: 24). In Zeitschriften wird zielgruppenorientierte Werbung in Form von Werbeanzeigen geschaltet, um zielgerichtet mit bestimmten Produkten aus einer Produktpalette die Rezipienten der jeweiligen Zeitschrift direkt anzusprechen. Aus diesem Grund treten in verschiedenen Zeitschriften unterschiedliche Produktkategorien dementsprechend differenziert auf.

Um ein repräsentatives Korpus an Werbeanzeigen aus verschiedenen Kategorien erschließen zu können, wurden unterschiedliche Zeitschriftentypen herangezogen, aus denen Werbeanzeigen im Zeitraum von März 2006 bis September 2006 für die synchronische Untersuchung ausgewählt wurden. Diese werden im Folgenden vorgestellt.

Frauenzeitschriften

Die Zielgruppe von Frauenzeitschriften sind Frauen verschiedenen Alters, mit unterschiedlichem soziokulturellem Hintergrund und Bildungs- und Wissensstand sowie Erfahrungsschatz und Interessen. In Frauenzeitschriften werden insbesondere Werbeanzeigen aus der Produktkategorie „Kosmetik“ aber auch aus der Produktgattung „Nahrungs- und Genußmittel“, vor allem im Bereich Lebensmittel, geschaltet, welche diese Zielgruppe besonders ansprechen sollen. Das Korpus umfaßt Werbeanzeigen aus 12 deutschen und 7 französischen Frauenzeitschriften: *Avantages*, *Bild der Frau*, *Brigitte*, *Brigitte Balance*, *Bym*, *Cosmopolitan*, *Elle*, *Emotion*, *Femme Actuelle*, *Freundin*, *Freundin wellfit*, *InStyle*, *Lisa*, *Marie Claire*, *Marie France*, *Prima*, *Woman*.

Allgemeine Wochenzeitschriften

Die Zielgruppe von allgemeinen Wochenzeitschriften ist ein recht schwierig einzugrenzendes, allgemein an aktuellen Themen interessiertes Publikum, das sich nicht näher spezifizieren läßt. Es handelt sich dabei um männliche und weibliche Rezipienten jeglichen Alters mit unterschiedlichem soziokulturellem Hintergrund und Bildungs- und Wissensstand sowie Erfahrungsschatz und Interessen. In allgemeinen Wochenzeitschriften werden insbesondere Werbeanzeigen aus der Produktkategorie „Nahrungs- und Genußmittel“, vor allem aus dem Bereich Genußmittel geschaltet, die ein allgemeines Publikum ansprechen sollen. Das Korpus umfaßt Werbeanzeigen aus 4 deutschen und 2 französischen allgemeinen Wochenzeitschriften: *Der Spiegel, Focus, Le Figaro Magazine, Le Nouvel Observateur, Stern, Wirtschaftswoche.*

Sonstige Zeitschriften

Unter die Kategorie „Sonstige Zeitschriften" werden alle die Zeitschriften subsumiert, die keiner der beiden anderen Kategorien zugeordnet werden können, aber zur Erstellung des Korpus von Werbeanzeigen aus den untersuchten Produktkategorien herangezogen wurden. Aufgrund des breiten Spektrums an Zeitschriften ist es nicht möglich, deren Zielgruppen zu spezifizieren. Das Korpus umfaßt Werbeanzeigen aus 9 deutschen und 5 französischen Zeitschriften: *Apotheken-Umschau, Essen & Trinken, Gala, Geo, Gesund leben, Guter Rat, meine Familie & ich, Men's Health, Psychologies, Réponses Santé, Santé Magazine, Télérama, Viva.*

4.2 Untersuchte Produktkategorien

Es wurden zwei Kategorien von Anzeigenwerbung für Laien für die Analyse ausgewählt, für die große Divergenzen hinsichtlich der Implikaturen von Fachlichkeit in der Laienwerbung zu erwarten sind, d.h. Produktgattungen, die sich im oberen bzw. unteren Bereich einer Fachlichkeitsskala befinden, die ein Spektrum von sehr hoher Fachlichkeit bis zu sehr geringer Fachlichkeit umfaßt. Die Auswahl wurde getroffen, um ein gewisses Spektrum an Repräsentativität gewährleisten zu können und auf der Grundlage der Korpusanalyse zu untersuchen, inwiefern die Werbung aus den untersuchten Produktkategorien Fachlichkeit impliziert sowie die unterschiedlichen Fachlichkeitskonzepte der Werbung aus diesen Produktkategorien im Resultatteil vergleichend gegenüberzustellen. Im Folgenden werden die untersuchten Produktgattungen „Kosmetik" und „Nahrungs- und Genußmittel" vorgestellt.

Die erste auf Fachlichkeit zu analysierende Produktkategorie, die Produktgattung „Kosmetik" umfaßt ein breites Spektrum an Produkten für die menschliche

Körperpflege wie Haarpflegeprodukte, Färbemittel und Stylingprodukte, Hautpflegeprodukte wie Gesichts- und Körpercremes und Antifalten- und Antizellulitisprodukte sowie sonstige kosmetische Produkte wie Zahnpflege-, Hautreinigungs- und Sonnenschutzmittel und andere Körperpflegeprodukte wie Deodorant und Duschbad. Die Spezifika der deutschen und französischen Kosmetikwerbung werden in Kapitel 5.1 näher betrachtet.

Im nachfolgenden Analyseteil wird auf der Grundlage der Untersuchung der Werbeanzeigen die Hypothese zu bestätigen sein, daß es sich bei der Kosmetikwerbung um eine Produktkategorie handelt, die sich durch einen hohen Fachlichkeitsgrad in der an Laien gerichteten Werbung auszeichnet.

Die zweite untersuchte Produktkategorie, die Produktgattung „Nahrungs- und Genußmittel“ umfaßt ein breites Spektrum an Produkten für die menschliche Ernährung und an Konsumgütern, speziell Genußmitteln. Dazu gehören einerseits Nahrungsmittel wie Milchprodukte, Wurst, Salate, Tiefkühlkost, Müsli, Marmelade, Obst und Gemüse, Würzmittel, Diätprodukte und alkoholfreie Getränke und andererseits Genußmittel wie Süßwaren, Kaffeeprodukte und Alkoholika. Die Spezifika der deutschen und französischen Werbung für Nahrungs- und Genußmittel werden in Kapitel 6.1 dargestellt.

Hinsichtlich dieser Produktkategorie wird im Analyseteil die Annahme zu belegen sein, daß es sich bei der Werbung für Nahrungs- und Genußmittel um eine Produktkategorie handelt, die im Hinblick auf die Werbung für Laien einen geringen Fachlichkeitsgrad aufweist.

5 Produktgattung „Kosmetik“

Im Rahmen der Korpusuntersuchung von Werbeanzeigen aus der Produktgattung „Kosmetik“ wurden 50 deutsche Werbeanzeigen und 50 französische Werbeanzeigen[15] aus unterschiedlichen Zeitschriften (vgl. Kap. 4.1), in denen verschiedenste Produkte wie Haarpflegemittel, Hautpflege- und Antifaltenprodukte, insbesondere Gesichtscremes, sowie Produkte zur Zahnpflege, Körperpflegeprodukte wie Antizellulitismittel, Sonnenschutzmittel, etc. als Einzelprodukte oder als Teil von Produktserien beworben werden, hinsichtlich des Aspekts der Fachlichkeit analysiert. Keine Berücksichtigung innerhalb der Analyse findet die Werbung für dekorative Kosmetik wie Make-up sowie die Werbung für Parfum, da in diesen beiden Bereichen „meist andere Werbestrategien [eingesetzt werden], die nichts mit Fachlichkeit zu tun haben“ (Janich 1998 a: 160) [H.T.].

Im Folgenden werden die Analyseergebnisse nach einer kurzen Betrachtung der Spezifika der deutschen und französischen Kosmetikwerbung sowohl zusammenfassend statistisch als auch interpretativ dargestellt und hinsichtlich des Aspekts der Fachlichkeit bewertet.

5.1 Spezifika der deutschen und französischen Kosmetikwerbung

Die deutsche und französische Kosmetikwerbung weist ähnliche Merkmale auf, weil in der Anzeigenwerbung aus der Produktgattung „Kosmetik“ in den Printmedien in Deutschland und Frankreich vergleichbare kosmetische Produkte zur menschlichen Körperpflege beworben werden. Aufgrund der Zunahme international agierender Unternehmen auch in der Kosmetikindustrie werden oftmals sogar die gleichen Produkte, zum Teil auf gleiche Art und Weise auf formaler und inhaltlicher Ebene beworben.

---

15 Ein Verzeichnis aller untersuchten Werbeanzeigen aus der Produktgattung „Kosmetik“ befindet sich im Anhang (vgl. Kap. D I). Die einzelnen Werbeanzeigen werden im Text mit dem Kürzel „w“ + „kos“ und der betreffenden Nummer der Werbeanzeige im Korpusverzeichnis zitiert.

Die Kosmetikwerbung stellt eine Produktkategorie dar, in der eine besonders starke Markenkonkurrenz herrscht. Deshalb kommt es nach Kavalková darauf an, das Markenbild des jeweiligen Werbeobjekts hervorzuheben und den besonderen Nutzen des Produkts zu akzentuieren, um deutlich zu machen, aufgrund welcher Qualitäten sich das beworbene Produkt von anderen Produkten aus dieser Produktkategorie abhebt (vgl. Kavalková 2002: 64).

Die Zielgruppe von Kosmetikwerbung sind insbesondere Frauen. Eine große Rolle innerhalb dieser Produktgattung spielen Werte wie Jugendlichkeit, Gesundheit und Natürlichkeit, die dem gesellschaftlich vorgegebenen Schönheitsideal entsprechen (vgl. Janich 1998 a: 188). Aus diesen Gründen werden in den Werbeanzeigen für kosmetische Produkte mehrheitlich Portraitfotos von Frauen mit frischer, faltenfreier Haut oder entsprechenden anderen Körperpartien wie strahlend weißen Zähnen oder glänzenden Haaren eingesetzt. Außerdem werden häufig Fotos von Models, Schauspielern oder anderen berühmten Persönlichkeiten verwendet, die das mit Hilfe der beworbenen Produkte vorgeblich erreichbare Schönheitsideal demonstrieren sollen. Zur Darstellung des Schönheitsideals werden in der Kosmetikwerbung außerdem oft Euphemismen verwendet, um als negativ oder unangenehm empfundene Erscheinungen wie Alterungsprozesse und Alterserscheinungen sowie tabuisierte Themen beschönigend zu umschreiben und damit negative Assoziationen zu vermeiden (vgl. Bahramnia 2002: 227).

Werbeanzeigen aus dieser Produktkategorie sind sowohl in der deutschen als auch der französischen Kosmetikwerbung relativ textreich. Sie weisen meist einen mittleren bis hohen Textanteil auf. Im allgemeinen sind die Werbeanzeigen folgendermaßen gestaltet: Auf einem Foto der Körperpartie, an der das beworbene Produkt angewendet wird – oft handelt es sich um das Gesicht – wird in Idealdarstellung die Wirkungsweise des Produkts gezeigt, so zum Beispiel die glatte, faltenfreie, strahlende Gesichtshaut einer Frau nach der Benutzung einer bestimmten Antifaltencreme. Daneben, darunter oder anders positioniert bzw. integriert befindet sich meist der Werbetext, in dem die Produkteigenschaften erläutert werden. Außerdem beinhalten die Werbeanzeigen meist eine Abbildung der Produktverpackung, die häufig unten rechts zu finden ist. Zusätzlich weisen viele Werbeanzeigen fachliche Bildelemente auf.

5.2 Implikaturen von Fachlichkeit in der Werbung für Laien

Um die Implikaturen von Fachlichkeit in der an Laien gerichteten Werbung aus der Produktgattung „Kosmetik" bestimmen und kontrastiv darstellen zu können, wurden die Fachlichkeitssignale in deutschen und französischen Werbeanzeigen aus dieser Produktkategorie analysiert.

Im ersten Teil der Analyse werden die Werbeanzeigen im Hinblick auf die Verwendung fachlicher Elemente untersucht, um den zentralen Bezug zur Fachlichkeit herzustellen. In diesem Rahmen werden zunächst auf der sprachlich-textuellen Ebene die Verwendung von Fachtermini und Textsortenkonventionen in den Werbeanzeigen analysiert und anschließend auf der semiotischen Ebene der Gebrauch fachlicher Bilder und die Text-Bild-Beziehung betrachtet. Die Untersuchung von Fachlichkeit in der Werbung auf den Sprachbeschreibungsebenen der Lexik, Morphologie und Syntax sowie auf der semiotischen Ebene erfolgt unter Bezugnahme auf die Kennzeichen der Terminologie (vgl. Kap. 2.2.2.1), Textsortenkonventionen (vgl. Kap. 2.2.2.2) und fachlichen Bilder (vgl. Kap. 2.5), die in Fachtexten Anwendung finden.

Für die Werbung aus der Produktgattung „Kosmetik" ist ein hoher Fachlichkeitsgrad zu erwarten, der sich auf der sprachlich-textuellen und semiotischen Ebene in den deutschen und französischen Werbeanzeigen manifestiert.

5.2.1 Terminologie

Im Rahmen der Betrachtung der Terminologie, die in der deutschen und französischen Kosmetikwerbung Anwendung findet, werden zunächst die Fachsprachen und Fachgebiete dargestellt, deren Fachwortschatz und andere fachliche Elemente in den analysierten Werbeanzeigen verwendet werden. Anschließend wird der Gebrauch von Fachtermini und fremdsprachlichen Elementen hinsichtlich deren Frequenz, Distribution und Semantik sowie die Integration in die Gemeinsprache betrachtet.

5.2.1.1 Fachsprachen und Fachgebiete

In der Kosmetikwerbung werden in den analysierten deutschen und französischen Werbeanzeigen Fachtermini aus den Fachsprachen der Naturwissenschaften, insbesondere der Biowissenschaften Biologie, Biochemie, Medizin und Pharmazie verwendet. Diese Fachsprachen zeichnen sich durch einen hohen Spezialisierungsgrad aus und sind für den Laien ohne entsprechende fachliche Vorkenntnisse meist nicht verständlich. Außerdem sind sie recht theoriegebunden und sprachlich nicht sehr alltagsnah und praxisrelevant, so daß der Laie im allgemeinen nicht mit ihnen vertraut ist. Ein Charakteristikum der Fachsprachen der Naturwissenschaften ist der hohe Anteil an Fremdwörtern griechischen oder lateinischen Ursprungs, die Wilde als „antik-gelehrte Derivation“ bezeichnet (vgl. Wilde 1994 a: 83 f.). In der Kosmetikwerbung dienen die verwendeten Fachsprachen weniger der objektiven, präzisen und verständlichen Erläuterung von fachlichen Prozessen und der Beschreibung und Darstellung von Produkteigenschaften wie von deren Inhaltsstoffen oder Wirkungsweise sondern vielmehr der Erhöhung der Glaubwürdigkeit hinsichtlich des beworbenen Produkts (vgl. Kap. 2.1.4) (vgl. Janich 1998 a: 162).

Häufig werden in der Werbung aus dieser Produktkategorie Fachtermini aus Spezialgebieten der genannten Wissenschaften wie beispielsweise spezifisches Fachvokabular aus Bereichen der Medizin wie Dermatologie und Zahnmedizin, der Biologie wie Botanik oder der Kosmetik verwendet. Außerdem werden vereinzelt Fachtermini aus den Fachgebieten Physik, Technik, Ernährungswissenschaft und Wirtschaft zur Darstellung fachlicher Aspekte gebraucht.

5.2.1.2 Gebrauch von Fachtermini, fremdsprachlichen Elementen und Integration in die Gemeinsprache

Zur Darstellung der Implikaturen von Fachlichkeit in der an Laien gerichteten Kosmetikwerbung wurden auf der sprachlich-textuellen Ebene die Frequenz, Distribution und Semantik von Fachtermini[16] im Kontext sowie die Integration

[16] Zur Überprüfung des Wortschatzes wurden folgende Nachschlagewerke konsultiert: *Brockhaus abc Biochemie* 1975, *Brockhaus abc Biologie* 1986, *Duden. Das Fremdwörterbuch* 2005, *Duden. Deutsches Universalwörterbuch* 2003, *Larousse. Dictionnaire de Français* 1996, *Le Nouveau Petit Robert* 1993, *Medizinisches Taschenlexikon* 1990.

des verwendeten Fachvokabulars in die Gemeinsprache analysiert. In diesem Rahmen werden jene Wörter im Kontext als Termini betrachtet, die nach der von Janich vorgeschlagenen Definition (vgl. Janich 1998 a: 39 ff.) als fachlich im engeren Sinne (fachliches Denotat) bzw. fachlich im weiteren Sinne (Konnotation/Assoziation zu Fachlichem) einzustufen sind und/oder pseudofachlich zur Inszenierung von Wissenschaftlichkeit als solche verwendet werden (vgl. Kap. 2.2.2.1). Unter der Kategorie „Fremdsprachliche Elemente, Wörter mit fremdsprachlichen Konstituenten" werden die Lexeme und Morpheme erfaßt, die aus anderen Sprachen als dem Deutschen bzw. Französischen stammen (wie Derivata aus dem Griechischen oder Lateinischen und Anglizismen) und im Duden (vgl. *Duden. Fremdwörterbuch* 2005) bzw. Petit Robert (vgl. *Le Nouveau Petit Robert* 1993) als fremdsprachlich gekennzeichnet sind.

Die Werbung aus der Produktgattung „Kosmetik" weist eine sehr hohe Frequenz von Fachtermini auf, deren Anteil in der deutschen und französischen Werbung fast gleich ist. 96% der deutschen Werbeanzeigen und 98% der französischen Werbeanzeigen enthalten Fachtermini. Hinsichtlich der Distribution und Semantik der Fachtermini ergibt sich folgende ähnliche Verteilung für die deutsche und französische Kosmetikwerbung:

In 22% der deutschen Webeanzeigen und in 26% der französischen Werbeanzeigen werden Termini gebraucht, die fachlich im engeren Sinne sind und fachliche Denotate implizieren. In der Mehrheit der analysierten deutschen Werbeanzeigen (Anteil von 96%) und der französischen Werbeanzeigen (Anteil von 98%) werden außerdem Termini verwendet, die fachlich im weiteren Sinne sind und Konnotationen bzw. Assoziationen zu Fachlichem hervorrufen. Im größten Teil der analysierten deutschen und französischen Werbeanzeigen aus der Produktgattung „Kosmetik" werden die Termini, die fachlich im engeren oder weiteren Sinne sind, pseudofachlich eingesetzt, so daß aufgrund der häufig verschleiernden Benutzung von Fachtermini, die vielfach falsch im Kontext gebraucht werden, der Eindruck von Wissenschaftlichkeit erweckt und die Glaubwürdigkeit der beworbenen Produkte seitens des Rezipienten erhöht wird (vgl. Kap. 2.1.4). Sowohl die deutschen als auch die französischen Werbeanzeigen weisen einen Anteil von 82% an pseudofachlich gebrauchten Termini auf. Hinsichtlich der Verwendung von Fremdwörtern und fremdsprachlichen Konstituenten ergeben sich für die deutsche und französische Kosmetikwerbung ebenfalls ähnlich hohe Anteile: 90% der deutschen Werbeanzeigen und 84% der französischen Werbeanzeigen enthalten fremdsprachliche Elemente, insbesondere für die Fachsprachen der Naturwissenschaften charakteristische Derivata griechischen oder lateinischen Ursprungs (vgl. Kap. 5.2.1.1).

Zusammenfassend läßt sich hinsichtlich der Frequenz und Semantik der in der deutschen und französischen Kosmetikwerbung verwendeten Termini Folgendes feststellen: Sowohl die deutsche als auch die französische Werbung ist durch einen sehr hohen Anteil an Fachtermini geprägt. Hinsichtlich der Semantik finden sowohl in den analysierten deutschen als auch in den französischen Werbeanzeigen insbesondere Termini Anwendung, die fachlich im weiteren Sinne sind, zu einem geringen Teil fachliche Denotate implizieren, größtenteils Konnotationen bzw. Assoziationen zu Fachlichem auslösen und mehrheitlich pseudofachlich zur Inszenierung von Wissenschaftlichkeit verwendet werden. Der hohe Anteil an fremdsprachlichen Elementen in der deutschen und französischen Kosmetikwerbung bestätigt diese Tendenz. Eine Integration von Fachtermini in die Gemeinsprache wird in der Mehrheit der Fälle nur in einem recht geringen Maße vollzogen, da es sich mehrheitlich um Fachtermini handelt, die naturwissenschaftlichen Fächern entstammen und vom Laien ohne Vorwissen auf diesen Fachgebieten häufig nicht verstanden werden, im Kontext recht schwierig erschlossen werden können bzw. individuelle Konnotationen oder Assoziationen zu Fachlichem auslösen, die nicht den fachlichen Denotaten entsprechen, so daß die Verständlichkeit im Sinne der Systematik der Fächer vielfach nicht gesichert ist (vgl. Kap. 5.2.4).

Kontrastiv betrachtet bestehen hinsichtlich der Frequenz, Distribution und Semantik von Fachtermini in den deutschen und französischen Werbeanzeigen aus der Produktgattung „Kosmetik“ keine großen Unterschiede, sondern sie weisen sehr ähnliche Merkmale auf.

In Tabelle 1 sind repräsentative Beispiele für in der Kosmetikwerbung verwendete Termini aufgelistet:

Tabelle 1: Semantik von Fachtermini in der Kosmetikwerbung

	deutsch	französisch
fachlich im engeren Sinne	Ceramid, Kollagen, Lipid, pH-Wert, Vitamin	co-enzyme, épiderme, fibroblastes, surface cutanée, test in vitro
fachlich im weiteren Sinne	dermatologisch getestet, Feuchtigkeitspflege, Hautalterung, Intensivpflege, trockene Haut	cheveux secs, peau sensible, soin anti-rides, soin hydratant, test clinique
pseudofachlich	Anti-Age-Pflege, Lifting-Effekt, Pflegekonzentrat, Wirkstoffkomplex, Zincadone	atlas de rides et de fermeté, effet beauté, filling biologique, soin multiperfection, sérum d'attaque anti-cellulite

Die hohe Frequenz von Fachtermini in den deutschen und französischen Werbeanzeigen aus der Produktgattung „Kosmetik" sowie die Semantik der verwendeten Termini, die durch den Gebrauch von Termini geprägt ist, die fachlich im weiteren Sinne sind und mehrheitlich pseudofachlich benutzt werden, leistet sowohl im Deutschen als auch im Französischen einen entscheidenden Beitrag zur Konstituierung von Fachlichkeit in der an Laien gerichteten Kosmetikwerbung. In der Werbung aus dieser Produktgattung wird eine besondere Form von Fachlichkeit, die Pseudofachlichkeit zur Inszenierung von Wissenschaftlichkeit und zur Erhöhung der Glaubwürdigkeit der beworbenen Produkte seitens des Laien aufgebaut.

5.2.2 Textsortenkonventionen

Werbung stellt eine Kommunikationsform dar, in deren Rahmen sich in den Werbeanzeigen auf der makro- und mikrostrukturellen Ebene verschiedene Textsortenkonventionen manifestieren. In diesem Kapitel werden auf der sprachlich-textuellen Ebene die Textsortenkonventionen, die in den analysierten Werbeanzeigen aus der Produktgattung „Kosmetik" Anwendung finden, hinsichtlich der Aspekte Makrostruktur und Mikrostruktur der Werbeanzeigen mit Bezugnahme auf die Fachlichkeit betrachtet. In diesem Rahmen werden zunächst die Makrostruktur und Mikrostruktur der Werbeanzeigen analysiert, anschließend mit Fachtextsortenkonventionen verglichen und die Unterschiede in der Anwendung der Textsortenkonventionen in deutschen und französischen

Werbeanzeigen aus der Produktgattung „Kosmetik" zusammenfassend aufgezeigt.

5.2.2.1 Makrostruktur

Die Makrostruktur der deutschen und französischen Werbeanzeigen aus der Produktgattung „Kosmetik" wurde mit Hilfe von zwei Kategorien von Analysekriterien untersucht, die im Folgenden konsekutiv dargestellt werden:

a) Makrostruktur/Aufbau der Werbeanzeigen (Text-Bild-Verteilung)

Zunächst wurde die Makrostruktur der Werbeanzeigen hinsichtlich des Gesamtaufbaus der Werbeanzeigen, der Anordnung der einzelnen Elemente und der Text-Bild-Verteilung untersucht. Die Analysekriterien und Untersuchungsergebnisse sind in Tabelle 2 in kompakter Form für die analysierten deutschen und französischen Werbeanzeigen gegenübergestellt, weil dieser Aspekt eine untergeordnete Rolle hinsichtlich der Bewertung der Fachlichkeit bezüglich der Textsortenkonventionen spielt.

Tabelle 2: Makrostruktur der Werbeanzeigen (Text-Bild-Verteilung) aus der Produktgattung „Kosmetik"

	deutsch	französisch
Bild über zwei Drittel der Werbeanzeige	76%	68%
Headline/Subheadline oben links/Mitte/rechts	60%	70%
Fließtext Mitte/unten	90%	88%
Abbildung der Produktverpackung unten links/rechts	66%	50%
Herstellerlogo/Slogan unten rechts/(Mitte)	74%	62%
Fußnote, Internetadresse des Herstellers, Name der Werbeagentur am linken/rechten Rand klein und senkrecht geschrieben	28%	48%
extra Rahmen mit Abbildung u.ä. und Bildunterschrift	60%	40%
Aufbau eines redaktionellen Artikels (Kennzeichnung „Anzeige"/"Communiqué")	2%	8%
Werbeanzeige ohne Fließtext	0%	0%

Zusammenfassend lassen sich hinsichtlich des Aufbaus der Werbeanzeigen und in Bezug auf die Text-Bild-Verteilung folgende charakteristische Merkmale nennen: Obwohl keine der untersuchten deutschen und französischen Werbeanzeigen ohne Fließtext gestaltet ist und die Werbeanzeigen in der deutschen und französischen Kosmetikwerbung generell sehr textreich sind, ist der Anteil der Werbeanzeigen, in denen das Bild zwei Drittel oder mehr der gesamten Werbeanzeige einnimmt, sowohl in den analysierten deutschen Werbeanzeigen als auch in den französischen Werbeanzeigen relativ hoch. Der Anteil an bilddominierenden Werbeanzeigen ist in der deutschen Kosmetikwerbung etwas höher als jener in der französischen Werbung. Die Text-Bild-Verteilung ist in den analysierten deutschen und französischen Werbeanzeigen ähnlich gestaltet (vgl. Tabelle 2). Unterschiede bestehen in Bezug auf die Headline, die in den französischen Werbeanzeigen häufiger im oberen Teil der Werbeanzeige angeordnet ist, sowie im Hinblick auf die Position der Abbildung der Produktverpackung und des Herstellerlogos bzw. des Slogans. In den deutschen Werbeanzeigen sind die drei letztgenannten Komponenten meist unten links, in der Mitte oder insbesondere unten rechts abgebildet. Dies ist in den französischen Werbeanzeigen seltener der Fall, weil diese Elemente dort häufiger an anderen Stellen der Werbeanzeige positioniert sind. In den französischen Werbeanzeigen werden weitaus häufiger Fußnoten angeführt oder die Internetadresse des Herstellers oder der Name der Werbeagentur am linken oder rechten Rand klein und senkrecht geschrieben, als dies in den deutschen Werbeanzeigen der Fall ist. In den deutschen Werbeanzeigen hingegen werden häufiger zusätzliche Rahmen mit Abbildungen und Bildunterschriften verwendet als in den französischen Werbeanzeigen. Der Anteil derjenigen Werbeanzeigen, die in Form eines redaktionellen Artikels gestaltet sind, ist sowohl in der deutschen als auch in der französischen Kosmetikwerbung, die einen geringfügig höheren Anteil aufweist, sehr gering.

b) Makrostruktur der Werbetexte (Textaufbau/Textgliederung)

Die Textbaupläne der deutschen und französischen Werbeanzeigen aus der Produktgattung „Kosmetik“ sind ähnlich gestaltet. 74% der deutschen Werbeanzeigen und 82% der französischen Werbeanzeigen beinhalten einen vollständigen Fließtext, der einen oder mehrere Sätze umfaßt. In 36% der deutschen und in

34% der französischen Werbeanzeigen werden durch Spiegelstriche gekennzeichnete Aufzählungen verwendet. Produkteigenschaften werden häufig in Stichpunkten oder in nummerierter Form präsentiert, um somit eine Reihenfolge oder beispielsweise die verschiedenen Phasen der Wirkungsweise eines Produkts darzustellen. Eine Textgliederung mit Hilfe von Abschnitten mit Zwischenüberschriften erfolgt nur in einem sehr geringen Anteil der deutschen Werbeanzeigen (2%) und der französischen Werbeanzeigen (8%). Insgesamt sind die französischen Werbeanzeigen hinsichtlich der Textgliederung etwas stärker an den Fachtextsortenkonventionen orientiert als die deutschen Werbeanzeigen. Die bestehenden Unterschiede sind jedoch sehr gering, so daß auf der makrostrukturellen Ebene in der deutschen und französischen Kosmetikwerbung ähnliche Tendenzen bestehen.

Zusammenfassend ist hinsichtlich der Makrostruktur der deutschen und französischen Werbeanzeigen aus der Produktgattung „Kosmetik“ Folgendes festzustellen: Die Werbeanzeigen weisen häufig einen hohen Textanteil auf, der durch Bilder ergänzt wird. Außerdem werden oft Elemente wie Fußnoten und zusätzliche Rahmen mit Abbildungen verwendet, die auch in Fachtexten benutzt werden. Trotz des Textreichtums der Werbeanzeigen und der Verwendung fachlicher Elemente folgen die Werbeanzeigen aus der Produktgattung „Kosmetik“ hinsichtlich der Text-Bild-Verteilung und der Textgliederung meist nicht den für Fachtexte geltenden Textsortenkonventionen auf der makrostrukturellen Ebene (vgl. Kap. 2.2.2.2 sowie Kap. 2.3.1). Zum Beispiel sind die Fußnoten meist senkrecht geschrieben am linken oder rechten Rand der Werbeanzeigen positioniert und nicht unter dem Fließtext, wie dies in Fachtexten üblich ist. Textgliedernde Elemente wie Zwischenüberschriften zur Schaffung von Textkohärenz werden in den Werbeanzeigen nur sehr selten verwendet. Insgesamt gesehen finden in den deutschen und französischen Werbeanzeigen aus der Produktgattung „Kosmetik“ zwar makrostrukturelle Prinzipien Anwendung, die auch für Fachtexte gelten, diese werden aber so umgestaltet und werbespezifisch eingesetzt, daß sie nicht mehr den stringenten Fachtextsortenkonventionen entsprechen. Die werbespezifischen Konventionen des Aufbaus der Werbeanzeigen und der Textgliederung dienen in erster Linie den Intentionen der Werbung, d.h. sie erfüllen unter anderem eine aufmerksamkeitserregende Funktion, und zielen nur in einem geringen Maße auf Kohärenzstiftung ab, wie dies hingegen in Fachtexten angestrebt wird.

Abschließend läßt sich feststellen, daß die Makrostruktur der deutschen und französischen Werbeanzeigen aus der Produktgattung „Kosmetik“ nur einen geringen Beitrag zur Konstituierung von Fachlichkeit in der an Laien gerichteten Werbung leistet.

5.2.2.2 Mikrostruktur

Die Mikrostruktur der deutschen und französischen Werbeanzeigen aus der Produktgattung „Kosmetik“ wurde auf der Grundlage von drei Kategorien von Kriterien untersucht. Die Kriterien sowie die für die jeweilige Analysekategorie erzielten Untersuchungsergebnisse werden im Folgenden konsekutiv dargestellt.

In einem ersten Schritt der Analyse der Mikrostruktur der Werbeanzeigen wurden anhand der folgenden Kriterien syntaktische und morphologische Aspekte untersucht:

a) Mikrostruktur (Syntax und Morphologie)

- *Satzlänge/Komplexität:* Ellipsen/unvollständige Phrasen/Schlagwörter; kurze, einfache Sätze; lange, komplexe Sätze mit Subordination
- *Nominalstil:* Substantive/Komposita/Substantivierungen; Attributierungen
- *Verbverwendung:* Infinitive/Funktionsverben
- *Tempus:* Präsens, andere Tempora; *Aktiv/Passiv*

Hinsichtlich der Satzlänge und der Komplexität der in den Werbeanzeigen verwendeten Sätze bestehen in der deutschen und französischen Kosmetikwerbung relativ ähnliche Tendenzen. Mit einem Anteil von 98% dominieren in den deutschen Werbeanzeigen eindeutig die für die Syntax der Werbesprache typischen Ellipsen, unvollständigen Phrasen bzw. Schlagwörter (vgl. Kap. 1.2.2). In den französischen Werbeanzeigen ist der Anteil an Ellipsen und unvollständigen Phrasen mit 84% geringer, stellt aber dennoch die dominierende Satzform dar.

Außerdem werden sowohl in den deutschen als auch in den französischen Werbeanzeigen häufig kurze, einfache Sätze zur Beschreibung von Produkteigenschaften und anderen Prozessen wie zur Darstellung von Wirkungsweisen der beworbenen Produkte verwendet. Deren Anteil ist in der französischen Kosmetikwerbung (72%) etwas höher als in der deutschen Werbung (66%). Lange, komplexe Sätze mit Subordination spielen sowohl in den deutschen als auch in den französischen Werbeanzeigen eine untergeordnete Rolle. Deren Anteil ist in der französischen Werbung (34%) wiederum höher als in der deutschen Werbung (22%).

In der Kosmetikwerbung wird ähnlich wie in Fachtexten oft der Nominalstil verwendet, der sich im häufigen Gebrauch von Substantiven, Substantivierungen, Attributierungen und in der Kompositabildung manifestiert (vgl. Kap. 2.2.2.2). Der Nominalstil findet aufgrund der differierenden Sprachstrukturen im Deutschen und Französischen insbesondere in den deutschen Werbeanzeigen Anwendung (Anteil von 50%), wird aber auch relativ häufig in den französischen Werbeanzeigen benutzt (Anteil von 38%). Attributierungen treten in den deutschen Werbeanzeigen nur in einem sehr geringen Maße, in den französischen Werbeanzeigen hingegen gar nicht auf.

Verben sind in der deutschen und französischen Kosmetikwerbung von großer Bedeutung und dienen der Beschreibung von Produkteigenschaften und von Prozessen wie beispielsweise der Wirkungsweise der beworbenen Produkte. Infinitive und Funktionsverben spielen in der deutschen Kosmetikwerbung keine Rolle, werden hingegen in 16% der französischen Werbeanzeigen verwendet.

Hinsichtlich des Tempusgebrauchs und der Verwendung von Aktiv bzw. Passiv bestehen in den deutschen und französischen Werbeanzeigen ähnliche Tendenzen. Unterschiede sind in diesem Kontext ebenfalls auf die differierenden Sprachstrukturen des Deutschen und Französischen zurückzuführen. Das Präsens stellt sowohl in der deutschen Kosmetikwerbung (Anteil von 90%) als auch in der französischen Werbung (Anteil von 82%) die am häufigsten verwendete Zeitform dar. Bei diesem Tempus, das auch in Fach- und Wissenschaftstexten dominant ist (vgl. Kap. 2.2.2.2), handelt es sich um ein sogenanntes „Besprechtempus“, mit dem „die Rezeptionshaltung gespannter Hinwendung“ signalisiert wird, d.h. besprechende Texte wie appellative Werbetexte sollten nach Weinrich wie Handlungen aufgenommen und gegebenenfalls mit Handlungen beantwortet werden (vgl. Weinrich 1982 in Kalverkämper 1998 a: 375). Unterschiede bestehen im Hinblick auf den Gebrauch anderer Tempora. In 6% der deutschen Werbeanzeigen werden andere Zeitformen verwendet, in den französischen Werbeanzeigen ist der Anteil an anderen Tempora mehr als doppelt so hoch (14%). Dominant ist sowohl in den deutschen Werbeanzeigen (Anteil von 88%) als auch in den französischen Werbeanzeigen (Anteil von 80%) der Gebrauch des Aktivs. Passivkonstruktionen werden insgesamt selten verwendet, treten in der deutschen Kosmetikwerbung aber häufiger auf als in der französischen Werbung.

In einem zweiten Schritt der Analyse der Mikrostruktur der Werbeanzeigen wurden anhand der folgenden Kriterien stilistische Gesichtspunkte betrachtet:

b) Mikrostruktur (Stil)

- *Imperativ/direkte Anrede des Rezipienten; Wir-Form; rhetorische Fragen*
- *Verwendung beschreibender/expressiver Adjektive/Attribute/Adverbien/ Partizipien*
- *Sprachspiele/Wortspiele:* Metapher/Vergleich/Personifizierung/Alliteration/idiomatische Wendungen und andere Sprachspiele; Komparation
- *Wiederholungen*
- *Neologismen; Anglizismen*
- *Sprachstil:* Wissenschaftssprache; Umgangssprache; Sachstil/unpersönlicher Stil; Erzählstil

Der Gebrauch des Imperativs zur direkten Anrede des Rezipienten sowie auch die weniger häufige Verwendung der ersten Person Plural von Pronomina und Verben zum Einbezug des Rezipienten stellen werbespezifische stilistische Mittel zur Realisierung der Werbeintention dar (vgl. Kap. 1.2.2). Dieses Stilmittel wird in 32% der deutschen und in 38% der französischen Werbeanzeigen verwendet. Rhetorische Fragen, die ebenfalls diesem Zweck dienen, werden in 8%

der deutschen Werbeanzeigen und in einem mehr als doppelt so hohen Anteil von 18% der französischen Werbeanzeigen gebraucht. Folglich zielt die französische Kosmetikwerbung stärker auf die direkte Anrede des Rezipienten mit Hilfe dieser stilistischen Mittel ab als die deutsche Werbung.

Ein weiteres in der Werbesprache verwendetes, werbespezifisches Stilmittel ist der Gebrauch beschreibender, expressiver Adjektive, Attribute, Adverbien und Partizipien zur detaillierten und assoziationsreichen Beschreibung von Produkteigenschaften. Dieses Stilmittel tritt in den deutschen Werbeanzeigen (Anteil von 70%) und in den französischen Werbeanzeigen (Anteil von 78%) in ähnlicher Frequenz auf. In der Kosmetikwerbung werden insbesondere Adjektive, Attribute, Adverbien und Partizipien verwendet, die beim Rezipienten positive, umgangssprachliche Konnotationen bzw. Assoziationen auslösen, weil die in der Alltagssprache angelegte semantische Wertigkeit der Sprachmittel verstärkt wird und dies folglich zu einer erhöhten Glaubwürdigkeit der beworbenen Produkte führt. Formelhafte Ausdrücke oder Adjektive wie *wissenschaftlich bewiesen*, *dermatologisch getestet* oder *medizinisch* werden als positiv bewertet und verstärken den Eindruck von Wissenschaftlichkeit (vgl. Gipper 1979: 135 ff.).

Sprachspiele wie Metaphern, Vergleiche, Personifizierung, Alliteration und andere sowie Wiederholungen stellen ein weiteres für die Werbesprache typisches Merkmal dar. Sie werden in der Werbung häufig zweckgerichtet eingesetzt (vgl. 1.2.2), dienen neben werbespezifischen Intentionen der besseren Verständlichkeit fachlicher Phänomene und werden in der Werbung als Popularisierungsfaktor von Fachlichkeit verwendet (vgl. 5.2.4.2). In 26% der deutschen Werbeanzeigen und in 18% der französischen Werbeanzeigen werden Sprachspiele gebraucht. Wiederholungen treten in 20% der deutschen Werbeanzeigen und in 16% der französischen Werbeanzeigen auf. Folglich ist für die deutsche Kosmetikwerbung insgesamt ein höherer Anteil hinsichtlich des Gebrauchs dieser stilistischen Mittel zu verzeichnen. Für die Werbesprache typische Elemente wie Neologismen und Anglizismen finden in der Kosmetikwerbung ebenfalls Anwendung. Die Werbesprache im Deutschen scheint sich durch ein höheres Maß an werbespezifischer Kreativität auszuzeichnen, weil der Anteil an Neologismen in den deutschen Werbeanzeigen mit einem Anteil von 12% doppelt so hoch ist wie in den französischen Werbeanzeigen (Anteil von 6%). Anglizismen hingegen werden in gleicher Frequenz verwendet: In 20% der deutschen und der französischen Werbeanzeigen werden sie benutzt. Ein Spezifikum der Kosmetikwerbung ist die Angabe des Produktnamens und von Produkteigenschaften auf der Produktverpackung auf Englisch und/oder Französisch. Damit soll einerseits durch die Verwendung der „lingua franca" die Internationalität des Herstellers und des beworbenen Produkts zum Ausdruck gebracht werden, andererseits wird durch den Gebrauch der französischen Sprache das positive Image der französischen Kosmetikbranche ausgenutzt. In 32% der deutschen Werbeanzeigen werden englische und/oder französische Angaben gemacht, und in 34% der französischen Werbeanzeigen werden der Produktname und/oder Produkteigenschaften auf Englisch angegeben.

Hinsichtlich des Sprachstils in der deutschen und französischen Kosmetikwerbung ist eine Mischform aus umgangssprachlichen Elementen und dem für Fachtexte typischen, unpersönlichen Sachstil festzustellen. Die deutsche Werbung ist stärker vom Sachstil geprägt als die französische Werbung, die stärker an einer Mischung aus Umgangssprache, Erzählstil und Wissenschaftssprache orientiert ist. Der Anteil an umgangssprachlichen Elementen ist in den französischen Werbeanzeigen mit 16% mehr als doppelt so hoch wie in den deutschen Werbeanzeigen (6%). Der unpersönliche Sachstil findet mit fast gleicher Frequenz in 30% der deutschen Werbeanzeigen und in 34% der französischen Werbeanzeigen Anwendung. Der umgangssprachliche Erzählstil spielt in den deutschen Werbeanzeigen keine Rolle, in den französischen Werbeanzeigen ist er mit einem Anteil von 6% von untergeordneter Bedeutung. Wissenschaftssprachliche Elemente im engeren Sinne werden in keiner deutschen Werbeanzeige und in einem Anteil von 2% der französischen Werbeanzeigen verwendet. Gesamtheitlich gesehen ist die deutsche und französische Kosmetikwerbung von dem für Fachtexte charakteristischen, objektiven Sachstil unter Einbezug werbespezifischer Stilmittel geprägt. Die deutsche Kosmetikwerbung orientiert sich auf der Ebene des Sprachstils insgesamt stärker am Sachstil, während die französische

Werbung stärker auf die Verwendung einer Kombination umgangssprachlicher Elemente und objektiven Sachstils ausgerichtet ist.

Abschließend wurden in einem dritten Schritt der Analyse der Mikrostruktur der Werbeanzeigen sonstige Aspekte untersucht, die eine Rolle bei der Bewertung der Fachlichkeit von Werbung für Laien spielen:

c) Mikrostruktur (Para- und Intertextuelles)

- *Zitate in Anführungsstrichen*
- *Hinweis auf Internetadresse/Info-Hotline des Herstellers*
- *Fußnoten (Asteriskus)*
- *Zahlenangaben*
- *Bezugnahme auf Forschung/Experten/Institutionen*

Eine recht häufig genutzte Strategie der Werbung ist der Gebrauch von Zitaten in Anführungsstrichen von Experten, berühmten Persönlichkeiten oder Verbrauchern, die als Form der Persuasion eingesetzt wird, um den Adressaten von dem beworbenen Produkt zu überzeugen (vgl. Abb. 1 und Abb. 2). Diese Strategie kann ein Signal von Fachlichkeit darstellen, da relativ oft Fachleute dazu herangezogen werden, die eine gewisse wissenschaftliche Autorität vermitteln und die Glaubwürdigkeit der Werbung erhöhen sollen (vgl. Kap. 2.1.4). Zitate werden in der französischen Kosmetikwerbung mit einem Anteil von 24% etwas häufiger verwendet als in der deutschen Werbung (Anteil von 16%).

Abb. 1: Deutsche Werbeanzeige mit fachlichen Elementen (w1kos)

Abb. 2: Französische Werbeanzeige mit fachlichen Elementen (w2kos)

Außerdem finden in der Werbung Verweis- und Referenzstrategien Anwendung, die in Fachtexten eine wichtige Rolle spielen, weil sie Teil des wissenschaftlichen Apparats (vgl. Kap. 2.3.1) sind. Dazu gehören insbesondere Fußnoten und Zahlenangaben (vgl. Abb. 3 und Abb. 4). Ein Verweis auf die Internetadresse des Herstellers, oft versehen mit dem Hinweis auf weiterführende Informationen oder auf eine Info-Hotline, erfolgt in 12% der deutschen Werbeanzeigen und einem fast doppelt so hohen Anteil von 22% der französischen Werbeanzeigen. Außerdem werden in der Kosmetikwerbung sehr häufig mit Asteriskus gekennzeichnete Fußnoten verwendet. Dieses Element des wissenschaftlichen Apparats, das ein wichtiges Fachlichkeitssignal darstellt, wird mit fast gleicher Frequenz in 48% der deutschen Werbeanzeigen und in 52% der französischen Werbeanzeigen gebraucht. Fußnoten werden in der Kosmetikwerbung häufig rein typographisch eingesetzt, um mittels der Verwendung einer Komponente des wissenschaftlichen Apparats auf der formalen Ebene den Eindruck von Fachlichkeit zu erwecken, inhaltlich dient ihr Aussagegehalt lediglich der Inszenierung von Wissenschaftlichkeit, weil dieser meist pseudofachlich ist und wissenschaftlicher Überprüfung nicht standhielte (vgl. Janich 1998 a: 228). In den Fußnoten werden oft Angaben zu Studien oder Verbrauchertests gemacht, um deren Wissenschaftlichkeit zu demonstrieren und die Glaubwürdigkeit seitens des Rezipienten zu erhöhen. In 40% der deutschen und der französischen Werbeanzeigen werden Fußnoten mit derartigen Angaben gebraucht. Als Teil des wissenschaftlichen Apparats spielt Zahlenmaterial wie Angaben zum pH-Wert, Lichtschutzfaktor (vgl. Abb. 1 und Abb. 2) oder Prozentangaben zur Wirkung der beworbenen Pflegeprodukte in der Kosmetikwerbung eine geringere Rolle als Fußnoten. Zahlenangaben treten in 30% der deutschen Werbeanzeigen und in 34% der französischen Werbeanzeigen auf. Derartige Zahlenangaben, insbesondere Prozentangaben, werden im Kontext der Werbung oftmals so präsentiert, daß sie verschleiernd oder irreführend hinsichtlich der Darstellung fachlicher Aspekte sind, und sie werden folglich mehrheitlich pseudofachlich eingesetzt (vgl. Janich 1998 a: 171 f.).

Abb. 3: Deutsche Werbeanzeige mit fachlichen Elementen (w27kos)

Abb. 4: Französische Werbeanzeige mit fachlichen Elementen (w96kos)

Eine weitere Referenzstrategie, derer sich die Kosmetikwerbung bedient, um beim laienhaften Rezipienten den Eindruck von Fachlichkeit und Wissenschaftlichkeit zu erwecken, stellt die Bezugnahme auf die Forschung, Experten oder wissenschaftliche Institutionen dar. In diesem Kontext wird meist auf die unternehmenseigene Forschung, Experten wie Dermatologen oder wissenschaftliche Studien bzw. medizinische Tests verwiesen (vgl. Janich 1998 a: 185). Diese Strategie findet in nur 8% der deutschen Werbeanzeigen Anwendung, wird aber in einem mehr als doppelt so hohen Anteil von 20% der französischen Werbeanzeigen genutzt.

Insgesamt weist die französische Kosmetikwerbung einen höheren Anteil an Elementen des wissenschaftlichen Apparats auf als die deutsche Werbung. Diese Tendenz deutet auf der mikrostrukturellen Ebene auf einen höheren Fachlichkeitsgrad der französischen Kosmetikwerbung hin, indiziert aber gleichzeitig auch ein höheres Maß an Pseudofachlichkeit, weil die dargestellten Elemente des wissenschaftlichen Apparats in der Kosmetikwerbung mehrheitlich der Erweckung des Eindrucks von Fachlichkeit und der Inszenierung von Wissenschaftlichkeit dienen.

Abb. 5: Französische Werbeanzeige mit fachlichen Elementen (w98kos)

Zusammenfassend ist in Bezug auf die Mikrostruktur der deutschen und französischen Werbeanzeigen aus der Produktgattung „Kosmetik“ Folgendes festzustellen: Sowohl die deutschen als auch die französischen Werbeanzeigen weisen zahlreiche Fachlichkeitssignale auf, sind aber dennoch in einem hohen Maße von den Spezifika der Werbung und Werbesprache geprägt. Wichtige in der deutschen und französischen Kosmetikwerbung verwendete Fachlichkeitssignale stellen der Nominalstil, der unpersönliche sachbezogene Sprachstil sowie die Elemente des wissenschaftlichen Apparats wie Fußnoten und Referenzstrategien dar, die sowohl in den deutschen als auch in den französischen Werbeanzeigen in relativ hoher Frequenz auftreten. Unterschiede hinsichtlich der mikrostrukturellen Fachlichkeitssignale bestehen in Bezug auf den Sprachstil, der in den deutschen Werbeanzeigen sachlicher geprägt ist und sich in den französischen Werbeanzeigen in einem höheren Maße in einer Kombination umgangssprachlicher und wissenschaftssprachlicher Elemente manifestiert, sowie im Hinblick auf die Verwendung von Elementen des wissenschaftlichen Apparats, deren Anteil in den französischen Werbeanzeigen insgesamt höher ist.

Spezifika der Werbesprache manifestieren sich in der deutschen und französischen Kosmetikwerbung im Gebrauch von Ellipsen, Schlagwörtern und kurzen, einfachen Sätze, des Aktivs sowie anhand der Verwendung von beschreibenden Adjektiven, von Imperativen, rhetorischen Fragen, Sprachspielen sowie von Neologismen und Anglizismen. Im Hinblick auf die Verwendung werbespezifischer sprachlicher Mittel ergeben sich auf der mikrostrukturellen Ebene für die deutsche und französische Kosmetikwerbung ähnliche Tendenzen. Unterschiede bestehen hinsichtlich des Gebrauchs von Ellipsen, deren Anteil in den deutschen Werbeanzeigen höher ist als in den französischen, im Tempusgebrauch, der in den französischen Werbeanzeigen stärker variiert, im Hinblick auf Stilmittel zur direkten Anrede des Rezipienten, deren Frequenz in den französischen Werbeanzeigen höher ist, sowie bezüglich des Gebrauchs von Sprachspielen und Neologismen, deren Anteile in den deutschen Werbeanzeigen höher sind.

Ingesamt gesehen wird auf der mikrostrukturellen Ebene sowohl in den deutschen als auch in den französischen Werbeanzeigen aus der Produktgattung

„Kosmetik“ trotz der Verwendung zahlreicher werbespezifischer Stilmittel ein recht hohes Maß an Fachlichkeit konstituiert.

5.2.2.3 Vergleich von Textsortenkonventionen in Werbeanzeigen und Fachtextsortenkonventionen

Die Makrostruktur der deutschen und französischen Werbeanzeigen aus der Produktgattung „Kosmetik“ ist im allgemeinen nur in einem geringen Maße an den für Fachtexte geltenden Textsortenkonventionen (vgl. Kap. 2.2.2.2 sowie Kap. 2.3.1) orientiert. Die Werbeanzeigen und die in der Kosmetikwerbung häufig relativ umfassenden Werbetexte sind werbespezifisch aufgebaut und entsprechen mehrheitlich nicht den klar strukturierten, kohärenzstiftenden Textbauplänen von Fachtexten. Dennoch weisen die deutschen und französischen Werbeanzeigen auf der makrostrukturellen Ebene einige Fachlichkeitssignale auf, die sich insbesondere in der Verwendung von Elementen wie Fußnoten und zusätzlichen Rahmen mit Abbildungen manifestieren. Diese fachlichen Komponenten werden jedoch meist so in die werbespezifische Textgestaltung einbezogen, daß sie nicht mehr den stringenten Fachtextsortenkonventionen entsprechen, sondern zwar als Fachlichkeitssignale wahrgenommen werden, jedoch gemäß den Intentionen der Werbung, die in der Kosmetikbranche häufig eine Inszenierung von Wissenschaftlichkeit impliziert, als Signale von Fachlichkeit interpretiert werden und beim laienhaften Rezipienten entsprechende positive Assoziationen bezüglich des Prestiges der Wissenschaften hervorrufen. Die Makrostruktur der deutschen und französischen Werbeanzeigen ist hinsichtlich der Orientierung an den Fachtextsortenkonventionen ähnlich gestaltet. Sowohl in den deutschen als auch in den französischen Werbeanzeigen werden makrostrukturelle Elemente verwendet, die Fachlichkeit signalisieren, sich an den Fachtextsortenkonventionen orientieren, aber dennoch mehrheitlich der werbespezifischen Gestaltung unterworfen sind (vgl. Kap. 5.2.2.1).

Auf der mikrostrukturellen Ebene besteht sowohl in den deutschen als auch in den französischen Werbeanzeigen aus der Produktgattung „Kosmetik“ eine stärkere Ausrichtung an den Fachtextsortenkonventionen als auf der makrostrukturellen Ebene. Im Bereich der Mikrostruktur der Werbeanzeigen werden zwar auch werbespezifische syntaktische und stilistische Mittel verwendet, aber dennoch sind die Elemente auf der Ebene der Mikrostruktur stärker an den für Fachtexte geltenden Konventionen ausgerichtet. Mikrostrukturelle Fachlichkeitssignale in den deutschen und französischen Werbeanzeigen wie der Nominalstil, der unpersönliche, sachbezogene Sprachstil sowie die Verwendung von Elementen des wissenschaftlichen Apparats wie Referenzstrategien belegen diese Tendenz. Obwohl hinsichtlich des Gebrauchs fachlicher Elemente auf der mikrostrukturellen Ebene in den deutschen und französischen Werbeanzeigen auch einige Unterschiede bestehen (vgl. Kap. 5.2.2.2), ist sowohl die Mikrostruktur der deutschen Werbeanzeigen als auch die Mikrostruktur der französischen Werbeanzeigen in einem relativ hohen Maße an den Fachtextsortenkonventionen ausgerichtet, weist aber dennoch zahlreiche werbespezifische Merkmale hinsichtlich der Syntax, Morphologie und des Stils auf (vgl. Kap. 5.2.2.2).

Insgesamt betrachtet bestehen hinsichtlich der Makrostruktur und Mikrostruktur der deutschen und französischen Werbeanzeigen ähnliche Tendenzen. Sowohl in den deutschen als auch in den französischen Werbeanzeigen ist die Mikrostruktur in einem höheren Maße an den Fachtextsortenkonventionen orientiert als die Makrostruktur der Werbeanzeigen und leistet folglich einen größeren Beitrag zur Konstituierung von Fachlichkeit in der an Laien gerichteten Kosmetikwerbung.

5.2.3 Fachliche Bilder

Zur Bestimmung von Fachlichkeitssignalen auf der semiotischen Ebene (vgl. Kap. 2.5) wurden die Frequenz, Distribution und Semantik fachlicher Bilder sowie die Text-Bild-Beziehung analysiert. Die Untersuchungsergebnisse werden im Folgenden für die deutsche und französische Kosmetikwerbung gegenübergestellt und anschließend zusammenfassend dargestellt.

a) Fachliche Bilder

Hinsichtlich der Frequenz fachlicher Bilder ergeben sich Unterschiede zwischen der deutschen und französischen Kosmetikwerbung. Fast die Hälfte der analysierten deutschen Werbeanzeigen (Anteil von 48%) enthält fachliche Bilder. Hingegen umfassen nur 30% der französischen Werbeanzeigen fachliche Bilder. Auf der Grundlage der in Tabelle 3 aufgeführten Kriterien (vgl. auch Analyseraster siehe Anhang) wurden die fachlichen Bilder hinsichtlich ihrer Semantik untersucht:

Tabelle 3: Fachliche Bilder in der Kosmetikwerbung

	deutsch	französisch
bildliche Darstellung von Personen mit Expertenstatus	6%	2%
Fotos von technischen Details (Vorher-Nachher-Fotos)	12%	12%
Zeichnungen von Produktbestandteilen/Inhaltsstoffen	8%	16%
schematische Darstellung von Funktionsabläufen/ Wirkungsweisen (Vorher-Nachher-Zeichnungen)	30%	10%
graphische Darstellungen (Diagramme, etc.); Tabellen	2%	8%
Symbole/Pfeile als Hinweis, zur Erläuterung, Betonung	34%	32%
sonstige Bilder (Fotos von Zitierenden, Verbrauchern, Models, Schauspielern, etc.)	34%	32%

In der deutschen und französischen Kosmetikwerbung werden nur sehr selten Personen mit Expertenstatus wie zum Beispiel Wissenschaftler gezeigt. Bei dieser Kategorie von fachlichen Bildern handelt es sich um fachliche Bilder im weiteren Sinne, weil damit keine fachlichen Aspekte aufgezeigt, sondern Personen dargestellt werden, die beim laienhaften Rezipienten Konnotationen bzw. Assoziationen zu Fachlichem auslösen.

Fotos von technischen Details, meist Vorher-Nachher-Fotos zur Darstellung der Wirkungsweise des beworbenen Produkts, die bestimmte Aspekte wie beispielsweise fotografische Makroaufnahmen der Hautstruktur oder von Inhaltsstoffen des beworbenen Produkts detailliert zeigen, kommen in der deutschen und französischen Kosmetikwerbung recht oft vor.

Schematische Zeichnungen von Produktbestandteilen bzw. Inhaltsstoffen des beworbenen Produkts werden in der Kosmetikwerbung ebenfalls relativ häufig verwendet. Ihr Anteil ist in den französischen Werbeanzeigen doppelt so hoch wie in den deutschen. In der französischen Kosmetikwerbung stellen schematische Zeichnungen von Produktbestandteilen oder Inhaltsstoffen die am häufigsten verwendete Kategorie von Bildern dar, die fachlich im engeren Sinne sind, d.h. sie werden in gleicher oder in ähnlicher Form auch in Fachtexten verwendet, um fachliche Sachverhalte zu präsentieren.

Eine weitere Gruppe von fachlichen Bildern im engeren Sinne sind die schematischen Darstellungen von Funktionsabläufen oder der Wirkungsweise des beworbenen Produkts. Dabei handelt es sich oft um Vorher-Nachher-Zeichnungen oder Fotos, die meist dementsprechend in der Bildunterschrift gekennzeichnet sind. In derartigen schematischen Zeichnungen oder Vorher-Nachher-Fotos wird beispielsweise die Hautstruktur vor und nach der Benutzung einer bestimmten Antifaltencreme (vgl. Abb. 6 und Abb. 7) oder die Haarstruktur vor und nach der Verwendung eines bestimmten Shampoos oder Haarfärbemittels dargestellt. In der deutschen Kosmetikwerbung wird diese Form des fachlichen Bilds mit der höchsten Frequenz hinsichtlich der Verwendung fachlicher Bilder im engeren Sinne eingesetzt, in der französischen Kosmetikwerbung hingegen findet sie relativ selten Anwendung.

Abb. 6: Deutsche Werbeanzeige mit fachlichem Bild (w56kos)

Abb. 7: Französische Werbeanzeige mit fachlichem Bild (w88kos)

Eine weitere Kategorie fachlicher Bilder im engeren Sinne sind graphische Darstellungen wie beispielsweise Diagramme zur Darstellung der Wirkungsweise des beworbenen Produkts sowie Tabellen, in denen Inhaltsstoffe eines Produkts oder Zahlenangaben aufgeführt werden. Sie treten in der Kosmetikwerbung sehr selten auf, werden aber in den analysierten französischen Werbeanzeigen häufiger verwendet als in den deutschen Werbeanzeigen. Mit Hilfe graphischer Darstellungen werden in Fachtexten meist komplexe, schwer in Sprache zu fassende Sachverhalte in kompakter Form systematisch dargestellt und können vom Fachmann mit entsprechendem Fachwissen meist problemlos erschlossen werden. Die Kosmetikwerbung bedient sich dieses fachlichen Elements einerseits, um fachliche, komplexe Fakten wie beispielsweise die Wirkungsweise eines Inhaltsstoffes darzustellen, andererseits werden graphische Darstellungen aber auch verwendet, um werbespezifische Intentionen damit zu erzielen. Sie dienen der Aufmerksamkeitserregung und der Erhöhung der Glaubwürdigkeit bezüglich des beworbenen Produkts, da sie Assoziationen zu Fachlichem evozieren. Graphische Darstellungen sind für den Laien ohne das entsprechende Fachwissen oft nicht verständlich, weil er nicht über das notwendige Vorwissen verfügt und nicht in den Wissenskontext integriert ist, der nötig ist, um abstrakte, fachliche graphische Darstellungen zu verstehen (vgl. Kap. 5.2.4.1). Teilweise werden in der Kosmetikwerbung Graphiken benutzt, die sachlich unpräzise oder gar falsch sind, einer wissenschaftlichen Nachprüfung nicht standhalten würden und ausschließlich der Inszenierung von Wissenschaftlichkeit dienen (vgl. Kap. 2.1.4).

Symbole, Pfeile und ähnliche graphische Elemente, die zur Erläuterung oder Hervorhebung bestimmter Aspekte eingesetzt werden, stellen Ergänzungen zu fachlichen Bildern dar, sind als fachlich im weiteren Sinne einzustufen und dienen der besseren Verständlichkeit fachlicher Elemente seitens des Laien (vgl. Kap. 5.2.4.1). Sie werden sowohl in den deutschen als auch in den französischen Werbeanzeigen relativ häufig verwendet.

Unter sonstigen Bildern werden Abbildungen gefaßt, die nicht im eigentlichen Sinne fachlich sind und an dieser Stelle nur der Vollständigkeit halber erwähnt werden. Dazu gehören Fotos von Zitierenden, die meist eine Bildunterschrift mit dem Namen des Zitierenden umfassen, sowie Fotos von Verbrauchern oder berühmten Persönlichkeiten wie Models und Schauspielern. Die Frequenz sonstiger Bilder ist sowohl in den deutschen als auch in den französischen Werbeanzeigen relativ hoch, spielt jedoch im Hinblick auf die Konstituierung von Fachlichkeit in der an Laien gerichteten Kosmetikwerbung keine Rolle.

Zusammenfassend läßt sich hinsichtlich der Verwendung fachlicher Bilder in der Kosmetikwerbung (vgl. Abb. 8 und Abb. 9) feststellen, daß in der deutschen und französischen Werbung aus dieser Produktkategorie ähnliche Tendenzen bestehen. Sowohl in den deutschen als auch in den französischen Werbeanzeigen werden fachliche Bilder in relativ hoher Frequenz verwendet. Die deutsche Kosmetikwerbung weist jedoch einen höheren Anteil an fachlichen Bildern auf. Im Hinblick auf die Semantik der fachlichen Bilder bestehen in der deutschen und französischen Kosmetikwerbung Unterschiede in Bezug auf die Verwendung von schematischen Zeichnungen von Produktbestandteilen oder Inhaltsstoffen sowie bezüglich des Einsatzes von schematischen Darstellungen von Funktions- und Wirkungsweisen. Gesamtheitlich gesehen sind die deutsche und französische Kosmetikwerbung durch ähnliche Charakteristika hinsichtlich der Verwendung und Semantik fachlicher Bilder gekennzeichnet, die sowohl in den deutschen Werbeanzeigen als auch in den französischen Werbeanzeigen vornehmlich der Unterstützung der „fachlichen Argumentation“ und der Schaffung einer „Atmosphäre seriöser Wissenschaftlichkeit“ (Janich 1998 a: 177) dienen.

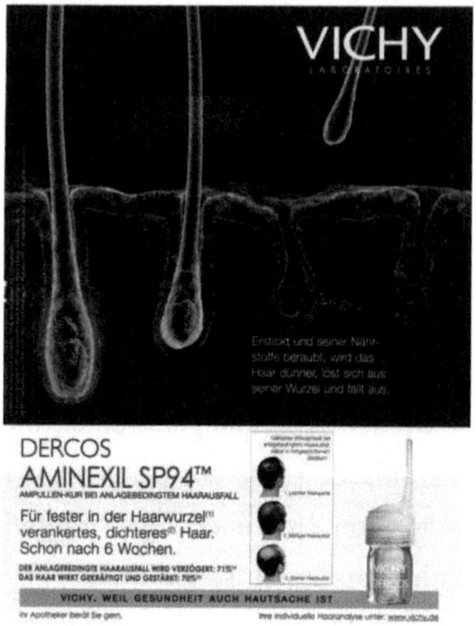

Abb. 8: Deutsche Werbeanzeige mit fachlichem Bild (w31kos)

Abb. 9: Französische Werbeanzeige mit fachlichem Bild (w92kos)

b) Text-Bild-Beziehung

In der großen Mehrheit der deutschen Werbeanzeigen (Anteil von 98%) und der französischen Werbeanzeigen (Anteil von 98%) aus der Produktgattung „Kosmetik“ sind Text und Bild auf der Inhaltsebene gleichwertig. Die Textelemente beschreiben und ergänzen die verwendeten Bilder, die der Illustration der Textinhalte dienen und folglich textintegriert sind (vgl. Kap. 2.5.2). In der Kosmetikwerbung werden meist das beworbene Produkt oder die Produktverpackung und beispielsweise das Gesicht einer Frau mit faltenfreier Haut oder andere Körperteile wie die Beine abgebildet. Im Text werden häufig Erläuterungen zur Wirkungsweise oder Inhaltsstoffen des Produkts gegeben, so beispielsweise dazu, daß das Produkt aufgrund bestimmter Inhaltsstoffe wie Calcium faltenglättend wirkt. Neben der dominanten Text-Bild-Beziehung der Gleichwertigkeit von Text und Bild treten in einem hohen Anteil der Werbeanzeigen zusätzlich Mischformen der Text-Bild-Relation auf der Inhaltsebene auf. In 66% der deutschen Werbeanzeigen und in einem wesentlich höheren Anteil von 88% der französischen Werbeanzeigen sind die Werbetexte meist nur in einem geringen Maße dominant gegenüber den verwendeten Bildern. In diesem Fall werden dem Rezipienten über die Textelemente mehr Informationen vermittelt als über die Bilder, die der Illustration oder Konkretisierung der Textinhalte dienen. Eine Dominanz des Bilds gegenüber dem Text tritt in der deutschen Kosmetikwerbung (Anteil von 4%) und in der französischen Werbung (Anteil von 6%) sehr selten auf.

Im Ergebnis läßt sich hinsichtlich der Text-Bild-Beziehungen auf der Inhaltsebene in der deutschen und französischen Kosmetikwerbung feststellen, daß die Gleichwertigkeit von Text und Bild sowohl in den deutschen als auch in den französischen Werbeanzeigen die dominante Text-Bild-Relation darstellt. Des Weiteren tritt insbesondere in der französischen Kosmetikwerbung eine Mischform auf, die in der Kombination der Gleichwertigkeit von Text und Bild mit einer geringfügigen Dominanz des Texts gegenüber dem Bild besteht und der Erläuterung von Bildinhalten und abstrakten Sachverhalten, insbesondere komplexer fachlicher Zusammenhänge dient, die sich nur schwer oder überhaupt nicht über Bilder vermitteln lassen.

Zusammenfassend ist hinsichtlich der Frequenz, Distribution und Semantik fachlicher Bilder Folgendes festzustellen: In der deutschen und französischen Kosmetikwerbung werden häufig fachliche Darstellungen und Bilder verwendet. Einerseits handelt es sich dabei um Fotos mit vorgeblichen Experten wie beispielsweise Wissenschaftlern in weißer Laborkleidung, die gezeigt werden, um dem Rezipienten den Anschein von Expertentum zu vermitteln (vgl. Kap. 2.1.4), deren Frequenz ist jedoch sehr gering. Andererseits werden in der Kosmetikwerbung häufig Fotos von Details zu Inhaltsstoffen und Wirkungsweisen, Vorher-Nachher-Bilder in Bezug auf die Anwendung des Produkts oder Detaildarstellungen und schematische Zeichnungen bestimmter hervorzuhebender Elemente oder von Inhaltsstoffen sowie graphische Darstellungen zur Wirkungsweise des beworbenen Produkts verwendet, welche Produkteigenschaften bzw. die Wirkungsweise des Produkts illustrieren sollen, meist aber nur vage oder ausschnitthafte Zusammenhänge vermitteln (vgl. Janich 2001: 271). Diese Abbildungen tragen einerseits zur Veranschaulichung der Gesamtwerbebotschaft bei und weisen andererseits ein hohes fachliches Assoziationspotential auf, weil sie an wissenschaftliche Darstellungsweisen erinnern (vgl. Janich 1998 a: 180; 2001: 266). Sie werden in der Mehrzahl der Fälle pseudofachlich eingesetzt, um den Eindruck von Wissenschaftlichkeit zu erwecken und die Glaubwürdigkeit des Produkts zu erhöhen, denn sie würden weder wissenschaftlicher Nachprüfung standhalten noch sind sie für den Laien in der Mehrheit der Fälle verständlich.

Da fachliche Bilder in der deutschen und französischen Werbung aus der Produktgattung „Kosmetik“ in recht hoher Frequenz auftreten und der Vermittlung fachlicher Informationen dienen bzw. pseudofachlich zur Inszenierung von Wissenschaftlichkeit eingesetzt werden, stellen sie ein wesentliches Fachlichkeitssignal in der an Laien gerichteten Kosmetikwerbung dar und leisten einen entscheidenden Beitrag zur Konstituierung von Fachlichkeit in der deutschen und französischen Werbung aus dieser Produktkategorie.

5.2.4 Verständlichkeit von Fachlichkeit und Erklärungsstrategien

Auf der kognitiven Ebene wurden die Verständlichkeit (vgl. Kap. 2.6.2.2) seitens des Rezipienten der in den deutschen und französischen Werbeanzeigen verwendeten fachlichen Elemente in der an Laien gerichteten Kosmetikwerbung sowie Erklärungsstrategien (vgl. Kap. 2.6.2.3) untersucht und somit der Bezug zwischen Fachlichkeit in der Werbung und dem Laien hergestellt. In diesem Rahmen geht es nicht um die exakte Erfassung der Verständlichkeit der fachlichen Elemente seitens des laienhaften Rezipienten auf der Grundlage von rezipientenabhängigen Faktoren der Verständlichkeit im soziokulturellen Kontext, die anhand empirischer Befragungen von Laien zu ermitteln wären und über den Rahmen der vorliegenden Arbeit hinausgehen, sondern um die allgemeine Darstellung von Verständlichkeits- und Erklärungsstrategien für fachliche Komponenten auf der Basis der mittels der Analyse der Werbeanzeigen gewonnenen Ergebnisse.

5.2.4.1 Verständlichkeit fachlicher Elemente

Die Verständlichkeit fachlicher Elemente seitens des Laien als Rezipienten wurde auf der sprachlich-textuellen und semiotischen Ebene auf der Grundlage des Analyserasters zur Verständlichkeit und zu Erklärungsstrategien (siehe Anhang) sowie anhand der folgenden Kriterien untersucht:

a) Verständlichkeit auf der sprachlich-textuellen Ebene

- *Verständlichkeit von Termini:* im Kontext für Laien verständlich; nicht verständlich; Erklärung von Termini; keine Erklärung von Termini
- *Erläuterungen zu fachlichen Elementen zur Verständlichkeitssicherung:* Definitionen; Erläuterung in Fußnoten; Erläuterung von Wirkungs- und Funktionsweisen, Abläufen; Erläuterung zur Zusammensetzung bzw. Inhaltsstoffen; allgemeine Erläuterungen, Nennung von Produkteigenschaften
- *Verwendung von Abkürzungen/Kurzwörtern:* Auflösung der verwendeten Abkürzungen; keine Auflösung der verwendeten Abkürzungen

Obwohl in der Kosmetikwerbung viele Termini insbesondere aus den Fachsprachen der Biowissenschaften verwendet werden (vgl. Kap. 5.2.1.1), die fachliche Denotate bzw. Konnotationen zu Fachlichem implizieren, ist die allgemeine Verständlichkeit der fachlichen Elemente auf der sprachlich-textuellen Ebene, d.h. die Erfassung der allgemein bekannten Bedeutung von Fachwörtern über den Kontext, in 60% der deutschen Werbeanzeigen und in 66% der französischen Werbeanzeigen weitgehend gesichert. Bei den verwendeten Fachwörtern handelt es sich zum Teil um transparente Termini (vgl. Kap. 5.2.4.2), die vom Laien im Kontext erschlossen werden können, obgleich er nicht über spezifisches Fachwissen auf einem bestimmten Gebiet verfügt.

Ein weiterer Faktor, der zur Verständlichkeitssicherung seitens des Laien beiträgt, ist der überwiegende Gebrauch von Termini in der Kosmetikwerbung, die fachlich im weiteren Sinne sind und beim laienhaften Rezipienten Konnotationen bzw. Assoziationen zu Fachlichem auslösen (vgl. Kap. 5.2.1.2) und somit vielfach an sein Alltagswissen anknüpfen. Bei Wörtern oder Syntagmen wie beispielsweise *trockene, empfindliche Haut / peau sèche et sensible, Zellerneuerung / régénération cellulaire, Antifaltencreme / soin anti-rides* handelt es sich zwar um Fachwörter aus Bereichen wie Medizin, Biologie und Kosmetik/ Pharmazie, die überwiegend fachlich im weiteren Sinne sind, diese sind dem Laien jedoch aufgrund seiner Alltagserfahrungen im allgemeinen bekannt und werden folglich im Kontext vom ihm verstanden. Dennoch ist der Anteil an Fachtermini, die nur zum Teil bzw. nicht verständlich sind oder vom Laien nicht richtig in den systematischen Verstehenshintergrund eingeordnet werden können, aufgrund der relativ hohen Frequenz von Termini, die fachlich im engeren Sinne sind, fachliche Denotate implizieren und auf der Ebene der Fachmann-Fachmann-Kommunikation gebraucht werden (vgl. Kap. 5.2.1.2), in den deutschen und französischen Werbeanzeigen vergleichsweise hoch.

Die Tatsache, daß in der Kosmetikwerbung meist keine hundertprozentige Verständlichkeit der fachlichen Elemente seitens des laienhaften Rezipienten angestrebt wird, sondern daß sie einerseits auf die Erfassung der allgemeinen Werbebotschaft ohne eine detaillierte Erklärung aller fachlichen Elemente und andererseits auf die Inszenierung von Wissenschaftlichkeit abzielt (vgl. Kap. 5.2.5), manifestiert sich in dem geringen Anteil der deutschen Werbeanzeigen (18%) und der französischen Werbeanzeigen (12%), in denen Termini explizit erklärt werden. Mehrheitlich werden stattdessen allgemeine Erläuterungen zu Wirkungsweisen, Inhaltsstoffen, etc. gegeben.

In den analysierten deutschen und französischen Werbeanzeigen aus der Produktgattung „Kosmetik“ finden folgende Formen von Erläuterungen zu fachlichen Elementen und Inhalten auf der sprachlich-textuellen Ebene zur Verständlichkeitssicherung Anwendung: Explizite Definitionen zu Fachtermini werden in keiner deutschen Werbeanzeige und in nur einer französischen Werbeanzeige gegeben. Relativ häufig hingegen treten Erläuterungen in Fußnoten mit einem Anteil von 48% in den deutschen und in den französischen Werbeanzeigen auf. In der Kosmetikwerbung wird ein Element des wissenschaftlichen Apparats, die Fußnote mit Asteriskus, besonders häufig verwendet (vgl. Kap. 5.2.2.2). In Fußnoten werden meist Erläuterungen zu Anwendungstests der beworbenen Produkte gegeben oder Testergebnisse präsentiert. Diese dienen aber nicht der Erklärung fachlicher Inhalte, da die Ergebnisse ohne fachlichen Kontext dargeboten und nicht erläutert werden, sondern inszenieren auf der formalen Ebene eine Form von Fachlichkeit bzw. Wissenschaftlichkeit.

Die dominierende Form der Erläuterung von fachlichen Elementen auf der sprachlich-textuellen Ebene stellt mit fast gleich hohen Anteilen in den deutschen Werbeanzeigen (96%) und in den französischen Werbeanzeigen (98%) die Erläuterung von Wirkungs- bzw. Funktionsweisen oder Abläufen dar. In der Kosmetikwerbung wird die Wirkungsweise des beworbenen Produkts sehr oft allgemein beschrieben. Dazu werden auch Fachtermini verwendet, die im Kontext jedoch so gebraucht werden, daß sie über diesen meist vom Laien erschlossen werden können und die beschriebene Wirkungsweise in ihrer Gesamtheit von ihm verstanden wird. Derartige Erläuterungen sind vielfach so konzipiert, daß der Rezipient aufgrund der Verknüpfung von Ursache, dem Kaufgrund des beworbenen Produkts, und Wirkung, dem Produkt, daraus logische Schlüsse ziehen kann (vgl. Janich 1998 a: 208). Außerdem werden häufig Inhaltsstoffe eines Produkts genannt oder allgemeine Erläuterungen zu dessen Zusammensetzung gegeben. Zur Angabe von Inhaltsstoffen werden meist Fachtermini aus den Bereichen Pharmazie oder Biochemie wie beispielsweise *Urea/urée, Co-Enzym/ co-enzyme* oder *Vitamin/vitamine* verwendet, die nicht explizit erklärt werden, sondern deren Wirkungsweise meist allgemein, für den Laien verständlich erläutert wird. Die Beschreibung von Aufbau bzw. Zusammensetzung des beworbenen Produkts oder die Nennung von Inhaltsstoffen erfolgt in 82% der deutschen und der französischen Werbeanzeigen. Ein weiteres Mittel, das zur Verständlichkeitssicherung von fachlichen Elementen auf der sprachlich-textuellen Ebene eingesetzt wird, ist die Verwendung allgemeiner Erläuterungen und die Nennung von Produkteigenschaften. Mittels dieser Form der Erläuterung werden fachliche Elemente in den Kontext so eingebettet, daß sie vom Laien einfacher erschlossen werden können. Derartige Erläuterungen knüpfen oft an sein Alltagswissen und seine Erfahrungen an. Ein sehr hoher Anteil von 96% der deutschen Werbeanzeigen und alle analysierten französischen Werbeanzeigen aus der Produktgattung „Kosmetik" beinhalten allgemeine Erläuterungen oder Beschreibungen zu Produkteigenschaften, die häufig fachsprachliche Elemente enthalten aber dennoch aufgrund ihrer erläuternden und kontexteinbettenden Funktion einen wichtigen Beitrag zur Verständlichkeitssicherung seitens des Laien leisten.

Abkürzungen werden in 24% der deutschen Werbeanzeigen und einem fast doppelt so hohen Anteil von 42% der französischen Werbeanzeigen benutzt. Eine Auflösung der verwendeten Abkürzungen erfolgt nur in einem sehr geringen Anteil von 4% der deutschen Werbeanzeigen und von 8% der französischen Werbeanzeigen. Dennoch ist die Verständlichkeit seitens des Laien hinsichtlich der verwendeten Abkürzungen mehrheitlich gesichert, da es sich meist um allgemein gebräuchliche Abkürzungen und Maßeinheiten wie *UV* oder *ml* handelt, die keiner gesonderten Erläuterung oder der Auflösung bedürfen.

Zusammenfassend ist hinsichtlich der Verständlichkeit von fachlichen Elementen in der Kosmetikwerbung und der Formen der Erläuterung zur Verständlichkeitssicherung seitens des Laien auf der sprachlich-textuellen Ebene festzustellen, daß in der deutschen und französischen Werbung gleiche Formen der Erläuterung fachlicher Elemente Anwendung finden und die Verständlichkeit seitens des laienhaften Rezipienten auf ähnliche Art und Weise gewährleistet wird. Sowohl in der deutschen als auch in der französischen Kosmetikwerbung erfolgt die Verständlichkeitssicherung insbesondere auf der Grundlage allgemeiner Erläuterungen zu Funktions- und Wirkungsweisen, Inhaltsstoffen sowie allgemeiner Beschreibungen von Produkteigenschaften. Explizite Erklärungen zu Termini werden hingegen nur in einem geringen Maße gegeben. Die Verständlichkeit wird auf der sprachlich-textuellen Ebene in den deutschen und französischen Werbeanzeigen über den Kontext und erläuternde Elemente zu fachlichen Komponenten in einem recht hohen Maße gesichert, so daß fachliche Elemente in ihrer Gesamtheit, d.h. die allgemeine Werbebotschaft, sowohl in der deutschen als auch in der französischen Kosmetikerbung vom Laien im allgemeinen verstanden werden. Die genaue, vollkommene Verständlichkeit jedes einzelnen verwendeten fachlichen Elements auf der sprachlich-textuellen Ebene ist jedoch nicht gewährleistet und ist im Rahmen des Erreichens der Intentionen der Kosmetikwerbung von untergeordneter Bedeutung.

b) Verständlichkeit auf der semiotischen Ebene

In 48% der deutschen Werbeanzeigen und in 30% der französischen Werbeanzeigen werden fachliche Bilder in der Kosmetikwerbung eingesetzt (vgl. Kap. 5.2.3). Fachliche Bilder, Diagramme und Tabellen, die für den Laien allgemein verständlich sind, treten in 38% der deutschen Werbeanzeigen und in 28% der französischen Werbeanzeigen auf. Die verwendeten fachlichen Bilder sind häufig nur mit Hilfe von Bildunterschriften und Erläuterungen im Fließtext für den Laien verständlich. Bildunterschriften oder Erläuterungen zu fachlichen Bildern werden in einem Anteil von 42% der deutschen Werbeanzeigen gegeben, dem in den französischen Werbeanzeigen ein Anteil von 26% an Bildunterschriften und Erläuterungen gegenübersteht. Trotz der höheren Frequenz erläuternder Bildunterschriften in der deutschen Kosmetikwerbung, die sich unter anderem aus der höheren Anzahl fachlicher Bilder in den deutschen Werbeanzeigen ergibt, ist der Anteil der nicht verständlichen fachlichen Bilder in der deutschen Kosmetikwerbung höher als in der französischen Werbung. Die Diskrepanzen hinsichtlich der Verständlichkeit fachlicher Bilder in der deutschen und französischen Kosmetikwerbung resultieren aus der unterschiedlichen Frequenz fachlicher Bilder in den deutschen und französischen Werbeanzeigen (s.o.; vgl. Kap. 5.2.3). Insgesamt ist die Verständlichkeit fachlicher Bilder in der französischen Kosmetikwerbung in einem höheren Maße gesichert als in der deutschen Werbung.

Semiotische Elemente wie Symbole und Pfeile (vgl. Kap. 5.2.3) tragen zur besseren Verständlichkeit fachlicher Zusammenhänge bei, weil mit ihrer Hilfe fachliche Aspekte in Anlehnung an die Alltagswelt des Laien so erläutert oder hervorgehoben werden, daß sie von ihm im Kontext leichter erschlossen werden können. Ein weiterer Faktor, der auch bei der Textverständlichkeit wissenschaftlicher Texte eine Rolle spielt (vgl. Kap. 2.6.2.1), findet in der Werbung ebenfalls häufig Anwendung. Die graphische Hervorhebung wichtiger Informationen läßt sich in vielen Werbeanzeigen nachweisen. Damit wird dem Rezipienten die Informationsaufnahme erleichtert, weil wichtige Elemente so dargestellt sind (meist durch Fettdruck oder farbliche Kennzeichnung), daß er diese auf den ersten Blick erfassen kann.

Die verwendeten fachlichen Bilder und andere semiotische Elemente dienen einerseits der Illustration komplexer fachlicher Sachverhalte und der Verständlichkeitssicherung, sind jedoch andererseits für den Laien nur teilweise oder nicht verständlich, weil er nicht in den entsprechenden, zur Erfassung komplexer fachlicher Sachverhalte notwendigen Wissenskontext eingebettet ist, und werden mehrheitlich eingesetzt, um die Glaubwürdigkeit des beworbenen Produkts zu erhöhen und Wissenschaftlichkeit zu inszenieren (vgl. Kap. 5.2.3).

Aufgrund der hohen Frequenz fachlicher Elemente auf der sprachlich-textuellen und semiotischen Ebene in den deutschen und französischen Werbeanzeigen ist in der Kosmetikwerbung ein recht hohes Maß an verständlichkeitssichernden Komponenten erforderlich, um die Verständlichkeit der fachlichen Elemente seitens des Laien zu gewährleisten. Auf der sprachlich-textuellen Ebene werden zahlreiche Fachtermini verwendet, die fachlich im weiteren Sinne sind und somit vielfach vom Laien im Kontext erschlossen werden können. Die Verständlichkeit von Termini, die fachlich im engeren Sinne sind, wird oftmals mit Hilfe verschiedener Formen von Erläuterungen zu Wirkungs- und Funktionsweisen und Inhaltsstoffen sowie Beschreibungen von Produkteigenschaften zu sichern versucht, so daß die fachlichen Komponenten an das Alltagswissen des Laien anknüpfen und vom laienhaften Rezipienten im Kontext vor einem vorgegebenen Verstehenshintergrund meist entsprechend erfaßt werden können. Explizite Erklärungen oder Definitionen zu Fachtermini werden nur selten gegeben, da in der Kosmetikwerbung die Erfassung der Gesamtwerbebotschaft angestrebt wird, eine detaillierte Verständlichkeitssicherung aller fachlichen Elemente hingegen von geringer Bedeutung ist. Die Verständlichkeit auf der semiotischen Ebene in Bezug auf fachliche Bilder, die häufig mittels erläuternder Bildunterschriften und textintegrierter Erklärungen gesichert wird, ist insgesamt in einem etwas höheren Maße gewährleistet als die Verständlichkeit auf der sprachlich-textuellen Ebene. Sprachlich-textuelle Komponenten werden jedoch aufgrund ihrer Kontexteinbettung und der Anbindung an das Alltagswissen des Laien meist leichter im Zusammenhang verstanden. Fachliche Bilder, in denen abstrakte fachliche Inhalte dargestellt werden und deren Verstehen häufig einen spezifischen, fachsystematischen Wissenshintergrund voraussetzt, bedürfen oft sprachlich-textueller Erklärungen. Die Faktoren der Aufmerksamkeitserregung und der Evokation von Wissenschaftlichkeit spielen in der Werbung eine wichtigere Rolle als die Verständlichkeitssicherung seitens des Laien. Fachliche Bilder in der Kosmetikwerbung dienen meist weniger der Illustration fachlicher Inhalte mit dem Ziel der Verständlichkeitssicherung sondern vielmehr der Aufmerksamkeitserregung und der Inszenierung von Fachlichkeit.

In kontrastiver Betrachtung der deutschen und französischen Kosmetikwerbung ist hinsichtlich der Verständlichkeit fachlicher Elemente auf der sprachlich-textuellen und semiotischen Ebene festzustellen, daß in den deutschen und französischen Werbeanzeigen sehr ähnliche Verständlichkeitsstrategien Anwendung finden. Auf der sprachlich-textuellen Ebene erfolgt die Verständlichkeitssicherung sowohl in der deutschen als auch in der französischen Kosmetikwerbung vorrangig mittels allgemeiner Erläuterungen zu den verwendeten fachlichen Elementen, so daß sie vom laienhaften Rezipienten im Kontext mehrheitlich verstanden werden. Auf der semiotischen Ebene werden erläuternde Bildunterschriften sowie semiotische Elemente wie Symbole und Pfeile verwendet, um Bildinhalte zu verdeutlichen. Die Verständlichkeitssicherung auf der Bildebene wird in der französischen Kosmetikwerbung in einem höheren Maße vollzogen als in der deutschen Werbung. Insgesamt ist die Verständlichkeit fachlicher Bilder in der deutschen und französischen Werbung aufgrund des Einsatzes von erläuternden Bildunterschriften in einem etwas höheren Maße gesichert als die Verständlichkeit fachlicher Elemente auf der sprachlich-textuellen Ebene. Fachliche Bilder werden dennoch sowohl in der deutschen als auch in der französischen

sischen Kosmetikwerbung weniger zur verständlichkeitssichernden Illustration fachlicher Aspekte als vielmehr zur Inszenierung von Wissenschaftlichkeit eingesetzt.

5.2.4.2 Erklärungsstrategien

Die in den Werbeanzeigen verwendeten Erklärungsstrategien (vgl. Kap. 2.6.2.3) auf der sprachlich-textuellen und semiotischen Ebene wurden unter folgenden Gesichtspunkten untersucht:

a) Erklärungsstrategien auf der sprachlich-textuellen Ebene

- *anaphorische/kataphorische Erklärung von Fachtermini*
- *Erläuterungen und Definitionen*
- *Übersetzung/Erklärung von Fremdwörtern/Anglizismen*
- *Fußnoten mit Erklärungen*

Aufgrund der relativ geringen Frequenz expliziter Erklärungsstrategien auf der sprachlich-textuellen Ebene in den analysierten deutschen und französischen Werbeanzeigen aus der Produktgattung „Kosmetik“ (vgl. Kap. 5.2.4.1) ist die Varianz der verwendeten Strategien zur Explikation von Fachtermini in der Werbung aus dieser Produktkategorie auch nicht sehr groß. In einem sehr geringen Anteil von 6% der deutschen Werbeanzeigen und von 4% der französischen Werbeanzeigen werden Fachtermini anaphorisch erklärt. Kataphorische Erklärungen von Fachwörtern treten in den deutschen Werbeanzeigen nicht auf, werden hingegen in 8% der französischen Werbeanzeigen gegeben. Weitaus häufiger erfolgt die Explikation von Termini mittels erklärender, zum Teil definitorischer Erläuterungen. Dies ist in 20% der deutschen und der französischen Werbeanzeigen der Fall. Unterschiede ergeben sich für die deutsche und französische Kosmetikwerbung hinsichtlich der Erklärung von Fremdwörtern und der Übersetzung von Anglizismen. Obwohl die Frequenz fremdsprachlicher Konstituenten in den deutschen und französischen Werbeanzeigen ähnlich hoch ist (vgl. Kap. 5.2.1.2), ist der Anteil an Erklärungen bzw. Übersetzungen von Fremdwörtern und Anglizismen mit 36% in der deutschen Kosmetikwerbung doppelt so hoch wie in der französischen Werbung (Anteil von 18%). Zusätzliche explizite Erklärungen zu fachlichen Aspekten in Fußnoten werden in 2% der deutschen Werbeanzeigen und in einem höheren Anteil von 8% der französischen Werbeanzeigen gegeben.

Auf der sprachlich-textuellen Ebene finden in der deutschen und französischen Kosmetikwerbung ähnliche Erklärungsstrategien in vergleichbarer Frequenz Anwendung. Der Anteil an anaphorischen und kataphorischen Erklärungen von Fachtermini ist insgesamt sehr gering. Kataphorisch werden Termini in den französischen Werbeanzeigen häufiger erklärt als in den deutschen Werbeanzeigen. Erklärende Erläuterungen werden sowohl in den deutschen als auch in den französischen Werbeanzeigen relativ oft gegeben. Unterschiede bestehen hinsichtlich der Erklärung von Fremdwörtern bzw. der Übersetzung von Anglizismen, deren Anteil in der deutschen Kosmetikwerbung doppelt so hoch wie in der französischen Werbung sowie hinsichtlich der Frequenz von Fußnoten mit expliziten Erklärungen zu fachlichen Elementen, deren Anteil in den französischen Werbeanzeigen höher ist als in den deutschen Werbeanzeigen.

b) Erklärungsstrategien auf der semiotischen Ebene

- *fachliche Bilder mit Bildunterschriften/Erläuterungen*
- *Bilder zur Illustration von Inhaltsstoffen, Wirkungsweisen, etc.*
- *Tabellen, Diagramme zur Illustration von Inhaltsstoffen, Wirkungsweisen*

Auf der semiotischen Ebene erfolgt die Explikation fachlicher Inhalte unter anderem mittels fachlicher Bilder mit erläuternden Bildunterschriften (vgl. Abb. 10 und Abb. 11), deren Frequenz aufgrund des höheren Anteils an fachlichen Bildern in der deutschen Kosmetikwerbung dort höher ist als in der französischen Werbung (vgl. Kap. 5.2.4.1). Außerdem werden fachliche Aspekte häufig in Bildern von Wirkungsweisen, Inhaltsstoffen, etc. der beworbenen Produkte oder in Tabellen bzw. Diagrammen veranschaulicht, so daß der laienhafte Rezipient eine Vorstellung von den komplexen, fachlichen Sachverhalten erhält und diese leichter verstehen kann. Bilder zur Illustration von Wirkungsweisen, Inhaltsstoffen, etc. werden in einem wesentlich höheren Anteil von 70% der deutschen

Werbeanzeigen eingesetzt. In der französischen Kosmetikwerbung werden illustrierende Bilder zur Explikation auf der semiotischen Ebene hingegen nur in einem Anteil von 46% der analysierten Werbeanzeigen verwendet. In den französischen Werbeanzeigen finden wesentlich mehr Tabellen und Diagramme zur Illustration von Wirkungsweisen oder Inhaltsstoffen (Anteil von 14%) Anwendung als dies in den deutschen Werbeanzeigen (Anteil von 4%) der Fall ist.

Abb. 10: Deutsche Werbeanzeige mit Erklärungsstrategien auf Text- und Bildebene (w55kos)

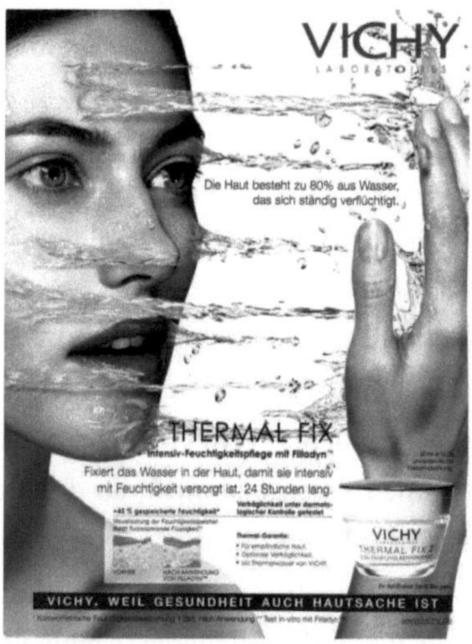

Abb. 11: Deutsche Werbeanzeige mit Erklärungsstrategien auf Text- und Bildebene (w37kos)

In kontrastiver Betrachtung ist hinsichtlich der Erklärungsstrategien auf der Bildebene in der deutschen und französischen Kosmetikwerbung festzustellen, daß ähnliche Tendenzen bestehen. In den deutschen Werbeanzeigen werden insgesamt häufiger illustrierende Bilder von Wirkungsweisen, Inhaltsstoffen, etc. eingesetzt, während in den französischen Werbeanzeigen öfter Tabellen oder Diagramme zur Illustration fachlicher Aspekte verwendet werden.

Gesamtheitlich gesehen finden sowohl in der deutschen als auch in der französischen Kosmetikwerbung mehr Erklärungsstrategien auf der semiotischen Ebene als explizite Erklärungsstrategien auf der sprachlich-textuellen Ebene zur Explikation fachlicher Aspekte mit dem Ziel der Verständlichkeitssicherung seitens des Laien Anwendung, das jedoch nur zum Teil erreicht werden kann (vgl. Kap. 5.2.4.1). Semiotische Erklärungsstrategien werden häufiger eingesetzt als sprachlich-textuelle Formen der Explikation, weil Bilder mit ihrer illustrierenden Funktion vom Rezipienten im allgemeinen schneller und leichter erfaßt und verarbeitet werden als sprachlich-textuelle Informationen und somit einen wichtigen Beitrag zur Verständlichkeitssicherung seitens des Laien leisten.

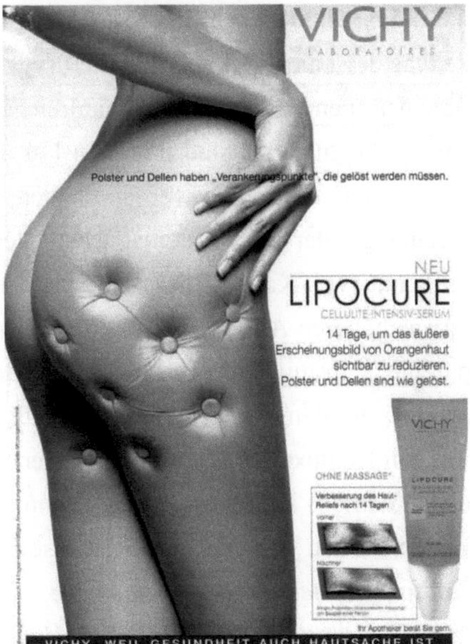

Abb. 12: Deutsche Werbeanzeige mit fachlichem Bild (w26kos)

c) Fachmann-Laie-Gefälle und Popularisierung von Fachlichkeit

- *Textebene:* Signalkraft, Selbstevidenz von Termini
- *Bildebene:* Text-Bild-Beziehung (Bildunterschriften zur Erläuterung fachlicher Bilder)
- *keine Verwendung von Erklärungsstrategien; keine Verständlichkeitssicherung*

Wichtige Aspekte bei der Analyse der Verständlichkeit von Fachlichkeit in der Werbung für Laien sowie der Explikation in Text und Bild stellen das Fachmann-Laie-Gefälle und die Popularisierung von Fachlichkeit auf der sprachlich-textuellen und semiotischen Ebene dar, die ihren Ausdruck in Verständlichkeits- und Erklärungsstrategien (vgl. Kap. 2.6.2.2 sowie Kap. 2.6.2.3) findet.

Die Popularisierung von Fachlichkeit manifestiert sich auf der sprachlich-textuellen Ebene unter anderem in der Signalkraft und Selbstevidenz von Termini. In der deutschen und französischen Kosmetikwerbung werden viele Termini verwendet, die Fachlichkeit signalisieren. Die Transparenz und Selbstevidenz von Termini im Kontext ist nicht sehr hoch. Dennoch ist die Verständlichkeit der Fachwörter seitens des Laien vielfach gesichert (vgl. Kap. 5.2.4.1), da in den deutschen und französischen Werbeanzeigen zahlreiche Termini gebraucht werden, die fachlich im weiteren Sinne sind und dem Laien allgemein bekannt sind bzw. im Kontext von ihm erschlossen werden können, obgleich er oftmals nicht die präzise Bedeutung oder den systematischen Verstehenshintergrund derartiger Fachtermini kennt (vgl. Kap. 5.2.1.2). In 22% der deutschen Werbeanzeigen und einem etwas höheren Anteil von 32% der französischen Werbeanzeigen werden transparente, selbstevidente Termini verwendet. Dabei handelt es sich meist um Fachwörter, die dem Laien aufgrund seiner Alltagserfahrungen bekannt sind oder so in den Kontext der Werbung integriert sind, daß er sie aufgrund seines allgemeinen Wissens häufig erschließen kann und sie nicht zusätzlich erklärt werden müssen. Dazu gehören beispielsweise Syntagmen wie *Verträglichkeit dermatologisch getestet / efficacité constatée sous contrôle dermatologique, klinischer Test / test clinique, sonnenbedingte Hautalterung / vieillissement solaire* oder *Cellulite bekämpfen / attaquer la cellulite.*

Ein weiteres Mittel zur Popularisierung von Fachlichkeit und zur Verringerung des Fachmann-Laie-Gefälles, das in der Kosmetikwerbung Anwendung findet, sind Sprachspiele wie Metaphern, Vergleiche oder Personifizierungen sowie Analogiebildungen (vgl. Kap. 2.6.2.3 sowie Kap. 5.2.2.2), mit deren Hilfe schwer verständliche, komplexe fachliche Sachverhalte veranschaulicht werden können. Von diesem Mittel wird in den deutschen Werbeanzeigen häufiger Gebrauch gemacht als in den französischen Werbeanzeigen (vgl. Kap. 5.2.2.2). Insgesamt erfolgt jedoch in der französischen Kosmetikwerbung mit einem Anteil von 16% ein höheres Maß an Popularisierung von Fachlichkeit auf der sprachlich-textuellen Ebene, die sich beispielsweise in der Selbstevidenz von Termini, einer kohärenten Textstruktur oder der Verwendung illustrierender Sprachspiele manifestiert, als in der deutschen Werbung (Anteil von 10%).

Auf der semiotischen Ebene wird die Popularisierung von Fachlichkeit ebenfalls in der französischen Kosmetikwerbung mit einem Anteil von 18% in einem höheren Maße vollzogen als in der deutschen Werbung (Anteil von 10%). Die Verständlichkeit fachlicher Bilder ist in den französischen Werbeanzeigen in einem höheren Maße gesichert als in den deutschen Werbeanzeigen (vgl. Kap. 5.2.4.1), und es werden mehr erläuternde Bildunterschriften zu fachlichen Bildern, Abbildungen und andere semiotische Elemente zur Illustration fachlicher Aspekte eingesetzt, die stärker am laienhaften Rezipienten ausgerichtet und so gestaltet sind, daß sie für ihn leichter verständlich sind.

Trotz der hohen Frequenz fachlicher Elemente und der relativ geringen Selbstevidenz von Termini werden in der Mehrheit der deutschen Werbeanzeigen (Anteil von 58%) und der französischen Werbeanzeigen (Anteil von 66%) keine expliziten Erklärungsstrategien verwendet. Dennoch ist die Verständlichkeit fachlicher Komponenten und Inhalte in ihrer Gesamtheit in Bezug auf die Gesamtwerbebotschaft in einem Großteil der deutschen und französischen Kosmetikwerbung gesichert. Keine Verständlichkeitssicherung erfolgt in 28% der deutschen Werbeanzeigen und in 24% der französischen Werbeanzeigen. Die Verständlichkeit fachlicher Elemente seitens des Laien wird in der deutschen und französischen Kosmetikwerbung nicht vorrangig mittels expliziter Erklärungsstrategien gewährleistet, sondern sowohl auf der sprachlich-textuellen Ebene als auch auf der semiotischen Ebene insbesondere mittels Erläuterungen und Illustrationen zu fachlichen Inhalten herbeigeführt.

Da in der Kosmetikwerbung fachliche Elemente in hoher Frequenz auftreten, mit deren Hilfe unter anderem fachliche Inhalte übermittelt werden sollen, die vom Laien aber nicht in allen Fällen verstanden werden – dies wird aufgrund der Pseudofachlichkeit und Inszenierung von Wissenschaftlichkeit in der Kosmetikwerbung auch gar nicht angestrebt – besteht ein relativ großes Fachmann-Laie-Gefälle, das mittels Erklärungsstrategien auf der sprachlich-textuellen und semiotischen Ebene (vgl. Abb. 13) nur zum Teil kompensiert werden kann. Folglich wird die Popularisierung von Fachlichkeit in der Werbung aus dieser Produktkategorie nur in einem begrenzten Maße vollzogen, und eine vollständige Verständlichkeitssicherung seitens des Laien ist nicht gegeben.

Abb. 13: Französische Werbeanzeige mit Erklärungsstrategien auf Text- und Bildebene (w69kos)

Zusammenfassend ist hinsichtlich der Verwendung von Erklärungsstrategien für fachliche Elemente auf der sprachlich-textuellen und semiotischen Ebene für die deutsche und französische Kosmetikwerbung Folgendes festzustellen: Auf der sprachlich-textuellen Ebene finden in den deutschen und französischen Werbeanzeigen ähnliche Formen der Explikation Anwendung, deren Anteil insgesamt relativ gering ist. Unterschiede bestehen hinsichtlich der Erklärung von Fremdwörtern bzw. der Übersetzung von Anglizismen sowie in Bezug auf die Verwendung von Fußnoten mit expliziten Erklärungen. Im Hinblick auf Erklärungsstrategien auf der semiotischen Ebene, deren Anteil höher ist als jener der sprachlich-textuellen Formen der Explikation, werden in der deutschen Kosmetikwerbung häufiger illustrierende Bilder zu Wirkungsweisen und Inhaltsstoffen der beworbenen Produkte verwendet, während in der französischen Werbung mehr Tabellen und Diagramme zur Veranschaulichung fachlicher Aspekte eingesetzt werden.

Sowohl in der deutschen als auch in der französischen Kosmetikwerbung finden in der Mehrheit der Werbeanzeigen keine expliziten Erklärungsstrategien Anwendung, sondern die Verständlichkeit wird vornehmlich mittels Erläuterungen und Illustrationen auf der sprachlich-textuellen und semiotischen Ebene gewährleistet. Relativ gering ist der Anteil der deutschen und französischen Werbeanzeigen, in denen keine Verständlichkeitssicherung seitens des Laien erfolgt.

Eine Popularisierung von Fachlichkeit wird in der französischen Kosmetikwerbung auf der sprachlich-textuellen und semiotischen Ebene mittels der oben dargestellten Strategien in einem stärkeren Maße vollzogen als in der deutschen Werbung. Ingesamt ist das Fachmann-Laie-Gefälle sowohl in der deutschen als auch in der französischen Kosmetikwerbung relativ groß und kann mit Hilfe von Erklärungsstrategien in Text und Bild nur teilweise kompensiert werden, so daß eine Popularisierung von Fachlichkeit nur in einem relativ geringen Maße erzielt wird und die Verständlichkeit fachlicher Elemente seitens des Laien nicht in vollem Umfang gewährleistet ist.

5.2.4.3 Selektion von Rezipienten

Obwohl in der deutschen und französischen Kosmetikwerbung, die sich an Laien richtet, zahlreiche fachliche Elemente insbesondere aus den Biowissenschaften verwendet werden, orientiert sie sich nicht an Experten aus diesen

Fachbereichen. Denn einerseits spielt die Erfassung der Gesamtbotschaft in der Werbung aus dieser Produktkategorie eine wesentlich wichtigere Rolle als die exakte Verständlichkeit jeder einzelnen fachlichen Komponente, und andererseits wird mit dem Gebrauch fachlicher Elemente die Inszenierung von Wissenschaftlichkeit zum Zweck der Erhöhung der Glaubwürdigkeit der beworbenen Produkte seitens des Rezipienten angestrebt. Die Frequenz fachlicher Elemente auf der sprachlich-textuellen und semiotischen Ebene in den Werbeanzeigen richtet sich stark nach der Werbeintention. In der Kosmetikwerbung findet das Prinzip der „Werbenden Fachlichkeit" (vgl. Kap. 2.1.4) in besonderem Maße Anwendung. Werbeanzeigen für Kosmetikprodukte mit einem hohen Fachlichkeitsgrad sind meist an einen allgemeinen Adressatenkreis von Laien gerichtet und setzen beim Rezipienten kein fachliches Vorwissen voraus, weil eine tiefergehende Verständlichkeit nicht angestrebt wird. Die hohe Fachlichkeit übernimmt eine Prestigefunktion zur Erhöhung der Glaubwürdigkeit. Diese kann um so erfolgreicher umgesetzt werden, je geringer der Anteil der Rezipienten ist, welche die fachlichen Inhalte der Werbeanzeigen wirklich verstehen (vgl. Janich 2001: 268).

Dennoch wird in der deutschen und französischen Kosmetikwerbung eine gewisse Selektion bestimmter Rezipienten (vgl. Kap. 2.6.1) vorgenommen. Die Kosmetikwerbung, die sich in erster Linie an Frauen als Rezipientinnen richtet, ist hinsichtlich des Gebrauchs fachlicher Elemente so gestaltet, daß sich insbesondere Frauen, die sich mit ihrer Körperpflege meist intensiver beschäftigen als Männer und oft über ein umfangreicheres Wissen auf diesem Gebiet verfügen, das ihnen beispielsweise in zahlreichen Frauenzeitschriften vermittelt wird, stärker davon angesprochen fühlen. Sie können oftmals die darin verwendeten fachlichen Elemente aus den dargestellten Gründen leichter erschließen, da diese häufig an ihre Alltagserfahrungen und ihr allgemeines Wissen anknüpfen.

Insgesamt betrachtet zielt die deutsche und französische Kosmetikwerbung trotz der hohen Frequenz fachlicher Elemente auf der sprachlich-textuellen und semiotischen Ebene und des relativ großen Fachmann-Laie-Gefälles, das sich in der Verwendung von recht wenigen Erklärungs- und Verständlichkeitsstrategien und dem relativ geringen Grad der Popularisierung von Fachlichkeit manifestiert und in einer nicht vollständigen Verständlichkeitssicherung aller fachlichen Komponenten seitens des Laien resultiert, jedoch nicht auf die Selektion bestimmter Rezipienten ab, die über spezifisches Fachwissen verfügen. Vielmehr richtet sie sich aus den oben genannten Gründen bezüglich der „Werbenden Fachlichkeit“ (vgl. Kap 2.1.4) – die Hauptintention der Kosmetikwerbung besteht in der Inszenierung von Wissenschaftlichkeit – an einen allgemeinen Kreis von laienhaften Rezipienten.

5.2.5 Fachlichkeitsgrad und Fachlichkeitskonzept

In diesem Kapitel wird der Fachlichkeitsgrad der untersuchten deutschen und französischen Werbeanzeigen zusammenfassend statistisch betrachtet und ausgewertet und das Fachlichkeitskonzept der Kosmetikwerbung dargestellt. Damit wird der Bezug zwischen Fachlichkeit und Werbung im Sinne von Fachlichkeit in der Werbung für Laien hergestellt.

5.2.5.1 Frequenz fachlicher Elemente und Fachlichkeitsgrad

Zur Bestimmung des Fachlichkeitsgrads der analysierten deutschen und französischen Werbeanzeigen wurde zunächst die Frequenz fachlicher Elemente zusammenfassend ermittelt, auf deren Basis anschließend der Anteil der Fachlichkeit in den untersuchten Werbeanzeigen determiniert wurde. Da eine detaillierte Aufstellung der statistisch exakten Frequenz der fachlichen Komponenten im Rahmen der vorliegenden Arbeit von untergeordneter Bedeutung ist und sich daraus keine für die Untersuchung der Fachlichkeit in der Werbung für Laien relevanten Schlußfolgerungen ableiten lassen, wurden nicht alle vorkommenden Fachtermini einzeln hinsichtlich ihrer Frequenz erfaßt, sondern in Tabelle 4 werden repräsentative Beispiele für Fachtermini mit hoher Frequenz aufgeführt und im Anschluß daran der statistisch ermittelte Fachlichkeitsgrad der analysierten deutschen und französischen Werbeanzeigen ganzheitlich vorgestellt.

Tabelle 4: Beispiele für Fachtermini mit hoher Frequenz in der Kosmetikwerbung

Terminus	fachlich i.e.S.	fachlich i.w.S.	pseudo-fachlich
Creme (Hautcreme, Antifaltencreme); crème (crème jour)		x	
dermatologisch getestet; testé dermatologiquement		x	
Haar (strapaziertes Haar); cheveux (cheveux secs)		x	
Haut (empfindliche, trockene Haut); peau (peau sensible)		x	
Kollagen (Kollagenabbau); collagène (production de collagène)	x		
Serum (Anti-Falten-Serum); sérum (sérum correcteur rides)	x		x
Teint (frischer Teint); teint (teint lumineux)		x	x
Verbrauchertest/Anwendungstest; test d'usage/ test consommatrices		x	
Vitamin, vitamine	x		
Wirkstoffkomplex; complexe actif		x	x

Zur Ermittlung des Fachlichkeitsgrads der deutschen und französischen Werbeanzeigen wurde folgende Unterteilung in Abstufungen der Fachlichkeit vorgenommen:

- *nicht fachlich; fachlich*
- *sehr geringer Fachlichkeitsgrad*
- *geringer bis mittlerer Fachlichkeitsgrad*
- *mittlerer bis hoher Fachlichkeitsgrad*
- *sehr hoher Fachlichkeitsgrad*

Der Fachlichkeitsgrad der analysierten deutschen und französischen Werbeanzeigen wurde auf der sprachlich-textuellen Ebene auf der Basis der Semantik der fachlichen Elemente (vgl. Kap. 5.2.1.2) sowie anhand der verwendeten fachlichen Bilder (vgl. Kap. 5.2.3) und anderer fachlicher Komponenten ermittelt.

Sowohl die deutsche als auch die französische Kosmetikwerbung zeichnet sich insgesamt durch eine sehr hohe Frequenz fachlicher Elemente aus. 94% der deutschen Werbeanzeigen und 98% der französischen Werbeanzeigen enthalten fachliche Komponenten. Der Fachlichkeitsgrad wird im Folgenden den oben dargestellten Abstufungen der Fachlichkeit zugeordnet. Ein sehr ähnliches Bild ergibt sich hinsichtlich der Anteile der Werbeanzeigen, die einen sehr geringen Fachlichkeitsgrad aufweisen. 24% der deutschen und 22% der französischen Werbeanzeigen enthalten sehr wenige fachliche Elemente. Die Mehrheit der deutschen Werbeanzeigen (Anteil von 46%) und der französischen Werbeanzeigen (Anteil von 56%) ist durch einen geringen bis mittleren Fachlichkeitsgrad gekennzeichnet. Ein mittlerer bis hoher Fachlichkeitsgrad wurde für 22% der deutschen Werbeanzeigen und für 16% der französischen Werbeanzeigen ermittelt. Ein sehr geringer Anteil von 2% der deutschen Werbeanzeigen und von 4% der französischen Werbeanzeigen umfaßt ein sehr hohes Maß an fachlichen Elementen.

Zusammenfassend ist hinsichtlich des Fachlichkeitsgrads der deutschen und französischen Kosmetikwerbung festzustellen, daß sowohl die deutschen als auch die französischen Werbeanzeigen eine sehr hohe Frequenz fachlicher Elemente aufweisen (vgl. Abb. 14 und Abb. 15). Insgesamt ist der Anteil der französischen Werbeanzeigen, die fachliche Elemente enthalten, etwas höher als jener der deutschen Werbeanzeigen, so daß daraus ein geringfügig höherer Fachlichkeitsgrad in der französischen Kosmetikwerbung resultiert. Hinsichtlich der Abstufungen der Fachlichkeit bestehen in der deutschen und französischen Kosmetikwerbung relativ ähnliche Tendenzen. Der Anteil der Werbeanzeigen, die einen sehr geringen Fachlichkeitsgrad aufweisen, ist in der deutschen und französischen Werbung fast gleich hoch. Die Mehrheit der deutschen und französischen Werbeanzeigen ist durch einen geringen bis mittleren Fachlichkeitsgrad gekennzeichnet, deren Anteil in der französischen Kosmetikwerbung höher ist als in der deutschen. Hingegen enthalten mehr deutsche als französische Werbeanzeigen ein mittleres bis hohes Maß an fachlichen Elementen. Der Anteil der Werbeanzeigen, die sehr viele fachliche Elemente umfassen, ist in der deutschen und französischen Kosmetikwerbung vergleichbar gering. Gesamtheitlich gesehen rangiert die große Mehrheit der analysierten deutschen und französischen Werbeanzeigen zwischen einem relativ geringen bis recht hohen Fachlichkeitsgrad. Dieser Fachlichkeitsgrad manifestiert sich in der hohen Frequenz sowie in der Semantik der in der deutschen und französischen Kosmetikwerbung verwendeten fachlichen Elemente auf der sprachlich-textuellen und semiotischen Ebene.

Damit läßt sich die Hypothese bestätigen, daß die an Laien gerichtete deutsche und französische Werbung aus der Produktgattung „Kosmetik“ stark fachlich markiert ist, sich durch eine hohe Frequenz fachlicher Komponenten und folglich durch ein hohes Maß an Fachlichkeit auszeichnet, die Mehrheit der verwendeten fachlichen Elemente fachlich im weiteren Sinne ist, beim laienhaften Rezipienten Konnotationen bzw. Assoziationen zu Fachlichem auslöst und somit eine intendierte Integration von Fachlichkeit und Wissenschaftlichkeit in die an der Laien- und Alltagswelt und Gemeinsprache orientierte, an Laien gerichtete Werbung aus dieser Produktkategorie vollzogen wird.

Der hohe Fachlichkeitsgrad der Kosmetikwerbung ist einerseits auf ihre fachspezifischen Inhalte aus den Natur- und Biowissenschaften wie Medizin und Pharmazie zurückzuführen. Andererseits spielt die „Werbende Fachlichkeit“ (vgl. Kap. 2.1.4), die sich in der Pseudofachlichkeit und in einer Inszenierung von Wissenschaftlichkeit manifestiert und in deren Rahmen die Kosmetikwerbung vom Prestige der Biowissenschaften profitiert, eine wichtige Rolle in der Werbung aus dieser Produktkategorie (vgl. Kap. 5.2.5.2), weil sie bestrebt ist, Seriosität zu vermitteln und „eine Atmosphäre solider Wissenschaftlichkeit zu schaffen“ (Janich 1998 a: 171).

Abb. 14: Deutsche Werbeanzeige mit hohem Fachlichkeitsgrad (w30kos)

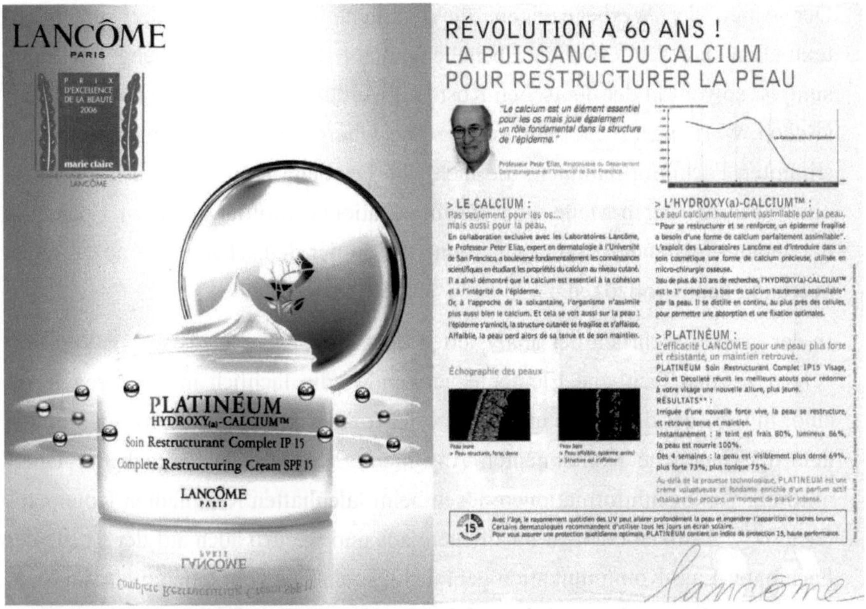

Abb. 15: Französische Werbeanzeige mit sehr hohem Fachlichkeitsgrad (w66kos)

5.2.5.2 Fachlichkeitskonzept

Zur Darstellung des Fachlichkeitskonzepts der Kosmetikwerbung werden zunächst die Semantik der in den deutschen und französischen Werbeanzeigen verwendeten fachlichen Elemente sowie die jeweilige damit verfolgte Intention auf der Grundlage der folgenden Kriterien (vgl. auch Analyseraster siehe Anhang) betrachtet:

- *fachlich im engeren Sinne:* Übermittlung von Fachinformationen; Fachmann-Fachmann-Kommunikation; fachliche Denotate
- *fachlich im weiteren Sinne:* Übermittlung von Sachinformationen; Fachmann-Laie-Kommunikation; Konnotationen/Assoziationen zu Fachlichem; Popularisierung von Fachlichkeit
- *pseudofachlich:* Inszenierung von Wissenschaftlichkeit/Fachlichkeit; Gestaltung von Werbeanzeigen in Form eines redaktionellen Artikels/Eindruck von Wissenschaftlichkeit; Prestige der Wissenschaften/Erhöhung der Glaubwürdigkeit

Der Anteil der Werbeanzeigen, die fachliche Elemente auf der sprachlich-textuellen und semiotischen Ebene enthalten, die fachlich im engeren Sinne sind, ist sowohl in der deutschen Kosmetikwerbung (8%) als auch in der französischen Werbung (10%) sehr gering. Die Übermittlung von für Experten bestimmten Fachinformationen, die fachliche Denotate implizieren, erfolgt nur in einem sehr geringen Maße, und die Informationsvermittlung auf der Ebene der Fachmann-Fachmann-Kommunikation wird in der deutschen und französischen Werbung kaum vollzogen.

In der großen Mehrheit der analysierten deutschen und französischen Werbeanzeigen werden fachliche Elemente verwendet, die fachlich im weiteren Sinne sind. In 92% der deutschen und in 94% der französischen Werbeanzeigen finden derartige fachliche Komponenten Anwendung. Sie dienen vielfach der Übermittlung von Sachinformationen, lösen beim laienhaften Rezipienten Konnotationen bzw. Assoziationen zu Fachlichem aus und werden auch auf der Ebene der Fachmann-Laie-Kommunikation gebraucht, so daß sie vom Laien meist im Kontext verstanden werden (vgl. Kap. 5.2.4.1). Eine zusätzliche Popularisierung von Fachlichkeit im Rahmen der Fachmann-Laie-Kommunikation mit dem Ziel der Übermittlung von Sachinformationen und der verständlichen Darstellung von fachlichen Zusammenhängen wird auf dieser Ebene hingegen nur in 40% der deutschen Werbeanzeigen und in 30% der französischen Werbeanzeigen vollzogen. Im Vergleich des Popularisierungsgrads auf der sprachlich-textuellen und semiotischen Ebene (vgl. Kap. 5.2.4.2) und der in diesem Zusammenhang dargestellten Popularisierung von Fachlichkeit im Rahmen der Fachmann-Laie-Kommunikation entsteht scheinbar ein Widerspruch hinsichtlich der Frequenz popularisierender Elemente in den deutschen und französischen Werbeanzeigen.

Dieser Widerspruch läßt sich damit erklären, daß in der französischen Kosmetikwerbung zwar ein höheres Maß an Popularisierung mit Hilfe sprachlicher und semiotischer Mittel zur Explikation fachlicher Elemente vollzogen wird, in der deutschen Werbung erfolgt die Popularisierung von Fachlichkeit hingegen in einem stärkeren Maße gesamtheitlich durch die Übermittlung von mehr Sachinformationen auf der Ebene der Fachmann-Laie-Kommunikation, die in der französischen Werbung stärker von der Pseudofachlichkeit geprägt ist.

Die Pseudofachlichkeit spielt eine wichtige Rolle in der deutschen und französischen Kosmetikwerbung (vgl. Abb. 16 und Abb. 17). So werden in den Werbeanzeigen insbesondere fachsprachliches Vokabular und vielfach neu geschaffene Termini sowie fachliche Bilder zur Beschreibung bzw. Darstellung wissenschaftlicher Errungenschaften und der Wirkstoffe von Produkten verwendet, so daß die beworbenen Produkte als innovative Ergebnisse wissenschaftlicher Forschung erscheinen. In vielen Fällen handelt es sich dabei nicht um echte Fachtermini oder fachliche Darstellungen, die der Informierung des laienhaften Adressaten dienen, sondern um fachlich wirkende, inszenierte Ausdrücke und Abbildungen, die zum Zweck der Erhöhung der Glaubwürdigkeit in der Werbung verwendet werden (vgl. Gipper 1979: 134). In einem sehr hohen Anteil von 82% der deutschen Werbeanzeigen und in fast allen analysierten französischen Werbeanzeigen (Anteil von 96%) werden fachliche Elemente, die mehrheitlich fachlich im weiteren Sinne sind, pseudofachlich eingesetzt, so daß beim laienhaften Rezipienten der Eindruck erweckt wird, es handele sich um in den Wissenschaften und Fächern gebrauchte fachliche Komponenten. Davon umfassen 68% der deutschen Werbeanzeigen und 78% der französischen Werbeanzeigen außerdem pseudofachliche Elemente in Text und Bild, die mit dem Ziel der Inszenierung von Fachlichkeit verwendet werden.

In diesem Kontext spielen auch die Werbeanzeigen eine Rolle, die in Form eines redaktionellen Artikels gestaltet sind (vgl. Kap. 5.2.2.1) und wissenschaftlichen Fachartikeln ähneln, weil aufgrund einer derartigen Struktur beim laienhaften Rezipienten häufig der Eindruck von Wissenschaftlichkeit erweckt wird. Dieses Mittel zur Schaffung von Pseudofachlichkeit wird in den deutschen Werbeanzeigen (Anteil von 2%) und in den französischen Werbeanzeigen (Anteil von 8%) jedoch recht selten genutzt.

Die inszenierte Fachlichkeit wird in der deutschen und französischen Kosmetikwerbung hauptsächlich mittels der Verwendung von Fachtermini, die jedoch im Kontext vielfach nicht adäquat oder verschleiernd, d.h. ohne eine entsprechende fachsystematische Einbettung gebraucht werden, sowie von scheinbar fachlichen Bildern aufgebaut. In 40% der deutschen Werbeanzeigen und in 48% der französischen Werbeanzeigen wird das Prestige der Wissenschaften ausgenutzt, um die Glaubwürdigkeit der beworbenen Produkte seitens des Rezipienten zu erhöhen.

Abb. 16: Deutsche Werbeanzeige mit pseudofachlichen Elementen (w61kos)

Abb. 17: Französische Werbeanzeige mit pseudofachlichen Elementen (w62kos)

Insgesamt betrachtet werden in der deutschen und französischen Kosmetikwerbung mehrheitlich fachliche Elemente verwendet, die fachlich im weiteren Sinne sind und Konnotationen bzw. Assoziationen zu Fachlichem beim laienhaften Rezipienten auslösen. Diese fachlichen Komponenten dienen jedoch nicht vorrangig der Übermittlung von Sachinformationen, sondern werden im Großteil der analysierten deutschen und französischen Werbeanzeigen pseudofachlich unter Ausnutzung des Prestiges der Wissenschaften zur Inszenierung von Wissenschaftlichkeit mit dem Ziel der Erhöhung der Glaubwürdigkeit der beworbenen Produkte seitens des laienhaften Rezipienten verwendet.

In kontrastiver Betrachtung der deutschen und französischen Kosmetikwerbung ist festzustellen, daß hinsichtlich der Semantik der fachlichen Elemente und der Werbeintentionen im Hinblick auf die Fachlichkeit ähnliche Tendenzen bestehen. Sowohl in den deutschen als auch in den französischen Werbeanzeigen treten nur wenige fachliche Elemente auf, die fachlich im engeren Sinne sind und fachliche Denotate auf der Ebene der Fachmann-Fachmann-Kommunikation implizieren. Elemente, die fachlich im weiteren Sinne sind, Konnotationen zu Fachlichem auslösen und auf der Ebene der Fachmann-Laie Kommunikation gebraucht werden, finden in der deutschen und französischen Kosmetikwerbung in ähnlich hoher Frequenz Anwendung und stellen sowohl in den deutschen als auch in den französischen Werbeanzeigen die dominante Form der Verwendung fachlicher Elemente dar. Der Anteil an fachlichen Komponenten, die in Text und Bild pseudofachlich und zur Inszenierung von Wissenschaftlichkeit eingesetzt werden, sowie folglich auch die Frequenz der fachlichen Elemente, die sich des Prestiges der Wissenschaften bedienen, ist in der französischen Kosmetikwerbung etwas höher als in der deutschen Werbung.

Gesamtheitlich gesehen ist sowohl die deutsche Kosmetikwerbung als auch die französische Werbung aus dieser Produktkategorie einerseits von einem hohen Grad an Fachlichkeit und andererseits von einem hohen Maß an Pseudofachlichkeit zwecks der Inszenierung von Wissenschaftlichkeit und der Ausnutzung des Prestiges der Wissenschaften zur Erhöhung der Glaubwürdigkeit seitens des laienhaften Rezipienten geprägt. Folglich stellt die Fachlichkeit, die sich vornehmlich in Form von Pseudofachlichkeit manifestiert, eine essentielle Komponente der an Laien gerichteten Kosmetikwerbung in Deutschland und Frankreich dar.

Das Fachlichkeitskonzept der Kosmetikwerbung konstituiert sich auf der Grundlage der Faktoren, die im Folgenden für die deutsche und französische Werbung aus dieser Produktgattung kontrastiv dargestellt werden:

- **Frequenz, Distribution und Semantik fachlicher Elemente:**
  Auf der sprachlichen Ebene leistet die sehr hohe Frequenz von Fachtermini sowohl in der deutschen als auch in der französischen Kosmetikwerbung einen entscheidenden Beitrag zur Konstituierung von Fachlichkeit. Die Mehrheit der verwendeten Fachtermini ist fachlich im weiteren Sinne, zum Teil mit fachlichen Denotaten verbunden, größtenteils jedoch an Konnotationen zu Fachlichem seitens des laienhaften Rezipienten geknüpft und wird vorrangig pseudofachlich eingesetzt, so daß viele Fachtermini ihre im fachlichen Kontext eindeutig festgelegte Bedeutung verlieren und nur noch einen scheinbar fachlich-wissenschaftlichen Charakter aufweisen. Die Textsortenkonventionen, die in den Werbeanzeigen auf der makro- und mikrostrukturellen Ebene Anwendung finden, tragen auf unterschiedliche Weise zur Konstituierung von Fachlichkeit bei. Die Makrostruktur der Werbeanzeigen, die hinsichtlich der Textgliederung in den französischen Werbeanzeigen etwas stärker an den Fachtextsortenkonventionen orientiert ist als in den deutschen Werbeanzeigen, ist trotz der Verwendung fachlicher Elemente wie Fußnoten oder zusätzlicher Rahmen mit Erläuterungen so werbespezifisch gestaltet, daß sie nur einen geringen Beitrag zur Konstituierung von Fachlichkeit leistet, da sie sowohl in den deutschen als auch in den französischen Werbeanzeigen kaum an den stringenten Fachtextsortenkonventionen ausgerichtet ist. Die Mikrostruktur der deutschen und französischen Werbeanzeigen ist ebenfalls recht werbespezifisch gestaltet, folgt dennoch aufgrund ihres recht hohen Maßes an Fachlichkeitssignalen stärker den in Fachtexten geltenden Textsortenkonventionen als die Makrostruktur und trägt folglich in einem höheren Maße zur Konstituierung von Fachlichkeit in der an Laien gerichteten deutschen und franzö-

sischen Kosmetikwerbung bei. Auf der semiotischen Ebene wird ebenfalls ein sehr wichtiger Beitrag zur Konstituierung von Fachlichkeit in der Kosmetikwerbung geleistet. Sowohl in den deutschen als auch in den französischen Werbeanzeigen treten fachliche Bilder, die ein wesentliches Fachlichkeitssignal darstellen, in relativ hoher Frequenz auf. Die deutschen Werbeanzeigen weisen einen höheren Anteil an fachlichen Bildern auf als die französischen Werbeanzeigen, so daß sich auf der semiotischen Ebene in der deutschen Kosmetikwerbung ein höheres Maß an Fachlichkeit manifestiert als in der französischen Werbung. Insgesamt wird Fachlichkeit in der deutschen und französischen Kosmetikwerbung sowohl auf der sprachlich-textuellen Ebene, insbesondere mittels Fachtermini, als auch auf der semiotischen Ebene mit Hilfe fachlicher Bilder in gegenseitiger Ergänzung der verwendeten fachlichen Elemente aufgebaut, die in der Werbung aus dieser Produktgattung vorrangig der Inszenierung von Wissenschaftlichkeit dienen.

- **Verständlichkeit von Fachlichkeit und Erklärungsstrategien:**
  Der hohe Fachlichkeitsgrad der deutschen und französischen Kosmetikwerbung manifestiert sich ebenfalls auf der kognitiven Ebene. Die Verständlichkeit der fachlichen Elemente wird in den deutschen und französischen Werbeanzeigen mittels ähnlicher Erklärungsstrategien nur zum Teil gesichert, d.h. es wird die Erfassung der Gesamtwerbebotschaft seitens des Laien angestrebt, eine vollständige Verständlichkeit jedes einzelnen fachlichen Elements ist hingegen von geringer Bedeutung. Aus diesem Grund finden in der deutschen und französischen Kosmetikwerbung nur wenige explizite Erklärungsstrategien auf der sprachlich-textuellen und semiotischen Ebene Anwendung. Es werden hauptsächlich Erläuterungen zu fachlichen Sachverhalten gegeben sowie illustrierende Abbildungen verwendet, die im Kontext vom Laien meist verstanden werden. Auf der semiotischen Ebene werden insgesamt sowohl in den deutschen als auch in den französischen Werbeanzeigen häufiger Erklärungsstrategien verwendet als auf der sprachlich-textuellen Ebene, obgleich mittels des Einsatzes fachlicher Bilder oft-

mals eine Inszenierung von Wissenschaftlichkeit vollzogen wird, die keine zwingende Verständlichkeitssicherung impliziert. Trotz des relativ großen Fachmann-Laie-Gefälles in der deutschen und französischen Kosmetikwerbung, das vornehmlich aus der hohen Frequenz fachlicher Elemente resultiert und mit Hilfe von Erklärungs- und Verständlichkeitsstrategien nur zum Teil kompensiert werden kann, erfolgt lediglich eine begrenzte Popularisierung von Fachlichkeit. Diese wird in der französischen Werbung auf der sprachlich-textuellen und semiotischen Ebene in einem etwas stärkeren Maße vollzogen als in der deutschen Werbung, ist dort aber dennoch stärker an der Pseudofachlichkeit orientiert, als dies in der deutschen Werbung der Fall ist. In der deutschen Kosmetikwerbung erfolgt die Popularisierung von Fachlichkeit hingegen in einem etwas höheren Maße mittels der Übermittlung von Sachinformationen auf der Ebene der Fachmann-Laie-Kommunikation. Ingesamt ist in der deutschen und französischen Kosmetikwerbung eine vollständige Verständlichkeit der verwendeten fachlichen Komponenten nicht gewährleistet, diese wird aber aufgrund der Hauptwerbestrategie der Werbung aus dieser Produktgattung, der „Werbenden Fachlichkeit", auch nicht angestrebt. Ziel der deutschen und französischen Kosmetikwerbung ist nicht die Selektion bestimmter fachlich versierter Adressaten, sondern sie richtet sich an einen allgemeinen Kreis laienhafter Rezipienten, seitens dessen die Erhöhung der Glaubwürdigkeit der beworbenen Produkte mittels der Verwendung zahlreicher fachlicher Elemente und die Inszenierung von Wissenschaftlichkeit zu realisieren versucht wird.

- **Fachlichkeitsgrad:**

  Die deutsche und französische Kosmetikwerbung weist, wie bereits mehrfach angesprochen wurde, eine sehr hohe Frequenz fachlicher Elemente auf der sprachlich-textuellen und semiotischen Ebene auf, die sich in einem hohen Fachlichkeitsgrad der Werbung aus dieser Produktgattung manifestiert. Ingesamt ist der Fachlichkeitsgrad der französischen Kosmetikwerbung geringfügig höher als jener der deutschen Werbung. Im Hinblick auf die Abstufungen der Fachlichkeit zeichnet sich die Mehrheit der deutschen und französischen Werbeanzeigen durch einen relativ geringen, mittleren bis recht hohen Fachlichkeitsgrad und bezüglich der Semantik der fachlichen Elemente durch die Verwendung von fachlichen Komponenten aus, die fachlich im weiteren Sinne sind und aufgrund ihres Konnotationspotentials auf der Ebene der Fachmann-Laie-Kommunikation gebraucht werden. Diese fachlichen Komponenten werden sowohl in der deutschen als auch in der französischen Kosmetikwerbung vorrangig pseudofachlich zur Inszenierung von Wissenschaftlichkeit unter Ausnutzung des Prestiges der Wissenschaften und zur Erhöhung der Glaubwürdigkeit der beworbenen Produkte seitens des Rezipienten eingesetzt. Die französische Kosmetikwerbung ist stärker pseudofachlich geprägt als die deutsche Werbung. Insgesamt betrachtet ist die deutsche und französische Kosmetikwerbung in einem hohen Maße fachlich markiert und vollzieht vielfach eine Integration fachlicher und wissenschaftlicher Komponenten in die vorrangig von der Alltags- und Laienwelt und Gemeinsprache geprägte Werbung für Laien, so daß die Fachlichkeit, die sich mehrheitlich in Form von Pseudofachlichkeit manifestiert, sowohl in der deutschen als auch in der französischen Kosmetikwerbung eine fundamentale Rolle spielt.

Im Hinblick auf das Fachlichkeitskonzept der Kosmetikwerbung ist zusammenfassend festzustellen, daß die Fachlichkeit in der deutschen und französischen Werbung aus der Produktgattung „Kosmetik" eine zentrale Leitgröße darstellt. Ihre spezielle Ausprägung findet sie sowohl in der deutschen als auch in der französischen Werbung, die insgesamt einen etwas höheren Fachlichkeitsgrad sowie auch ein höheres Maß an inszenierter Fachlichkeit aufweist, in der Pseudofachlichkeit, mit deren Hilfe eine scheinbar fachlich-wissenschaftliche Atmosphäre in der Laienwerbung geschaffen wird. In der deutschen und französischen Kosmetikwerbung wird die Hauptintention der Werbung, d.h. die Überzeugung des Rezipienten hinsichtlich der beworbenen Produkte und die damit einhergehende Absatzsteigerung, vornehmlich mittels der Verwendung fachlicher Elemente in werbespezifischer Gestaltung, die häufig in die Gemeinsprache integriert werden und somit meist an die Alltagswelt des Laien anknüpfen, erreicht. Einerseits dienen die fachlichen Komponenten der Informierung des Rezipienten hinsichtlich der beworbenen Produkte und werden in ihrer Gesamtheit vom Laien mehrheitlich verstanden, so daß die Erfassung der Gesamtwerbebotschaft gewährleistet ist. Andererseits – und dies ist der Hauptgrund für ihre vielfache Verwendung in der Kosmetikwerbung – werden fachliche Elemente auf der sprachlich-textuellen und semiotischen Ebene gezielt so eingesetzt, daß sie das Prestige der Wissenschaften zum Zweck der Erhöhung der Glaubwürdigkeit seitens des laienhaften Rezipienten ausnutzen und im Ergebnis eine Inszenierung von Wissenschaftlichkeit implizieren, die auf den ersten Blick den Anschein von Fachlichkeit erweckt, bei intensiverer Betrachtung jedoch mit den von Objektivität, Sachbezogenheit, expressiver Neutralität, Präzision, Transparenz, Verständlichkeit und Zweckrationalität geprägten Wissenschaften und Fächern inhaltlich nicht viel gemein hat. Abschließend ist hinsichtlich der Essenz des Fachlichkeitskonzept der Kosmetikwerbung zu konstatieren, daß die Produktgattung „Kosmetik" sowohl in der deutschen als auch in der französischen Anzeigenwerbung eine Produktkategorie darstellt, in der die Fachlichkeit eine außerordentlich wichtige Rolle spielt und eine konstitutive Komponente der an Laien gerichteten Werbung aus dieser Produktkategorie repräsentiert.

5.3 Exkurs: Translation und interkulturelle Beziehungen

In diesem Kapitel erfolgt eine exkursartige Betrachtung der Translation anhand der Gegenüberstellung von formal und inhaltlich ähnlich gestalteten deutschen und französischen Werbeanzeigen aus der Produktgattung „Kosmetik". In diesem Zusammenhang wird ein Vergleich hinsichtlich der Aspekte ‚Übersetzbarkeit', ‚Übersetzung unter dem Gesichtspunkt der Äquivalenz oder Adäquatheit' sowie ‚Übersetzungsprobleme beim Transfer der Fachlichkeit' vorgenommen. Außerdem werden interkulturelle Beziehungen in der Kosmetikwerbung in Deutschland und Frankreich dargestellt. In diesem Rahmen spielen der kulturelle Kontext und Kultureme in der deutschen und französischen Werbung aus dieser Produktkategorie eine wichtige Rolle.

5.3.1 Translation

Im Rahmen der Darstellung der Translation von Kosmetikwerbung werden deutsche und französische Werbeanzeigen aus dem Analysekorpus betrachtet, in denen im Deutschen und Französischen für die gleichen Produkte geworben wird und die sowohl auf der formalen als auch auf der inhaltlichen Ebene gleiche oder ähnliche Merkmale aufweisen, so daß deren Vergleichbarkeit hinsichtlich der Übersetzung gewährleistet ist.

5.3.1.1 Übersetzbarkeit der Werbeanzeigen und Übersetzung unter dem Aspekt der Äquivalenz/Adäquatheit

Im Hinblick auf die Übersetzbarkeit der Werbeanzeigen aus der Produktgattung „Kosmetik" ist festzustellen, daß die große Mehrheit der Werbeanzeigen aus dem Analysekorpus nicht vom Französischen ins Deutsche oder in umgekehrter Richtung übersetzt wird, obwohl in der deutschen und französischen Kosmetikwerbung häufig für die gleichen Produkte geworben wird und die Werbeanzeigen bei der Korpuserstellung auch unter dem Aspekt der Übersetzbarkeit ausgewählt wurden. Unter den 100 Werbeanzeigen aus dem Analysekorpus befinden sich 28 deutsche bzw. französische Werbeanzeigen, die auf der formalen und inhaltlichen Ebene so gestaltet sind, daß sie sich unter dem Gesichtspunkt der Übersetzung vergleichen lassen. Jeweils zwei deutsche und zwei französische Werbeanzeigen wurden als Beispiele ausgewählt. Davon wird an dem ersten Anzeigenpaar die Übersetzung unter dem Aspekt der Äquivalenz und an dem zweiten Paar die Übersetzung unter dem Gesichtspunkt der Adäquatheit aufgezeigt.

Im Folgenden werden zunächst die Begriffe ‚Äquivalenz' und ‚Adäquatheit' eingeführt. Anschließend werden diese Aspekte auf der Grundlage der Betrachtung der ausgewählten deutschen und französischen Werbeanzeigen aufgezeigt.

In der Translationswissenschaft umfaßt der Begriff ‚Äquivalenz' folgende Faktoren (vgl. Knauer 1998: 27 f.):

- „leistungsmäßiges Übersetzen" in dem Sinne, daß mit der Übersetzung die selbe Information vermittelt und die selbe Wirkung erzielt wird
- „Wahrung von Invarianz auf der Inhaltsebene"

- größtmögliche Invarianz im Bereich der Faktoren, für die sich der Übersetzer zuvor entschieden hat
- „Wirkungsgleichheit" des Ausgangs- und Zieltexts
- die Schaffung von Äquivalenz zwischen Ausgangs- und Zieltext kann nur unter Bezugnahme auf die konkrete Translationssituation erfolgen

Äquivalenz ist eine resultatorientierte Größe, eine spezifische „Relation zwischen einem Ausgangstext (bzw. -element) und einem Zieltext (bzw. -element)" (Reiß/Vermeer 1991: 127 f.). Reiß/Vermeer definieren ‚Äquivalenz' wie folgt:

> „Äquivalenz bezeichnet eine Relation zwischen einem Ziel- und einem Ausgangstext, die in der jeweiligen Kultur auf ranggleicher Ebene die gleiche kommunikative Funktion erfüllen (können)." (Reiß/Vermeer 1991: 139 f.)

Es werden verschiedene Arten von Äquivalenz unterschieden (vgl. Knauer 1998: 29), auf die an dieser Stelle jedoch nicht näher eingegangen wird, weil sie in diesem Rahmen aufgrund der allgemeinen Betrachtung der Äquivalenz bei der Übersetzung der Werbeanzeigen keine Rolle spielen.

In der vorliegenden Arbeit wird die Äquivalenz bzw. Adäquatheit der Übersetzung der Werbeanzeigen für die Übersetzung der Werbetexte vom Französischen ins Deutsche sowie bezüglich der Übertragung von formalen Aspekten und Bildern betrachtet. Dazu wurden die folgenden zwei Werbeanzeigen (vgl. Abb. 18 und Abb. 19) ausgewählt und auf Äquivalenz untersucht:

Abb. 18: Französische Werbeanzeige mit Übersetzung unter dem Aspekt der Äquivalenz (w59kos)

Abb. 19: Deutsche Werbeanzeige mit Übersetzung unter dem Aspekt der Äquivalenz (w58kos)

Es handelt sich in den abgebildeten Werbeanzeigen um eine Übersetzung vom Französischen ins Deutsche auf der Ebene der Äquivalenz, da Gleichwertigkeit auf allen Sprachbeschreibungsebenen sowie in Bezug auf die kommunikative Funktion des Ausgangstexts (vgl. Abb. 18) und des Zieltexts (vgl. Abb. 19) gegeben ist. Es liegt eine Eins-zu-Eins-Übersetzung vor; dies manifestiert sich auf der formalen und inhaltlichen Ebene der Werbetexte. Hinsichtlich der Makrostruktur, Mikrostruktur, der Bildgestaltung und des Layouts stimmen die französische und deutsche Werbeanzeige ebenfalls fast vollkommen überein. Selbst der Produktname wird zum Teil ins Deutsche übersetzt. Dies ist allerdings auf der Produktverpackung nicht der Fall, auf welcher der Produktname und die Produktbezeichnung in der deutschen und französischen Werbeanzeige auf Französisch stehen. Sowohl in der französischen als auch in der deutschen Werbeanzeige werden Fachtermini aus den Bereichen Medizin/Dermatologie und Kosmetik/Pharmazie gebraucht, die pseudofachlich eingesetzt werden. Auf der mikrostrukturellen Ebene zeichnen sich beide Werbeanzeigen durch die Verwendung von kurzen, einfachen Sätzen und vornehmlich unvollständigen Phrasen, die durch Punkte als Satzzeichen abgetrennt sind, sowie von Infinitivkonstruktionen aus. Geringfügige inhaltliche Unterschiede zeigen sich in den Fußnoten. In den Fußnoten wird in der französischen Werbeanzeige zusätzlich eine wissenschaftliche Testmethode (*tests in vitro*) angegeben und somit ein etwas höheres Maß an Fachlichkeit bzw. Pseudofachlichkeit evoziert, weil diese Angabe für den laienhaften Rezipienten ohne Aussagegehalt ist, jedoch Assoziationen zu Fachlichem auslöst. Dennoch ist die Übersetzung als äquivalent zu bezeichnen, da insgesamt die selben Informationen in der französischen und deutschen Werbeanzeige übermittelt werden, die selbe Wirkung beim deutschen und französischen Rezipienten, nämlich die Entstehung des Eindrucks von Wissenschaftlichkeit und die daraus resultierende Erhöhung der Glaubwürdigkeit des beworbenen Produkts, erreicht wird und somit mit der französischen und deutschen Werbeanzeige die gleiche kommunikative Funktion erfüllt wird.

Unter Adäquatheit wird in der Translationswissenschaft die zeit-, zweck- und zielgruppengerechte Anpassung des Ausgangstexts bei der Übersetzung in den Zieltext verstanden, der sich wie das Original lesen lassen sollte (vgl. Knauer

1998: 29). In diesem Kontext werden bei der Übersetzung insbesondere Adaptationen hinsichtlich des Zwecks der Übersetzung sowie der intendierten Zieltextrezipienten vorgenommen.

Reiß/Vermeer definieren die prozeßorientierte Größe der Adäquatheit hinsichtlich der Übersetzung von einer Ausgangssprache in eine Zielsprache als „Angemessenheit der Sprachzeichenwahl in der Zielsprache in bezug auf die gewählte Dimension des Ausgangstexts“ (Reiß/Vermeer 1991: 133).

> „Adäquatheit bei der Übersetzung eines Ausgangstexts (bzw. -elements) bezeichnet die Relation zwischen Ziel- und Ausgangstext bei konsequenter Beachtung eines Zwecks (Skopos), den man mit dem Translationsprozeß verfolgt.“ (Reiß/Vermeer 1991: 139)

Auf Adäquatheit bei der Übersetzung vom Französischen ins Deutsche wurden die folgenden zwei Werbeanzeigen (vgl. Abb. 20 und Abb. 21) untersucht:

Abb. 20: Französische Werbeanzeige mit Übersetzung unter dem Aspekt der Adäquatheit (w8kos)

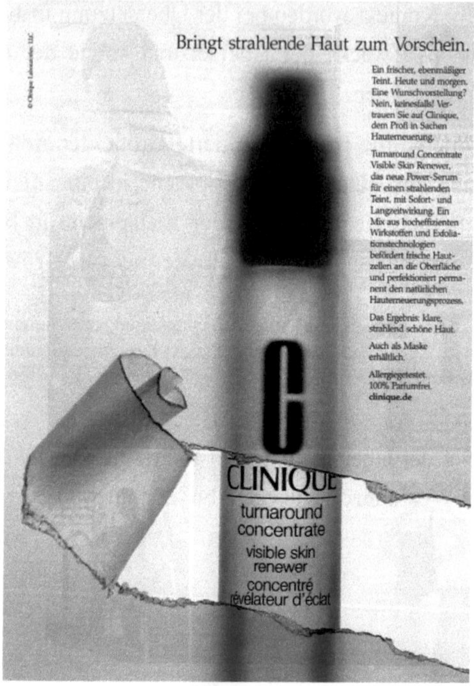

Abb. 21: Deutsche Werbeanzeige mit Übersetzung unter dem Aspekt der Adäquatheit (w7kos)

Bei der Übersetzung der deutschen Werbeanzeige aus dem Französischen handelt es sich um eine Übersetzung auf der Ebene der Adäquatheit, weil die deutsche Werbeanzeige formal und inhaltlich an den deutschen Zieltextrezipienten angepaßt und somit zweckgerichtet an ihn adressiert wird. Diese Adaptation manifestiert sich einerseits auf der makrostrukturellen Ebene in den in der deutschen Werbeanzeige vorgenommenen strukturellen Veränderungen, d.h. in der Umstellung der Reihenfolge der Sätze, und andererseits auf der mikrostrukturellen Ebene darin, daß in der französischen Werbeanzeige beispielsweise Imperative zur direkten Anrede des Rezipienten verwendet werden, während in der deutschen Werbeanzeige ein unpersönlicher Stil vorherrscht. Besonders deutlich zeigt sich dieser Unterschied in der jeweiligen Schlagzeile bzw. Headline der Werbeanzeige. Außerdem werden in der französischen Werbeanzeige vorrangig komplexe Sätze verwendet, während in der deutschen Werbeanzeige vornehmlich kurze, unvollständige Ellipsen gebraucht werden. Hinsichtlich der bildlichen Gestaltung und des Layouts der deutschen und französischen Werbeanzeige liegen keine Unterschiede vor. Auf diesen Ebenen wurde keine Anpassung an die Zielkultur vorgenommen. Dies zeigt sich beispielsweise darin, daß auf der Produktverpackung sowohl in der französischen als auch in der deutschen Werbeanzeige die Produktbezeichnung auf Englisch und Französisch abgebildet ist, um damit beim Rezipienten den Eindruck von Internationalität des werbenden Unternehmens und des beworbenen Produkts zu evozieren. Insgesamt werden in der französischen und deutschen Werbeanzeige die gleichen Inhalte vermittelt, diese werden jedoch bei der Übersetzung vom Französischen ins Deutsche auf der makro- und mikrostrukturellen Ebene zweckgerichtet so modifiziert, daß sie an den Zieltextrezipienten, d.h. den deutschen Adressaten der Werbeanzeige angepaßt sind.

Der deutlich höhere Anteil an Werbeanzeigen, in denen adäquate Übersetzungen vorliegen, deutet insgesamt darauf hin, daß in der Anzeigenwerbung keine stringente Übernahme des Ausgangstexts in den Zieltext erfolgt, sondern daß die Werbeanzeigen insbesondere auf der sprachlich-textuellen und aber auch auf der semiotischen Ebene weitgehend zweckgerichtet an die Zieltextrezipienten und die Zielkultur angepaßt werden.

5.3.1.2 Übersetzungsprobleme beim Transfer der Fachlichkeit vom Französischen ins Deutsche

Beim Transfer der Fachlichkeit im Rahmen der Übersetzung wird „semantisch-fachliche Äquivalenz“ (Kalverkämper 2001: 389) angestrebt, d.h. eine fachlich angemessene Übersetzung von Termini und anderen fachlichen Elementen. Übersetzungsprobleme, insbesondere in Bezug auf die Übersetzung von Fachtermini, können hinsichtlich der Fragen auftreten, „ob das zu übersetzende Fachwort ein Terminus ist, ob es in der Zielsprache etwas Vergleichbares gibt, ob und wie der Definitionskontext [in der Zielsprache] mit dem ausgangssprachlichen übereinstimmt […]“ (ebd.) [H.T.]. So können sich hinsichtlich der „fachlexikalischen Äquivalenz“ einerseits Schwierigkeiten in Bezug auf parallel konstruierte Ausdrücke mit unterschiedlichen Bedeutungen in zwei Sprachen ergeben, woraus sogenannte „faux amis“ resultieren, und andererseits können

Probleme im Hinblick auf den verschiedenen Bedeutungsumfang semantisch gleicher Ausdrücke in zwei Sprachen entstehen (vgl. Roelcke 2005: 143).

Hinsichtlich des Transfers der Fachlichkeit bei der Übersetzung von französischen Werbetexten in Werbeanzeigen ins Deutsche treten kaum allgemein zu fassende Übersetzungsprobleme auf. Da sich die Kosmetikwerbung in einem hohen Maße der Fachsprachen der Biowissenschaften bedient (vgl. Kap. 5.2.1.1), die ein hohes Potential an Termini mit Derivata aus dem Griechischen und Lateinischen aufweisen, ähneln sich viele der verwendeten Fachtermini stark hinsichtlich ihrer Morphologie und werden meist äquivalent vom Französischen ins Deutsche übersetzt. In einer französischen Werbeanzeige wird beispielsweise die Phrase *„une combinaison d'**agents exfoliants** haute efficacité"* verwendet, in der deutschen Werbeanzeige findet sich dafür *„ein Mix aus hocheffizienten Wirkstoffen und **Exfoliationstechnologien**"* (vgl. Abb. 20 und 21).

Außerdem werden sowohl in der deutschen als auch in der französischen Kosmetikwerbung häufig Anglizismen verwendet, um die Internationalität des werbenden Unternehmens und des beworbenen Produkts zu demonstrieren. Diese finden insbesondere in den Produktnamen und den Produktbezeichnungen Anwendung, die in einem großen Teil der deutschen und französischen Werbeanzeigen insbesondere auf den Produktverpackungen auf Englisch und Französisch erscheinen. Anglizismen werden meist nicht übersetzt, weil sie der Evokation der Assoziation der Internationalität des beworbenen Produkts dienen sollen. Des Weiteren werden in der deutschen Kosmetikwerbung zum Teil französische Wörter wie beispielsweise *laboratoire* oder *centre d'innovation* gebraucht, die nicht ins Deutsche übersetzt werden. Damit nutzt die deutsche Kosmetikwerbung das positive Image der französischen Kosmetikbranche aus.

Insgesamt gesehen ergeben sich bei der Übersetzung von Werbeanzeigen aus der Produktgattung „Kosmetik" vom Französischen ins Deutsche keine großen Probleme hinsichtlich des Transfers der Fachlichkeit, weil die Werbestrategie der Fachlichkeit in der an Laien gerichteten Kosmetikwerbung in beiden Sprachen in einem ähnlich hohen Maße und in ähnlicher Form, der Pseudofachlichkeit, Anwendung findet und folglich vergleichbare fachliche Elemente gebraucht werden, die aus den oben genannten Gründen meist keine Übersetzungsprobleme implizieren.

5.3.2 Kultureller Kontext und Kulturspezifika in der Kosmetikwerbung

Die deutsche Werbelandschaft und die französische Werbekultur sind mit Blick auf die Kosmetikwerbung im allgemeinen in einen vergleichbaren kulturellen Kontext eingebettet. Sowohl in Deutschland als auch in Frankreich wird Kosmetikwerbung mit dem Ziel der Persuasion des Adressaten hinsichtlich der beworbenen Produkte zwecks der Absatzsteigerung seitens der werbenden Unternehmen betrieben und richtet sich in beiden Ländern insbesondere an Frauen als Rezipientinnen. In einem großen Teil der deutschen und französischen Anzeigenwerbung aus der Produktgattung „Kosmetik" werden die gleichen Marken und Produkte beworben, die aufgrund der zunehmenden Internationalität von Unternehmen in beiden Ländern erhältlich und einer starken Markenkonkurrenz ausgesetzt sind. Häufig werden in der deutschen und französischen Anzeigenwerbung in den Printmedien in Deutschland und Frankreich kosmetische Produkte französischer Hersteller beworben, die oft das positive Image der französischen Kosmetikindustrie ausnutzen. Außerdem spielen in der deutschen und französischen Kosmetikwerbung vergleichbare Werte wie Jugendlichkeit, Gesundheit und Natürlichkeit (vgl. Janich 1998 a: 188) eine Rolle, die in der Mehrheit der deutschen und französischen Werbeanzeigen aus der Produktgattung „Kosmetik" mittels verschiedener Strategien evoziert werden.

In der deutschen und französischen Anzeigenwerbung finden ähnliche Werbestrategien Anwendung. In der vorliegenden Arbeit wird die Werbestrategie der Fachlichkeit untersucht. Hinsichtlich der Anwendung dieser Werbestrategie in der an Laien gerichteten Kosmetikwerbung lassen sich in den analysierten deutschen und französischen Werbeanzeigen folgende kulturspezifische Unterschiede feststellen: Die deutsche Anzeigenwerbung erweckt in ihrer Gesamtheit trotz der höheren Frequenz pseudofachlich verwendeter Elemente in den französischen Werbeanzeigen (vgl. Kap. 5.2.5.2) in einem stärkeren Maße den Eindruck von Pseudofachlichkeit. Die französische Anzeigenwerbung aus der Produktgattung „Kosmetik" scheint hingegen stärker auf die Informierung des Verbrauchers, insbesondere der Verbraucherin, ausgerichtet zu sein. So ist der Informationsgehalt der französischen Werbeanzeigen oft höher, Erläuterungen wie beispielsweise zur Wirkungsweise eines Produkts sind detaillierter, und es werden häufiger Hinweise zur Anwendung der beworbenen Produkte wie beispielsweise Sonnenschutzhinweise in einer Werbung für ein Sonnenschutzmittel (vgl. Abb. 13) gegeben oder es wird auf Info-Hotlines oder Internetadressen verwiesen, unter denen weiterführende Informationen erhältlich sind, so daß der interessierte Rezipient in der französischen Kosmetikwerbung insgesamt umfassender informiert wird.

Auf der sprachlich-textuellen Ebene werden ebenfalls Unterschiede in den Kulturemen der deutschen und französischen Kosmetikwerbung deutlich, die sich in den kulturspezifischen Textsortenkonventionen (vgl. Kalverkämper 1998 a: 370; 2004 a: 18) in deutschen und französischen Werbeanzeigen manifestieren. Die Makro- und Mikrostruktur der deutschen und französischen Werbeanzeigen ist insgesamt recht ähnlich gestaltet. Unterschiede, die außerdem auf sprachstrukturelle Differenzen des Deutschen und Französischen zurückzuführen sind, bestehen auf der mikrostrukturellen Ebene beispielsweise im Gebrauch des Imperativs zur direkten Anrede des Rezipienten oder des Nominalstils, der ein wichtiges Fachlichkeitssignal darstellt (vgl. Kap. 5.2.2).

Gesamtheitlich gesehen wird die Werbestrategie der Fachlichkeit in der an Laien gerichteten Anzeigenwerbung aus der Produktgattung „Kosmetik“ in den Printmedien in Deutschland und Frankreich auf ähnliche Art und Weise umgesetzt, so daß insgesamt aufgrund ähnlicher Werbekulturen in Deutschland und Frankreich keine beträchtlichen kulturspezifischen Unterschiede bestehen, sondern die deutsche und französische Anzeigenwerbung von ähnlichen Merkmalen hinsichtlich der Fachlichkeit in der Kosmetikwerbung für Laien geprägt ist.

6 Produktgattung „Nahrungs- und Genußmittel“

Im Rahmen der Korpusuntersuchung von Werbeanzeigen aus der Produktgattung „Nahrungs- und Genußmittel“ wurden 50 deutsche Werbeanzeigen und 50 französische Werbeanzeigen[17] aus unterschiedlichen Zeitschriften (vgl. Kap. 4.1), in denen verschiedenste Produkte wie Lebensmittel, Getränke, Diätprodukte, Süßwaren, Kaffeeprodukte und Alkoholika beworben werden, hinsichtlich des Aspekts der Fachlichkeit analysiert.

Im Folgenden werden die Analyseergebnisse nach einem kurzen Blick auf die Spezifika der deutschen und französischen Werbung für Nahrungs- und Genußmittel sowohl zusammenfassend statistisch als auch interpretativ dargestellt und hinsichtlich des Aspekts der Fachlichkeit bewertet.

6.1 Spezifika der deutschen und französischen Werbung für Nahrungs- und Genußmittel

Die deutsche und französische Werbung für Nahrungs- und Genußmittel weist ähnliche spezifische Merkmale auf. Sowohl in der Anzeigenwerbung in Printmedien in Deutschland als auch in Frankreich wird in der Werbung aus dieser Produktkategorie für vergleichbare Produkte, d.h. einerseits Lebensmittel des täglichen Bedarfs wie beispielsweise Milchprodukte und andererseits Genußmittel wie Süßwaren und Alkoholika geworben. Im Gegensatz zur Kosmetikwerbung (vgl. 5.1) treten im Bereich der Werbung für Nahrungs- und Genußmittel jedoch nur sehr wenige Werbeanzeigen auf, in denen in Deutschland und Frankreich identische Produkte gleicher Hersteller beworben werden. Dennoch bestehen hinsichtlich der Spezifika dieser Produktgattung in Deutschland und Frank-

17 Ein Verzeichnis aller untersuchten Werbeanzeigen aus der Produktgattung „Nahrungs- und Genußmittel“ befindet sich im Anhang (vgl. Kap. D I). Die einzelnen Werbeanzeigen werden im Text mit dem Kürzel „w“ + „lg“ und der betreffenden Nummer der Werbeanzeige im Korpusverzeichnis zitiert.

reich keine erheblichen Unterschiede sondern gleiche Tendenzen in Bezug auf die Zielgruppen, Werte, den Textanteil sowie den Aufbau der Werbeanzeigen.

Mit der Werbung für Nahrungs- und Genußmittel wird im allgemeinen keine spezielle Zielgruppe sondern ein sehr allgemeiner Adressatenkreis angesprochen. Es gibt jedoch auch in der Werbung aus dieser Produktkategorie Produktgruppen, die sich beispielsweise aufgrund der Orientierung an besonderen Gewohnheiten an eine bestimmte Rezipientenschaft richten. So werden mit der Werbung für kalorienreduzierte Lebensmittel und Diätprodukte insbesondere Frauen angesprochen, während sich die Werbung für Alkoholika wie Bier vornehmlich an Männer richtet.

Ziel der Werbung für Nahrungs- und Genußmittel ist weniger die rationale Übermittlung detaillierter Produktinformationen, sondern mit der Werbung aus dieser Produktkategorie sollen die Gefühle des Rezipienten angesprochen werden und dementsprechende Assoziationen seitens des Adressaten ausgelöst werden, die ihn zum Erwerb des beworbenen Produkts animieren (vgl. Brandt 1973: 120 f.). Um diese Intentionen zu erreichen, bedient sich die Werbung für Nahrungs- und Genußmittel insbesondere zweier Strategien. Einerseits werden die Produkte in den Werbeanzeigen meist auf großen fotografischen Produktabbildungen, oft mit dekorativen Zusätzen wie beispielsweise die Darstellung einer Pizza auf einem mit Kräutern garnierten Teller und einer Flasche Wein daneben, so präsentiert, daß sie den Appetit des Rezipienten ansprechen und in ihm das Verlangen nach dem Genuß des beworbenen Produkts auslösen. Andererseits bedient sich die Werbung für Nahrungs- und Genußmittel des positiven Images berühmter Persönlichkeiten oder der Bestätigung der Qualität des beworbenen Produkts durch Verbraucher. Zum Beispiel werden Spitzenköche gezeigt, die bei der Zubereitung ihrer Gerichte die beworbenen Produkte verwenden oder junge Frauen, denen es mit Hilfe eines kalorienreduzierten Produkts gelungen ist, ihr Gewicht um einige Kilogramm zu reduzieren.

Werbeanzeigen aus der Produktgattung „Nahrungs- und Genußmittel" sind häufig recht textarm. Mehrheitlich dominiert in ihnen das Bild, auf dem oft große Produktabbildungen in entsprechender dekorativer Einbettung zu sehen sind. Die meist sehr kurzen Texte mit Produktinformationen sind oftmals in das Bild integriert. Falls längere Texte verwendet werden, so sind die Werbeanzeigen des Öfteren in Form eines redaktionellen Artikels gestaltet und oben mit dem Zusatz „Anzeige“ bzw. „Communiqué“ gekennzeichnet. Diese Form der Integration der Werbung in den redaktionellen Teil einer Zeitschrift tritt insbesondere in der Lebensmittelwerbung auf.

6.2 Implikaturen von Fachlichkeit in der Werbung für Laien

Zur Darstellung der Implikaturen von Fachlichkeit in der Werbung für Laien erfolgt eine kontrastive Untersuchung von Fachlichkeitssignalen in deutschen und französischen Werbeanzeigen aus der Produktgattung „Nahrungs- und Genußmittel“. Bei der Analyse der Werbeanzeigen wird hinsichtlich der Verwendung fachlicher Elemente ebenfalls nach dem in Kapitel 5.2 beschriebenen Konzept vorgegangen, um den zentralen Bezug zur Fachlichkeit herzustellen.

Für die Werbung aus dieser Produktgattung ist zu erwarten, daß sie einen geringen Fachlichkeitsgrad aufweist, der sich in der Frequenz, Distribution und Semantik der verwendeten fachlichen Elemente manifestiert.

6.2.1 Terminologie

Im Hinblick auf die Terminologie, die in der deutschen und französischen Werbung für Nahrungs- und Genußmittel Anwendung findet, werden zunächst die Fachsprachen und Fachgebiete betrachtet, deren Fachwortschatz und andere fachliche Komponenten in den deutschen und französischen Werbeanzeigen eingesetzt werden. Anschließend wird die Frequenz, Distribution und Semantik der verwendeten Fachtermini und fremdsprachlichen Elemente sowie deren Integration in die Gemeinsprache analysiert.

6.2.1.1 Fachsprachen und Fachgebiete

In der Werbung für Nahrungs- und Genußmittel werden sowohl in den deutschen als auch in den französischen Werbeanzeigen insbesondere Termini aus den Fachsprachen der Ernährungswissenschaft und Lebensmittelchemie, der Lebensmittelkunde und Lebensmitteltechnik sowie der Kochkunst verwendet.

Außerdem findet in der Werbung aus dieser Produktgattung spezielles Fachvokabular wie beispielsweise aus Bereichen wie Weinkunde, Bierbraukunst, Kaffeekunde, Umwelt- und Verbraucherschutz sowie Biologie, Biotechnologie, Biochemie, Physik, Medizin, Sportwissenschaft und Wirtschaft Anwendung.

6.2.1.2 Gebrauch von Fachtermini, fremdsprachlichen Elementen und Integration in die Gemeinsprache

Auf der sprachlich-textuellen Ebene wurden die Frequenz, Distribution und Semantik von fachlichen Elementen bezüglich der Verwendung von Fachtermini im Kontext und von fremdsprachlichen Elementen sowie die Integration in die Gemeinsprache untersucht. Es wurden folgende Resultate ermittelt:

Hinsichtlich der Frequenz von Fachtermini in der Werbung für Nahrungs- und Genußmittel ist festzustellen, daß der Anteil des Fachwortschatzes vergleichsweise gering ist. 56% der deutschen Werbeanzeigen und 72% der französischen Werbeanzeigen enthalten Fachtermini. Folglich ist in der französischen Werbung eine höhere Frequenz von Fachwörtern zu verzeichnen.

Die Verteilung des Fachwortschatzes bezüglich der Semantik der Fachtermini deutet ebenfalls auf ein relativ geringes Maß an Fachlichkeit in der Werbung aus dieser Produktgattung hin und bestätigt außerdem die Tendenz der höheren Fachlichkeit der französischen Werbung im Vergleich zur deutschen Werbung. In 6% der deutschen Werbeanzeigen und in 14% der französischen Werbeanzeigen werden Termini verwendet, die fachlich im engeren Sinne (fachliche Denotate) sind. In der Hälfte der deutschen Werbeanzeigen werden Termini gebraucht, die fachlich im weiteren Sinne (Konnotationen/Assoziationen zu Fachlichem) sind; in den französischen Werbeanzeigen beträgt der Anteil an Termini, die fachlich im weiteren Sinne sind, hingegen 68%. Der pseudofachliche Gebrauch von Termini ist mit einem Anteil von 38% in den deutschen Werbeanzeigen höher als in den französischen Werbeanzeigen mit einem Anteil von 28%.

Im Hinblick auf die Verwendung fremdsprachlicher Elemente und Konstituenten ergibt sich für die deutschen Werbeanzeigen (Anteil von 46%) und die französischen Werbeanzeigen (Anteil von 54%) eine ähnliche Verteilung. In der Werbung für Nahrungs- und Genußmittel werden wenige Fremdwörter mit Derivata aus dem Griechischen oder Lateinischen verwendet, die charakteristisch für die Fachsprachen der Wissenschaften sind. Es werden insbesondere Fremdwörter und Anglizismen aus dem Bereich der Ernährungswissenschaft, Lebensmittelkunde und Kochkunst gebraucht, mit denen beispielsweise Aussagen über die Herkunft bestimmter Nahrungsmittel und Speisen getroffen werden und die entsprechende Assoziationen beim Rezipienten auslösen sollen.

Zusammenfassend läßt sich Folgendes feststellen: Die Frequenz von Fachtermini ist in der Werbung aus der Produktgattung „Nahrungs- und Genußmittel" vergleichsweise gering; die französische Werbung weist einen höheren Anteil an Fachtermini auf als die deutsche Werbung. Hinsichtlich der Semantik zeichnet sich sowohl in der deutschen als auch in der französischen Werbung für Nahrungs- und Genußmittel die höchste Frequenz in Bezug auf Termini ab, die fachlich im weiteren Sinne sind und beim Rezipienten Konnotationen bzw. Assoziationen auslösen und folglich so in die Gemeinsprache integriert sind, daß sie im allgemeinen vom Laien im Kontext verstanden werden (vgl. Kap. 6.2.4). Insgesamt ist die Frequenz von Termini, die fachlich im engeren und im weiteren Sinne sind, in der französischen Werbung für Nahrungs- und Genußmittel höher als in der deutschen Werbung. Die Frequenz pseudofachlich verwendeter Termini ist sowohl in den deutschen als auch in den französischen Werbeanzeigen relativ gering, weil in der Regel keine Inszenierung von Wissenschaftlichkeit angestrebt wird, sondern die Hauptintention der Werbung darin besteht, beim Rezipienten positive Assoziationen bezüglich der beworbenen Produkte mittels anderer Strategien auszulösen.

In Tabelle 5 sind repräsentative Beispiele für in der Werbung für Nahrungs- und Genußmittel verwendete Termini aufgelistet.

Tabelle 5: Semantik von Fachtermini in der Werbung für Nahrungs- und Genußmittel

	deutsch	französisch
fachlich im engeren Sinne	Antioxidantien, Folsäure, Omega-3-Fettsäuren, Proteine, Vitamin	acides gras, calcium, cholestérol, lipide, lactose
fachlich im weiteren Sinne	gesunde, ausgewogene Ernährung, kalorien- und fettreduziert, Konservierungs- und Zusatzstoffe, Nährwert	additifs et conservateurs, alimentation saine et équilibrée, teneur en matières grasses
pseudofachlich	probiotisch[18], Wellness-Produkt	programme hypocalorique et hyperprotéiné, vitalité

Die Verwendung von Fachtermini in der deutschen und französischen Werbung für Nahrungs- und Genußmittel leistet aufgrund der geringen Frequenz von Termini und der Semantik der verwendeten Fachwörter, die durch den Gebrauch von Termini gekennzeichnet ist, die fachlich im weiteren Sinne sind und folglich beim Rezipienten individuell verschiedene Konnotationen und Assoziationen auslösen, sowohl in der deutschen als auch in der französischen Werbung aus dieser Produktgattung nur einen geringen Beitrag zur Konstituierung von Fachlichkeit in der Laienwerbung.

6.2.2 Textsortenkonventionen

In diesem Kapitel werden die Textsortenkonventionen, die in den analysierten Werbeanzeigen aus der Produktgattung „Nahrungs- und Genußmittel“ Anwendung finden, hinsichtlich der Aspekte Makrostruktur und Mikrostruktur der Werbeanzeigen mit Bezugnahme auf ihre Fachlichkeit untersucht. In diesem Zusammenhang wird auf gleiche Weise wie bei der Analyse der Textsortenkonventionen in Werbeanzeigen aus der Produktgattung „Kosmetik“ (vgl. Kap. 5.2.2) verfahren.

---

[18] In dem Aufsatz „Probiotisch – Die Biotechnologie prägt einen neuen Naturbegriff. Eine fachsprachlich-semiotische Untersuchung von Lebensmittelwerbung“ (Janich 1998 b) erläutert Janich anhand des Adjektivs *probiotisch* die Inszenierung von Wissenschaft am Beispiel der Lebensmittelwerbung, speziell der Werbung für Joghurt auf der Grundlage einer semiotischen Analyse von Joghurtverpackungen.

6.2.2.1 Makrostruktur

Die Untersuchung der Makrostruktur der deutschen und französischen Werbeanzeigen erfolgt ebenfalls auf der Basis der in Kapitel 5.2.2.1 dargestellten zwei Gruppen von Analysekriterien.

a) Makrostruktur/Aufbau der Werbeanzeigen (Text-Bild-Verteilung)

In Tabelle 6 werden die makrostrukturellen Analysekriterien in Bezug auf den Aufbau der Werbeanzeigen und die Text-Bild-Verteilung aufgeführt und die Untersuchungsergebnisse für die deutschen und französischen Werbeanzeigen kontrastiv dargestellt.

Tabelle 6: Makrostruktur der Werbeanzeigen (Text-Bild-Verteilung) aus der Produktgattung „Nahrungs- und Genußmittel“

	deutsch	französisch
Bild über zwei Drittel der Werbeanzeige	56%	34%
Headline/Subheadline oben links/Mitte/rechts	66%	62%
Fließtext Mitte/unten	66%	86%
Abbildung der Produktverpackung unten links/rechts	60%	58%
Herstellerlogo/Slogan unten rechts/(Mitte)	66%	68%
Fußnote; Internetadresse des Herstellers, Name der Werbeagentur am linken/rechten Rand klein und senkrecht geschrieben	20%	78%
Aufbau eines redaktionellen Artikels (Kennzeichnung „Anzeige“/„Communiqué“)	10%	28%
Werbeanzeige ohne Fließtext	24%	6%

Zusammenfassend resultieren aus der Analyse des Aufbaus der Werbeanzeigen aus der Produktgattung „Nahrungs- und Genußmittel“ hinsichtlich der Text-Bild-Verteilung folgende Charakteristika: Der Anteil der bilddominierenden Werbeanzeigen sowie der Anteil der textarmen Werbeanzeigen ist in der deutschen Werbung höher als in der französischen Werbung. Hinsichtlich der Text-Bild-Verteilung weisen die deutschen und französischen Werbeanzeigen ähnliche Merkmale auf (vgl. Tabelle 6). Signifikante Unterschiede bestehen bezüglich der Anordnung des Fließtexts in den deutschen und französischen Werbeanzeigen sowie in Bezug auf die Position von Fußnoten, Internetadressen oder Angaben zur Werbeagentur. Der Anteil der Werbeanzeigen, die in Form eines redaktionellen Artikels gestaltet sind (vgl. Abb. 22), ist in der französischen Werbung für Nahrungs- und Genußmittel wesentlich höher als in der deutschen Werbung.

Abb. 22: Gestaltung einer Werbeanzeige in Form eines redaktionellen Artikels (w65lg)

b) Makrostruktur der Werbetexte (Textaufbau/Textgliederung)

Die Textbaupläne der deutschen und französischen Werbeanzeigen aus der Produktgattung „Nahrungs- und Genußmittel“ sind recht unterschiedlich gestaltet. 76% der deutschen Werbeanzeigen umfassen einen vollständigen Fließtext, der aus einem oder mehreren Absätzen besteht. Für die französischen Werbeanzeigen beträgt der Anteil 88%. Ein wesentlicher Unterschied manifestiert sich in Bezug auf die Werbeanzeigen, die Stichpunkte und Aufzählungen mit Spiegelstrichen beinhalten. Keine deutsche Werbeanzeige weist dieses Merkmal auf, während 12% der französischen Werbeanzeigen Stichpunkte und Aufzählungen umfassen. Der Anteil der Werbeanzeigen, deren Textgliederung durch Zwischenüberschriften gekennzeichnet ist, ist mit 24% in der französischen Werbung für Nahrungs- und Genußmittel mehr als doppelt so hoch wie in der deutschen Werbung (Anteil von 10%). Insgesamt sind die französischen Werbeanzeigen bezüglich der Makrostruktur stärker an den für Fachtexte geltenden Textsortenkonventionen orientiert als die deutschen Werbeanzeigen, die stärker werbespezifisch aufgebaut und gegliedert sind.

Zusammenfassend ist hinsichtlich der Makrostruktur der Werbeanzeigen aus der Produktgattung „Nahrungs- und Genußmittel“ festzustellen, daß die Mehrheit der untersuchten Werbeanzeigen nicht den in Fachtexten geltenden Textsortenkonventionen in Bezug auf deren stringente Makrostruktur (vgl. Kap. 2.2.2.2 sowie Kap. 2.3.1) folgt. In den Werbeanzeigen aus dieser Produktkategorie finden andere makrostrukturelle Prinzipien Anwendung als in Fachtexten. Es handelt sich vornehmlich um werbespezifische Konventionen des Aufbaus und der Textgliederung, die der aufmerksamkeitserregenden Intention der Werbung dienen.

Folglich stellt die Makrostruktur der Werbeanzeigen aus der Produktgattung „Nahrungs- und Genußmittel“ keine fachliche Komponente dar und ist kein konstituierender Faktor von Fachlichkeit in der Werbung für Laien.

6.2.2.2 Mikrostruktur

Die Analyse der Mikrostruktur der deutschen und französischen Werbeanzeigen wurde ebenfalls anhand der drei Kriterienkategorien vorgenommen, die in Kapitel 5.2.2.2 detailliert dargestellt sind. Im Folgenden werden lediglich die übergeordneten Kategorien noch einmal aufgeführt und die entsprechenden Untersuchungsergebnisse kontrastiv für die deutschen und französischen Werbeanzeigen dargestellt.

a) Mikrostruktur (Syntax und Morphologie)

Hinsichtlich der Satzlänge und der Komplexität der in den Werbeanzeigen verwendeten Sätze ist festzustellen, daß in den deutschen Werbeanzeigen mit einem Anteil von 74% das werbetypische syntaktische Muster der Ellipsen, unvollständigen Phrasen und Schlagwörter dominiert. Außerdem werden in den deutschen Werbeanzeigen häufig kurze, einfache Sätze verwendet (Anteil von 60%); lange, komplexe Sätze (Anteil von 32%) hingegen spielen eine untergeordnete Rolle. In den französischen Werbeanzeigen treten ebenfalls zahlreiche Ellipsen und unvollständige Phrasen auf (Anteil von 76%), dominant sind in der französischen Werbung jedoch die kurzen, einfachen Sätze mit einem Anteil von 86%. In den französischen Werbeanzeigen werden ebenfalls relativ wenige lange, komplexe Sätze verwendet (Anteil von 32%).

Der für die Fachsprachen typische Nominalstil ist in der Werbung für Nahrungs- und Genußmittel von geringer Bedeutung. Er findet in nur 8% der deutschen Werbeanzeigen Anwendung, in den französischen Werbeanzeigen hingegen beträgt der Anteil an Nominalkonstruktionen 26%.

Verben spielen in den deutschen und französischen Werbeanzeigen eine wichtige Rolle bei der Angabe von Produktinformationen und der Beschreibung von Prozessen; der Gebrauch von Infinitiven und Funktionsverben hingegen ist von geringer Bedeutung.

Hinsichtlich des Tempusgebrauchs sowie des Gebrauchs von Aktiv bzw. Passiv lassen sich sowohl in den deutschen als auch in den französischen Werbeanzeigen ähnliche Ergebnisse feststellen. Das Präsens ist die am häufigsten verwendete Zeitform mit einem Anteil von 88% in den deutschen Werbeanzeigen und von 86% in den französischen Werbeanzeigen. Andere Tempora werden in den deutschen Werbeanzeigen (Anteil von 10%) seltener benutzt als in den französischen Werbeanzeigen (Anteil von 14%). Sowohl in den deutschen als auch in den französischen Werbeanzeigen beträgt der Anteil des Gebrauchs des Aktivs 88%. Passivkonstruktionen werden selten verwendet.

b) Mikrostruktur (Stil)

In der Werbung für Nahrungs- und Genußmittel wird häufig das werbespezifische Stilmittel des Imperativs und seltener jenes der ersten Person Plural von Verbformen und Pronomina verwendet. Dieses Stilmittel zur direkten Anrede bzw. zum Einbezug des Rezipienten (vgl. Abb. 23 und Abb. 24) wird in den französischen Werbeanzeigen mit einem Anteil von 68% wesentlich häufiger benutzt als in den deutschen Werbeanzeigen (Anteil von 46%). Außerdem werden rhetorische Fragen, die ebenfalls diesem Zweck dienen, in den französischen Werbeanzeigen (Anteil von 28%) öfter eingesetzt als in den deutschen Werbeanzeigen (Anteil von 16%). Folglich wird der Rezipient in der französischen Werbung für Nahrungs- und Genußmittel insgesamt in einem stärkeren Maße direkt angesprochen und involviert als in der deutschen Werbung.

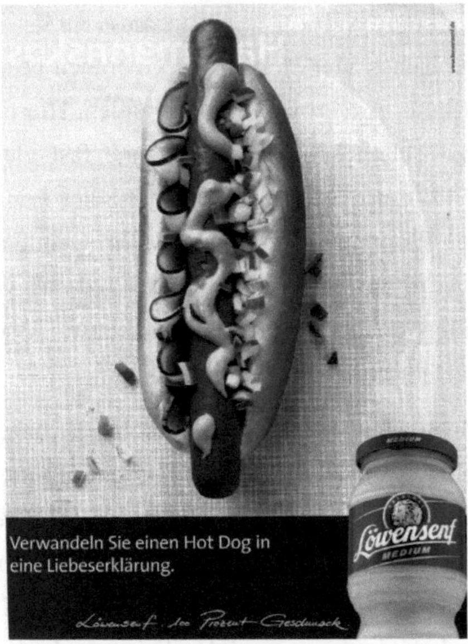

Abb. 23: Deutsche Werbeanzeige mit direkter Anrede des Rezipienten (w1lg)

Abb. 24: Französische Werbeanzeige mit direkter Anrede des Rezipienten (w78lg)

Ein weiteres werbetypisches Merkmal ist der Gebrauch beschreibender, expressiver Adjektive, Attribute, Adverbien und Partizipien. Hierfür ergibt sich für die deutschen und französischen Werbeanzeigen eine fast gleiche Verteilung, da dieses Merkmal in 54% der deutschen und in 52% der französischen Werbeanzeigen auftritt. In der Werbung für Nahrungs- und Genußmittel werden insbesondere Adjektive, Attribute, Adverbien und Partizipien verwendet, die beim laienhaften Rezipienten positive Konnotationen bzw. Assoziationen auslösen und an seine Alltagserfahrungen anknüpfen.

Sprachspiele wie Metaphern, Vergleiche, Personifizierung, Alliteration sowie Wiederholungen stellen weitere werbespezifische Stilmittel dar. Sprachspiele werden in 42% der deutschen Werbeanzeigen und in 34% der französischen Werbeanzeigen eingesetzt. Wiederholungen treten in 6% der deutschen Werbeanzeigen und in 14% der französischen Werbeanzeigen auf. Weitere werbespezifische Elemente sind Neologismen und Anglizismen. In den deutschen Werbeanzeigen beträgt der Anteil an Neologismen 10%, während in den französischen Werbeanzeigen kein Neologismus vorkommt. Anglizismen werden in den deutschen Werbeanzeigen fast doppelt so häufig (Anteil von 20%) benutzt wie in den französischen Werbeanzeigen (Anteil von 12%).

Hinsichtlich des Sprachstils in der Werbung für Nahrungs- und Genußmittel wurden folgende Ergebnisse ermittelt: Die dominante Sprachform ist die Alltags- und Umgangssprache mit Integration werbespezifischer Elemente. Der Anteil an umgangssprachlichen, im mündlichen Sprachgebrauch verwendeten Komponenten ist in den französischen Werbeanzeigen mit 46% wesentlich höher als in den deutschen Werbeanzeigen (Anteil von 18%). Außerdem wird in den französischen Werbeanzeigen (Anteil von 10%) der Erzählstil häufiger gebraucht als in den deutschen Werbeanzeigen (Anteil von 4%).

Ein scheinbarer Widerspruch ergibt sich folglich hinsichtlich der Verwendung des unpersönlichen Sachstils, der trotz des hohen Anteils an umgangssprachlichen Elementen in den französischen Werbeanzeigen für die französische Werbung wesentlich höher ist (Anteil von 32%) als in den deutschen Werbeanzeigen (Anteil von 10%). Dieser Widerspruch läßt sich damit erklären, daß in der französischen Werbung für Nahrungs- und Genußmittel in einem höheren Maße eine Durchmischung umgangssprachlicher, subjektiver Komponenten und fachlich objektiver Elemente vollzogen wird, während in der deutschen Werbung vorwiegend ausschließlich alltagssprachliche Elemente gebraucht werden. Die objektive Wissenschaftssprache ist sowohl in der deutschen als auch in der französischen Werbung für Nahrungs- und Genußmittel von sehr geringer Bedeutung.

c) Mikrostruktur (Para- und Intertextuelles)

In der Werbung für Nahrungs- und Genußmittel findet die Persuasionsstrategie der Verwendung von Zitaten von Experten, berühmten Persönlichkeiten oder Verbrauchern (vgl. Kap. 5.2.2.2) ebenfalls Anwendung (vgl. Abb. 25). Zitate werden in der Werbung aus dieser Produktkategorie mit fast gleichen Anteilen in 16% der deutschen Werbeanzeigen und in 18% der französischen Werbeanzeigen verwendet.

Abb. 25: Deutsche Werbeanzeige mit fachlichen Elementen (w40lg)

Außerdem werden in der Werbung für Nahrungs- und Genußmittel Verweis- und Referenzstrategien und Elemente des wissenschaftlichen Apparats wie Fußnoten und Zahlenangaben eingesetzt. In 20% der deutschen Werbeanzeigen und in 24% der französischen Werbeanzeigen wird auf weiterführende Informationen im Internet oder eine Info-Hotline verwiesen. Fußnoten, die meist mit einem Asteriskus gekennzeichnet sind, treten in nur 6% der deutschen Werbeanzeigen aber in 26% der französischen Werbeanzeigen auf. Sie stellen ein wichtiges Fachlichkeitssignal dar und lassen auf einen höheren Fachlichkeitsgrad im Hinblick auf Verweisstrategien bezüglich der Mikrostruktur der französischen Werbeanzeigen aus der Produktgattung „Nahrungs- und Genußmittel" schließen. Zahlenangaben spielen in der Werbung aus dieser Produktkategorie eine geringe Rolle, weil sie in nur 4% der deutschen Werbeanzeigen und in 10% der französischen Werbeanzeigen vorkommen. Eine weitere Referenzstrategie ist die Bezugnahme auf die Forschung, Experten oder Institutionen. Sie wird in den analysierten deutschen Werbeanzeigen überhaupt nicht angewendet und tritt in 12% der französischen Werbeanzeigen auf.

Zusammenfassend läßt sich feststellen, daß die Mikrostruktur der Werbeanzeigen aus der Produktgattung „Nahrungs- und Genußmittel" im allgemeinen nur sehr wenige Fachlichkeitssignale aufweist. Sie ist gemeinsprachlich und werbespezifisch geprägt und trägt kaum zur Konstituierung von Fachlichkeit in der Werbung für Laien bei. Als Beispiele für die von gemeinsprachlichen Elementen gekennzeichnete Mikrostruktur der Werbeanzeigen lassen sich der Gebrauch des Aktivs, der Verbalstil sowie die Verwendung umgangssprachlicher Komponenten anführen. Typische werbespezifische Elemente stellen der Gebrauch von Imperativen, beschreibenden Adjektiven sowie die Verwendung von Sprachspielen und Neologismen dar.

Bei der kontrastiven Betrachtung der Mikrostruktur der deutschen und französischen Werbeanzeigen fällt ein höheres Maß an Fachlichkeit in den französischen Werbeanzeigen auf, das sich in der höheren Frequenz fachlicher Komponenten wie beispielsweise Referenzstrategien und Fußnoten manifestiert.

6.2.2.3 Vergleich von Textsortenkonventionen in Werbeanzeigen und Fachtextsortenkonventionen

Die Makrostruktur der deutschen und französischen Werbeanzeigen aus der Produktgattung „Nahrungs- und Genußmittel" ist im allgemeinen nicht an den für Fachtexte geltenden Textsortenkonventionen (vgl. Kap. 2.2.2.2 sowie Kap. 2.3.1) orientiert, sondern unterliegt mehrheitlich einer werbespezifischen Gestaltung. Die Makrostruktur der französischen Werbeanzeigen ist ganzheitlich gesehen stärker an Fachtextsortenkonventionen ausgerichtet als der Aufbau und die Gliederung der deutschen Werbeanzeigen, die stärker werbespezifisch gestaltet sind (vgl. Kap. 6.2.2.1). Diese Feststellung manifestiert sich beispielsweise im Hinblick auf die Gestaltung von Werbeanzeigen in Form eines redaktionellen Artikels, deren Anteil in der französischen Werbung für Nahrungs- und Genußmittel wesentlich höher ist als in der deutschen Werbung.

Die Mikrostruktur der deutschen und französischen Werbeanzeigen orientiert sich an den in der Gemeinsprache gebräuchlichen mikrostrukturellen Prinzipien sowie werbespezifischen Konventionen und unterliegt nicht den stringenten Fachtextsortenkonventionen (vgl. Kap. 2.2.2.2 sowie Kap. 2.3.1). Diese Feststellung trifft sowohl im Bereich der Syntax und Morphologie, des Stils sowie bezüglich sonstiger Elemente wie Referenzstrategien zu. Die Mikrostruktur der französischen Werbeanzeigen ist stärker an den für Fachtexte geltenden Textsortenkonventionen orientiert als jene der deutschen Werbeanzeigen. Dies manifestiert sich beispielsweise in der höheren Frequenz von Referenzangaben wie Fußnoten und Bezugnahme auf die Forschung, Experten oder Institutionen in den französischen Werbeanzeigen aus der Produktgattung „Nahrungs- und Genußmittel".

6.2.3 Fachliche Bilder

Auf der semiotischen Ebene wurden die Frequenz, Distribution und Semantik fachlicher Bilder und die Text-Bild-Beziehung analysiert. Die Untersuchung der Semantik fachlicher Bilder wurde auf der Grundlage der in Kapitel 5.2.3 dargestellten und in Tabelle 7 nochmals aufgeführten Analysekriterien vorgenommen. Da für die Werbung aus der Produktgattung „Nahrungs- und Genußmittel" eine sehr geringe Frequenz fachlicher Bilder ermittelt wurde, werden die Analyseergebnisse für die deutschen und französischen Werbeanzeigen tabellarisch gegenübergestellt, illustrierende Beispiele in den Fließtext integriert und eine abschließende Bewertung der Untersuchungsergebnisse vorgenommen.

a) Fachliche Bilder

Die Frequenz fachlicher Bilder in den deutschen und französischen Werbeanzeigen aus der Produktgattung „Nahrungs- und Genußmittel" ist sehr gering. 16% der deutschen Werbeanzeigen und 12% der französischen Werbeanzeigen weisen fachliche Bilder auf. Die Werbeanzeigen, die fachliche Bilder umfassen, wurden hinsichtlich der Semantik der fachlichen Bilder auf der Grundlage der folgenden Kriterien analysiert, und es wurden für die deutsche und französische Werbung für Nahrungs- und Genußmittel folgende Ergebnisse ermittelt (vgl. Tabelle 7).

Tabelle 7: Fachliche Bilder in der Werbung für Nahrungs- und Genußmittel

	deutsch	französisch
bildliche Darstellung von Personen mit Expertenstatus	10%	2%
Fotos von technischen Details	2%	0%
Zeichnungen von Produktbestandteilen/Inhaltsstoffen	2%	6%
schematische Darstellung von Funktionsabläufen/ Wirkungsweisen	4%	4%
graphische Darstellungen (Diagramme, etc.); Tabellen	4%	0%
Symbole/Pfeile als Hinweis, zur Erläuterung, Betonung	4%	28%
sonstige Bilder (Fotos von Zitierenden, Verbrauchern, Models, Schauspielern, etc.)	10%	22%

Zusammenfassend läßt sich hinsichtlich der Semantik fachlicher Bilder feststellen, daß in Bezug auf die in den deutschen und französischen Werbeanzeigen verwendeten fachlichen Bilder (vgl. Abb. 26 und Abb. 27) ähnliche Tendenzen bestehen. Es werden vereinzelt Zeichnungen von Inhaltsstoffen wie beispielsweise Moleküldarstellungen (vgl. Janich 1998 b: 101) eingesetzt oder Funktionsabläufe bzw. Wirkungsweisen schematisch dargestellt. Unterschiede zwischen den deutschen und französischen Werbeanzeigen bestehen in Bezug auf die Abbildung von Personen mit Expertenstatus, deren Anteil in den deutschen Werbeanzeigen höher ist als in den französischen, hinsichtlich der Benutzung von Symbolen und Pfeilen zur Verdeutlichung, bezüglich dessen die französischen Werbeanzeigen einen deutlich höheren Anteil aufweisen, sowie im Hinblick auf die Verwendung von Fotos von Zitierenden, Verbrauchern und bekannten Persönlichkeiten, deren Anteil in den französischen Werbeanzeigen mehr als doppelt so hoch ist wie in den deutschen Werbeanzeigen.

Abb. 26: Deutsche Werbeanzeige mit fachlichem Bild (w51lg)

Abb. 27: Französische Werbeanzeige mit fachlichem Bild (w69lg)

b) Text-Bild-Beziehung

In den deutschen und französischen Werbeanzeigen aus der Produktgattung „Nahrungs- und Genußmittel“ besteht auf der Inhaltsebene in einem sehr hohen Anteil der deutschen Werbeanzeigen (96%) und in allen analysierten französischen Werbeanzeigen eine Gleichwertigkeit von Text und Bild, die sich gegenseitig ergänzen. Die verwendeten Bilder illustrieren die Textinhalte der Werbeanzeigen und sind textintegriert. Neben der Gleichwertigkeit von Text und Bild treten außerdem folgende Mischformen auf: In einem Anteil von 12% der deutschen Werbeanzeigen überwiegt das Bild gegenüber dem Text, für die französischen Werbeanzeigen beträgt der Anteil 2%. Eine geringfügige Dominanz des Texts gegenüber dem Bild wurde in 40% der deutschen Werbeanzeigen und in 74% der französischen Werbeanzeigen festgestellt.

Zusammenfassend resultiert aus der Analyse der Text-Bild-Beziehung Folgendes: In den meisten deutschen und französischen Werbeanzeigen aus der Produktgattung „Nahrungs- und Genußmittel“ bestehen Mischformen der Text-Bild-Beziehungen auf der Inhaltsebene. Bilder werden in der großen Mehrheit der deutschen und französischen Werbeanzeigen gleichwertig mit Texten verwendet und dienen der Illustration der Textinhalte. Die Texte dominieren jedoch insbesondere in den französischen Werbeanzeigen häufig geringfügig die Bilder, weil in den Werbetexten zusätzlich Informationen gegeben werden, die über die Bilder nicht vermittelt werden können.

Insgesamt besteht sowohl in der deutschen als auch in der französischen Werbung für Nahrungs- und Genußmittel die Tendenz zur Verwendung sehr weniger fachlicher Bilder. In der Werbung aus dieser Produktgattung werden meist Abbildungen der Produkte und der Produktverpackungen sowie Fotos und andere Abbildungen mit einem hohen Assoziationspotential eingesetzt, die einerseits der Darstellung des beworbenen Produkts dienen und andererseits die Emotionen des Rezipienten direkt ansprechen sollen (vgl. Abb. 28 und Abb. 29). Fachliche Bilder und Darstellungen werden nur selten verwendet. Es handelt sich dabei meist um Fotos von Experten wie beispielsweise Spitzenköchen oder um Konsumenten des beworbenen Produkts, die gezeigt werden, um dem Rezipienten den Anschein von Expertentum zu vermitteln (vgl. Kap. 2.1.4). Andere Formen fachlicher Darstellungen werden in der Werbung für Nahrungs- und Genußmittel nur in Ausnahmefällen verwendet, weil in der Werbung aus dieser Produktkategorie selten wissenschaftlich-fachliche Informationen vermittelt werden.

Abb. 28: Deutsche Werbeanzeige mit Produktabbildung (w20lg)

Abb. 29: Französische Werbeanzeige mit emotionalen Elementen (w68lg)

Aufgrund der dargestellten Ergebnisse ist festzustellen, daß fachliche Bilder nur in einem sehr geringen Maße zur Konstituierung von Fachlichkeit in der Werbung für Laien aus der Produktgattung „Nahrungs- und Genußmittel" beitragen.

6.2.4 Verständlichkeit von Fachlichkeit und Erklärungsstrategien

Auf der kognitiven Ebene wurden ebenfalls in der Werbung für Nahrungs- und Genußmittel die Verständlichkeit seitens des Laien der in den deutschen und französischen Werbeanzeigen verwendeten fachlichen Elemente sowie Erklärungsstrategien untersucht.

6.2.4.1 Verständlichkeit fachlicher Elemente

Die Verständlichkeit fachlicher Elemente seitens des laienhaften Rezipienten wurde auf der sprachlich-textuellen und semiotischen Ebene auf der Basis des Analyserasters zur Verständlichkeit und zu Erklärungsstrategien (siehe Anhang) sowie anhand der in Kapitel 5.2.4.1 ausführlich dargestellten Kriterien untersucht. Im Folgenden werden ausschließlich die übergeordneten Kategorien aufgeführt und im Anschluß daran die für die jeweilige Kategorie erzielten Untersuchungsergebnisse für die deutsche und französische Werbung für Nahrungs- und Genußmittel kontrastiv dargestellt.

a) Verständlichkeit auf der sprachlich-textuellen Ebene

Die Verständlichkeit von Fachtermini ist in einem sehr hohen Anteil von 94% deutschen Werbeanzeigen und von 88% der französischen Werbeanzeigen gesichert, weil in der Werbung für Nahrungs- und Genußmittel vielfach transparente, für den Laien im Kontext allgemein verständliche Termini verwendet werden (vgl. Kap. 6.2.4.2). Sowohl in den deutschen als auch in den französischen Werbeanzeigen werden hauptsächlich Termini gebraucht, die fachlich im weiteren Sinne sind, beim Rezipienten Konnotationen bzw. Assoziationen auslösen, zum großen Teil in die Gemeinsprache integriert und folglich mehrheitlich gut verständlich sind. Der Anteil an Fachtermini, die mit Hilfe von Erklärungsstrategien erläutert werden (vgl. Kap. 6.2.4.2), fällt aufgrund dessen dementsprechend gering aus. In den deutschen Werbeanzeigen werden 8% der verwendeten Fachtermini explizit erklärt, in den französischen Werbeanzeigen beträgt der Anteil nur 4%. Die große Mehrheit der verwendeten Fachtermini wird nicht explizit mit Hilfe von Erklärungsstrategien expliziert, sondern es werden illustrierende Erläuterungen gegeben, so daß deren Verständlichkeit seitens des Laien mehrheitlich gewährleistet ist.

In den analysierten Werbeanzeigen werden folgende Strategien zur Verständlichkeitssicherung mit Bezug auf die Explikation fachlicher Aspekte angewendet: Weder in den untersuchten deutschen noch in den französischen Werbeanzeigen werden Definitionen gegeben. Erläuterungen in Fußnoten treten in 4% der deutschen Werbeanzeigen und 16% der französischen Werbeanzeigen auf. Wirkungs- bzw. Funktionsweisen oder bestimmte Abläufe werden in 36% der deutschen Werbeanzeigen und in 76% der französischen Werbeanzeigen beschrieben oder erläutert, so daß sie für den Laien leichter verständlich sind. Der Anteil an Erläuterungen zur Zusammensetzung der beworbenen Produkte hinsichtlich fachlicher Aspekte, wie beispielsweise die Nennung von Inhaltsstoffen, ist in den deutschen Werbeanzeigen (66%) und den französischen Werbeanzeigen (72%) ähnlich hoch. Hinsichtlich der Nennung von Produkteigenschaften und allgemeiner Erläuterungen weisen die deutschen Werbeanzeigen (Anteil von 96%) und die französischen Werbeanzeigen (Anteil von 100%) eine fast gleiche Verteilung bezüglich der Verständlichkeitssicherung im Hinblick auf fachliche Inhalte auf. Mit Hilfe allgemeiner Erläuterungen wird meist ein Bezug zwischen fachlichen Aspekten und Alltagserfahrungen des Laien hergestellt, so daß diese entscheidend zur Verständlichkeitssicherung beitragen.

In 18% der deutschen Werbeanzeigen und in 46% der französischen Werbeanzeigen werden Abkürzungen bzw. Kurzwörter verwendet. Keine der verwendeten Abkürzungen in den deutschen Werbeanzeigen wird aufgelöst, in der französischen Werbung erfolgt dies nur in einem sehr geringen Anteil von 6% der Werbeanzeigen. Die meisten Abkürzungen werden trotzdem vom Laien im Kontext verstanden, weil es sich mehrheitlich um allgemein bekannte Abkürzungen und Maßeinheiten wie beispielsweise *kcal* oder *g* handelt, so daß die inhaltliche Verständlichkeit der Werbeanzeigen bei Nicht-Auflösung der verwendeten Abkürzungen nicht beeinträchtigt ist.

Kontrastiv betrachtet ist festzustellen, daß in der französischen Werbung aus der Produktgattung „Nahrungs- und Genußmittel“ insgesamt gesehen ein größerer Beitrag zur Verständlichkeitssicherung seitens des Laien auf der sprachlich-textuellen Ebene geleistet wird als in der deutschen Werbung, da in den französischen Werbeanzeigen mehr verständlichkeitssichernde Erläuterungen hinsichtlich der oben dargestellten Aspekte gegeben werden.

b) Verständlichkeit auf der semiotischen Ebene

Die Frequenz fachlicher Bilder ist in der deutschen und französischen Werbung für Nahrungs- und Genußmittel sehr gering: 16% der deutschen Werbeanzeigen und 12% der französischen Werbeanzeigen umfassen fachliche Bilder (vgl. Kap. 6.2.3). Hinsichtlich der Verständlichkeit fachlicher Elemente auf der semiotischen Ebene ergeben sich für die deutsche und französische Werbung ähnliche Resultate. In 8% der deutschen Werbeanzeigen treten fachliche Bilder, Diagramme oder Tabellen auf, die für den Laien verständlich sind. Ein genauso hoher Anteil der deutschen Werbeanzeigen enthält erläuternde Bildunterschriften bzw. Erklärungen zu den fachlichen Bildern, d.h. die Hälfte der fachlichen Bilder in der deutschen Werbung für Nahrungs- und Genußmittel ist für den Laien allgemein verständlich und umfaßt erläuternde Bildunterschriften. 10% der französischen Werbeanzeigen weisen fachliche Bilder auf, die für den Laien verständlich sind, und 6% der fachlichen Bilder in den französischen Werbeanzeigen umfassen Bildunterschriften mit Erläuterungen. Folglich ist ein sehr geringer Anteil der in den französischen Werbeanzeigen verwendeten fachlichen Bilder nicht verständlich, und zu der Hälfte der fachlichen Bilder werden keine Bildunterschriften gegeben. Insgesamt ist die Verständlichkeit fachlicher Bilder in der französischen Werbung für Nahrungs- und Genußmittel in einem höheren Maße gesichert als in der deutschen Werbung. Die geringen Anteile, die sich in Bezug auf die Verständlichkeit fachlicher Bilder ergeben, resultieren aus der sehr geringen Frequenz fachlicher Bilder in der Werbung für Nahrungs- und Genußmittel und sollten nicht zu dem Schluß führen, daß über fachliche Bilder in der Werbung aus dieser Produktgattung keine Verständlichkeit aufgebaut wird. Denn das Gegenteil ist der Fall, da die Verständlichkeit der fachlichen Bilder in einem hohen Maße gesichert ist und diese semiotischen Elemente außerdem häufig eine illustrierende Funktion hinsichtlich der Verständlichkeit und Erklärung fachlicher Aspekte übernehmen.

Da insgesamt gesehen in der Werbung für Nahrungs- und Genußmittel sowohl auf der sprachlich-textuellen Ebene als auch auf der semiotischen Ebene nur wenige fachliche Elemente verwendet sowie Fachinhalte und Fachinformationen übermittelt werden, ist die Verständlichkeit seitens des Laien bereits aufgrund dieser Spezifika der Werbung aus der Produktgattung „Nahrungs- und Genußmittel" in einem höheren Maße gesichert, als dies in der Werbung aus anderen Produktkategorien wie beispielsweise der Kosmetikwerbung (vgl. Kap. 5.2.4) der Fall ist. Werbeanzeigen aus der Produktgattung „Nahrungs- und Genußmittel" werden aufgrund der geringen Frequenz fachlicher Elemente vom Laien mehrheitlich gut verstanden. Außerdem lassen sich die verwendeten fachlichen Komponenten meist aus dem Kontext erschließen und stellen in der Mehrheit der Fälle keine Verständlichkeitsbarriere dar.

Zusammenfassend ist kontrastiv für die deutsche und französische Werbung aus der Produktgattung „Nahrungs- und Genußmittel" festzustellen, daß die Verständlichkeitssicherung auf der sprachlich-textuellen und semiotischen Ebene mit Hilfe ähnlicher Verständlichkeitsstrategien erfolgt. Explizite Erklärungen von Termini oder Definitionen werden sowohl in den deutschen als auch in den französischen Werbeanzeigen nur in einem sehr geringen Maße bzw. überhaupt nicht gegeben. Erläuterungen zu fachlichen Elementen hinsichtlich der oben dargestellten Gesichtspunkte treten in den französischen Werbeanzeigen häufiger auf als in den deutschen, so daß der aus Beschreibungen und Erläuterungen fachlicher Aspekte resultierende Grad der Verständlichkeitssicherung in der französischen Werbung etwas höher ist als in der deutschen Werbung. Partiell läßt sich dieses Ergebnis auf den insgesamt höheren Anteil an fachlichen Elementen in den französischen Werbeanzeigen zurückführen. Hinsichtlich der Verständlichkeitssicherung auf der semiotischen Ebene ergeben sich für die deutsche und französische Werbung für Nahrungs- und Genußmittel ähnliche Resultate, obgleich die Verständlichkeit fachlicher Bilder in den französischen Werbeanzeigen in einem höheren Maße gesichert ist als in den deutschen Werbeanzeigen. Insgesamt betrachtet sind die verwendeten fachlichen Bilder, die häufig erläuternde Bildunterschriften umfassen, sowohl in den deutschen als auch in den französischen Werbeanzeigen vielfach verständlich und tragen folglich aufgrund ihrer illustrierenden Funktion zur Verständlichkeitssicherung seitens des Laien bei.

6.2.4.2 Erklärungsstrategien

Die Erklärungsstrategien, die in den analysierten Werbeanzeigen auf der sprachlich-textuellen und semiotischen Ebene Anwendung finden, wurden ebenfalls auf der Grundlage der in Kapitel 5.2.4.2 dargestellten Kriterien betrachtet. Im Folgenden werden nur die übergeordneten Kategorien von Analysekriterien noch einmal aufgeführt und anschließend die Untersuchungsergebnisse kontrastiv für die deutsche und französische Werbung aus der Produktgattung „Nahrungs- und Genußmittel" dargestellt.

a) Erklärungsstrategien auf der sprachlich-textuellen Ebene

Die Vielfalt der Erklärungsstrategien auf der sprachlich-textuellen Ebene ist recht gering, weil in den deutschen und französischen Werbeanzeigen aus der Produktgattung „Nahrungs- und Genußmittel" nur sehr wenige Verständlichkeitsstrategien zur expliziten Explikation von Fachtermini verwendet werden (vgl. Kap. 6.2.4.1). Weder in den deutschen noch in den französischen Werbeanzeigen liegen anaphorische Erklärungen von Fachtermini vor. In nur einer deutschen Werbeanzeige wird ein Fachterminus kataphorisch expliziert; dies ist in keiner französischen Werbeanzeige der Fall. Erklärende Erläuterungen zu Fachtermini werden in 10% der deutschen und der französischen Werbeanzeigen gegeben. Fremdwörter oder Anglizismen werden in 24% der deutschen Werbeanzeigen und in 14% der französischen Werbeanzeigen erklärt bzw. übersetzt. Fußnoten mit zusätzlichen expliziten Erklärungen zu fachlichen Aspekten enthalten 4% der deutschen Werbeanzeigen und 8% der französischen Werbeanzeigen.

Zusammenfassend ist hinsichtlich der Verwendung von Erklärungsstrategien auf der sprachlich-textuellen Ebene in den deutschen und französischen Werbeanzeigen festzustellen, daß in der deutschen und französischen Werbung für Nahrungs- und Genußmittel ähnliche Erklärungsstrategien in vergleichbar geringer

Frequenz zur expliziten Explikation von fachlichen Elementen verwendet werden.

b) Erklärungsstrategien auf der semiotischen Ebene

Auf der semiotischen Ebene finden ebenfalls nur sehr wenige Erklärungsstrategien in den deutschen und französischen Werbeanzeigen Anwendung. Fachliche Bilder, deren Frequenz in der deutschen und französischen Werbung für Nahrungs- und Genußmittel sehr gering ist, umfassen häufig erläuternde Bildunterschriften (vgl. Kap. 6.2.4.1). Außerdem werden fachliche Sachverhalte relativ oft in Bildern von Inhaltsstoffen, Wirkungsweisen, etc. oder mittels Tabellen oder Diagrammen mit Angaben zu Inhaltsstoffen oder Wirkungsweisen veranschaulicht. Bilder zur Illustration von Inhaltsstoffen oder Wirkungsweisen der beworbenen Produkte werden in 32% der deutschen Werbeanzeigen und in 40% der französischen Werbeanzeigen zur Explikation im Bild und zur besseren Verständlichkeit seitens des Laien eingesetzt. Der Anteil an Tabellen oder Diagrammen zur Illustration von Inhaltsstoffen oder Wirkungsweisen fällt mit 4% für die deutsche Werbung und 6% für die französische Werbung wesentlich geringer aus.

In kontrastiver Betrachtung ist festzustellen, daß die Frequenz von Erklärungsstrategien auf der Bildebene in den französischen Werbeanzeigen höher ist als in den deutschen Werbeanzeigen, so daß die Verständlichkeit in der französischen Werbung in einem höheren Maße mittels Illustrationen zu fachlichen Aspekten gesichert wird als in der deutschen Werbung für Nahrungs- und Genußmittel. Insgesamt gesehen finden in der deutschen Werbung mehr Erklärungsstrategien auf der sprachlich-textuellen Ebene Anwendung, während in der französischen Werbung mehr Erklärungsstrategien auf der semiotischen Ebene eingesetzt werden.

c) Fachmann-Laie-Gefälle und Popularisierung von Fachlichkeit

Wichtige Gesichtspunkte im Hinblick auf die Verständlichkeit fachlicher Elemente und der Explikation auf der sprachlich-textuellen und semiotischen Ebene stellen das Fachmann-Laie-Gefälle und die sich in Verständlichkeits- und Erklärungsstrategien manifestierende Popularisierung von Fachlichkeit dar.

Auf der sprachlich-textuellen Ebene der Popularisierung von Fachlichkeit spielen Aspekte wie die Signalkraft und Selbstevidenz von Termini eine wichtige Rolle. In der deutschen und französischen Werbung für Nahrungs- und Genußmittel werden zahlreiche Termini verwendet, die dem Laien im allgemeinen bekannt sind und von ihm im Kontext verstanden werden, weil es sich häufig um transparente Termini aus Fachbereichen wie beispielsweise Ernährungswissenschaft, Lebensmittelkunde und Kochkunst handelt, die an das Alltagswissen des Laien und seine Erfahrungswelt anknüpfen, deren Verstehen kein spezielles Fachwissen erfordert und die im Kontext außerdem oft selbsterklärend wirken. Dazu gehören zum Beispiel Syntagmen wie *frei von Konservierungs- und Zusatzstoffen/sans additifs ni conservateurs, gesunde, ausgewogene Ernährung/alimentation saine et équilibrée, reich an Ballaststoffen und Proteinen/riche en fibres et protéines, kalorien- und fettreduziert/moins de calories et de matières grasses*. In 44% der deutschen und der französischen Werbeanzeigen werden transparente, selbstevidente Termini verwendet, die keiner gesonderten Explikation in Text und Bild bedürfen.

Einen weiteren Popularisierungsfaktor von Fachlichkeit stellen Sprachspiele (vgl. Kap. 6.2.2.2) dar, die in der Werbung für Nahrungs- und Genußmittel häufig eingesetzt werden, um die Verständlichkeit fachlicher Sachverhalte mittels ihres hohen Assoziationspotentials zu erleichtern.

Eine Popularisierung von Fachlichkeit auf der sprachlich-textuellen Ebene, die sich beispielsweise in einer besonders kohärenten Textstruktur oder der Verwendung anschaulicher Erklärungen manifestiert und eine leichtere Lesbarkeit impliziert, erfolgt aufgrund der geringen Frequenz fachlicher Elemente sowie der Übermittlung weniger Fachinformationen in der Werbung für Nahrungs- und Genußmittel in nur 10% der deutschen und französischen Werbeanzeigen. Da die Frequenz von Bildern mit spezifisch fachlichen Inhalten in der deutschen und französischen Werbung sehr gering ist, fällt auch der Popularisierungsgrad auf der semiotischen Ebene dementsprechend gering aus. In 6% der deutschen Werbeanzeigen und in 4% der französischen Werbeanzeigen erfolgt eine Popularisierung von Fachlichkeit auf der Bildebene. Diese vollzieht sich meist auf der Basis erläuternder Bildunterschriften oder von Erläuterungen zu den fachlichen Bildern im Fließtext, mit deren Hilfe die Verständlichkeit der fachlichen Bilder seitens des Laien gesichert werden soll, oder mittels der Verwendung illustrierender Bilder zu fachlichen Aspekten.

Aufgrund der geringen Frequenz fachlicher Elemente sowie der Selbstevidenz von Termini und illustrierenden Bildern in der Werbung für Nahrungs- und Genußmittel werden in 48% der deutschen Werbeanzeigen und 62% der französischen Werbeanzeigen keine Erklärungsstrategien verwendet. Die Verständlichkeit fachlicher Komponenten seitens des Laien ist in der Mehrheit der Fälle aus den oben angeführten Gründen dennoch gewährleistet. Keine Verständlichkeitssicherung der vermittelten fachlichen Inhalte auf der Grundlage von Explikation in Text und Bild erfolgt in nur 6% der deutschen Werbeanzeigen und 10% der französischen Werbeanzeigen.

Da der Laie mit vielen der in der Werbung für Nahrungs- und Genußmittel verwendeten Termini vertraut ist und sehr wenige Bilder mit Inhalten eingesetzt werden, die spezifische Fachinformationen übermitteln, besteht sowohl auf der sprachlich-textuellen als auch auf semiotischen Ebene in der Werbung aus dieser Produktkategorie ein geringes Fachmann-Laie-Gefälle, das keine gesonderte Popularisierung von Fachlichkeit erfordert.

Zusammenfassend läßt sich in kontrastiver Betrachtung Folgendes hinsichtlich der Explikation fachlicher Elemente in Text und Bild feststellen: Obgleich der geringen Frequenz von Erklärungsstrategien in der Werbung für Nahrungs- und Genußmittel werden in den deutschen und französischen Werbeanzeigen ähnliche Formen der Explikation auf der sprachlich-textuellen Ebene zur Erläuterung von Fachtermini und auf der semiotischen Ebene zur Illustration fachlicher Inhalte verwendet. Unterschiede bestehen hinsichtlich der Erklärung bzw. Übersetzung von Fremdwörtern und Anglizismen, die in den deutschen Werbeanzeigen häufiger erläutert werden als in den französischen Werbeanzeigen, sowie bezüglich der Verwendung von Fußnoten mit expliziten Erklärungen, deren Anteil in den französischen Werbeanzeigen doppelt so hoch ist wie in den deutschen Werbeanzeigen. Der Anteil an illustrierenden Bildern zur Explikation fachlicher Aspekte ist in den französischen Werbeanzeigen etwas höher als in den deutschen Werbeanzeigen. Erläuternde Bildunterschriften werden sowohl in den deutschen als auch in den französischen Werbeanzeigen häufig gegeben. Insgesamt betrachtet werden Erklärungsstrategien in fast gleicher Frequenz in der deutschen und französischen Werbung verwendet. In den deutschen Werbeanzeigen werden mehr Formen der Explikation auf der sprachlich-textuellen Ebene eingesetzt, während in den französischen Werbeanzeigen mehr Erklärungsstrategien auf der Bildebene Anwendung finden. Daraus resultiert ein vergleichbar hoher Grad der Verständlichkeitssicherung in Bezug auf fachliche Aspekte auf der Grundlage der Explikation in Text und Bild in der deutschen und französischen Werbung für Nahrungs- und Genußmittel. Hinsichtlich der Popularisierung von Fachlichkeit weist die deutsche und französische Werbung aus der Produktgattung „Nahrungs- und Genußmittel" ähnlich geringe Anteile auf, weil sowohl in den deutschen als auch in den französischen Werbeanzeigen eine hohe Selbstevidenz von Termini und ein geringes Fachmann-Laie-Gefälle besteht, so daß eine Explikation in Text oder Bild vielfach nicht erforderlich und die Verständlichkeit fachlicher Elemente seitens des Laien dennoch gesichert ist.

6.2.4.3 Selektion von Rezipienten

In der deutschen und französischen Werbung für Nahrungs- und Genußmittel erfolgt in der Mehrheit der analysierten Werbeanzeigen keine spezifische Selektion von bestimmten Rezipienten (vgl. Kap. 2.6.1), da die fachlichen Komponenten mehrheitlich so eingesetzt werden, daß sie allgemein für einen breiten Adressatenkreis verständlich sind. Der Gebrauch transparenter, selbstevidenter Termini aus alltagsnahen Fachbereichen wie Lebensmittelkunde und Kochkunst und die Verwendung illustrierender Bilder mit erläuternden Bildunterschriften tragen diesem Umstand Rechnung. Die geringe Frequenz fachlicher Elemente und das geringe Fachmann-Laie-Gefälle tragen ebenfalls dazu bei, daß fachliche Komponenten in der Werbung für Nahrungs- und Genußmittel an einen allgemeinen Kreis von Laienrezipienten gerichtet sind, an deren Alltagswissen und -erfahrungen anknüpfen und für diese größtenteils verständlich sind. Folglich wird in der Werbung aus dieser Produktgattung in der Mehrheit der untersuchten deutschen und französischen Werbeanzeigen keine Selektion von Rezipienten vorgenommen, die über ein spezifisches fachliches Vorwissen zu verfügen haben, um die vermittelten fachlichen Inhalten verstehen und nachvollziehen zu können.

6.2.5 Fachlichkeitsgrad und Fachlichkeitskonzept

In diesem Kapitel wird der statistisch ermittelte Fachlichkeitsgrad der analysierten deutschen und französischen Werbeanzeigen aus der Produktgattung „Nahrungs- und Genußmittel“ zusammenfassend dargestellt sowie das Fachlichkeitskonzept der Werbung aus dieser Produktkategorie beschrieben und somit der Bezug zwischen Fachlichkeit und Werbung hergestellt.

6.2.5.1 Frequenz fachlicher Elemente und Fachlichkeitsgrad

Bei der Bestimmung des Fachlichkeitsgrads der deutschen und französischen Werbeanzeigen wurde ebenfalls nach der in Kapitel 5.2.5.1 beschriebenen Methode zur statistischen Ermittlung des Fachlichkeitsgrads vorgegangen. In Tabelle 8 sind Beispiele für Fachtermini, die in hoher Frequenz in den analysierten deutschen und französischen Werbeanzeigen auftreten, aufgelistet. Im Anschluß wird der statistisch ermittelte Fachlichkeitsgrad zusammenfassend dargestellt.

Tabelle 8: Beispiele für Fachtermini mit hoher Frequenz in der Werbung für Nahrungs- und Genußmittel

Terminus	fachlich i.e.S.	fachlich i.w.S.	pseudo-fachlich
Ballaststoffe (ballaststoffreich), *fibres* (*riche en fibres*)		x	
Cholesterin (cholesterinarm), *cholestérol* (*sans cholestérol*)	x		
Diät, *régime alimentaire*		x	
Fettsäuren (Omage-3-Fettsäuren), *acides gras*	x		
gesunde, ausgewogene Ernährung, *alimentation saine et équilibrée*		x	
kalorien- und fettreduziert, *moins de calories et de matières grasses*		x	
Konservierungs- und Zusatzstoffe, *additifs et conservateurs*		x	
Mineralstoffe (reich an Calcium und Magnesium), *minéraux* (*riche en calcium et magnésium*)	x		
vital (Vital-Salat), *vitalité*		x	x
Vitamin (Vitamin-Gehalt), *vitamine* (*teneur en vitamines*)	x		

Der Fachlichkeitsgrad der Werbeanzeigen wurde ebenfalls auf der Grundlage der Frequenz fachlicher Elemente, der in Kapitel 5.2.5.1 dargestellten Abstufungen der Fachlichkeit sowie der anschließend beschriebenen Kriterien bestimmt.

Die deutsche und französische Werbung für Nahrungs- und Genußmittel zeichnet sich insgesamt durch eine vergleichsweise geringe Frequenz fachlicher Elemente auf der sprachlich-textuellen und semiotischen Ebene aus. 54% der deutschen Werbeanzeigen und 64% der französischen Werbeanzeigen umfassen fachliche Komponenten. Im Hinblick auf die Abstufungen der Fachlichkeit wurden folgende Ergebnisse ermittelt: 34% der deutschen Werbeanzeigen und 40% der französischen Werbeanzeigen weisen einen sehr geringen Fachlichkeitsgrad auf. Ein geringer bis mittlerer Fachlichkeitsgrad wurde für 16% der deutschen und für 20% der französischen Werbeanzeigen ermittelt. 4% der deutschen und der französischen Werbeanzeigen sind durch einen mittleren bis hohen Fachlichkeitsgrad gekennzeichnet. Keine der untersuchten deutschen und französischen Werbeanzeigen weist einen sehr hohen Fachlichkeitsgrad auf.

Zusammenfassend ist in kontrastiver Betrachtung festzustellen, daß die deutschen und französischen Werbeanzeigen aus der Produktgattung „Nahrungs- und Genußmittel" ähnliche Tendenzen hinsichtlich ihres Fachlichkeitsgrads zeigen. Gesamtheitlich gesehen ist die Frequenz fachlicher Elemente in der deutschen und französischen Werbung relativ gering. Der Anteil der französischen Werbeanzeigen mit fachlichen Elementen ist insgesamt etwas höher als der Anteil der deutschen Werbeanzeigen mit fachlichen Komponenten, so daß sich daraus ein höherer Fachlichkeitsgrad der französischen Werbung für Nahrungs- und Genußmittel resultiert. Außerdem ergeben sich im Schluß in Bezug auf die Abstufungen der Fachlichkeit etwas höhere Anteile hinsichtlich des sehr geringen und geringen bis mittleren Fachlichkeitsgrads für die französischen Werbeanzeigen. Die Mehrheit der untersuchten deutschen und französischen Werbeanzeigen umfaßt nur sehr wenige fachliche Elemente und ist folglich durch einen geringen Fachlichkeitsgrad gekennzeichnet. Sowohl in der deutschen als auch in der französischen Werbung für Nahrungs- und Genußmittel zeichnen sich sehr wenige bzw. keine Werbeanzeigen durch einen hohen bzw. sehr hohen Fachlichkeitsgrad aus.

Der geringe Fachlichkeitsgrad (vgl. Abb. 30 und Abb. 31) manifestiert sich in der Frequenz und Semantik der in den Werbeanzeigen verwendeten fachlichen Elemente und dient als Beweis für die Hypothese, daß sich sowohl die deutsche als auch die französische an Laien gerichtete Werbung für Nahrungs- und Genußmittel nur in einem geringen Maße der Fachlichkeit bedient, mehrheitlich nicht-fachlich markiert ist und an der Gemeinsprache und Alltagswelt des Laien orientiert ist.

Abb. 30: Deutsche Werbeanzeige mit geringem Fachlichkeitsgrad (w45lg)

Abb. 31: Französische Werbeanzeige mit geringem Fachlichkeitsgrad (w93lg)

6.2.5.2 Fachlichkeitskonzept

Zunächst werden zur Erarbeitung des Fachlichkeitskonzepts der Werbung für Nahrungs- und Genußmittel die Semantik der in den deutschen und französischen Werbeanzeigen verwendeten fachlichen Elemente sowie die jeweilige damit verfolgte Intention auf der Basis der in Kapitel 5.2.5.2 aufgeführten Kriterien dargestellt.

Sowohl der Anteil der deutschen Werbeanzeigen, die fachliche Elemente enthalten, die fachlich im engeren Sinne sind (2%), als auch derjenige der französischen Werbeanzeigen mit fachlichen Komponenten im engeren Sinne (4%) ist sehr gering. In der Werbung für Nahrungs- und Genußmittel werden nur in einem sehr geringen Maße spezifische Fachinformationen übermittelt, und es findet praktisch keine Fachmann-Fachmann-Kommunikation statt, in deren Rahmen fachliche Denotate verwendet werden. Die Mehrheit der in den deutschen und französischen Werbeanzeigen enthaltenen fachlichen Elemente ist fachlich im weiteren Sinne, d.h. mittels der fachlichen Komponenten werden Sachinformationen übermittelt, die in der Fachmann-Laie-Kommunikation gebraucht werden und beim laienhaften Rezipienten Konnotationen bzw. Assoziationen zu Fachlichem auslösen. Dies ist in 44% der deutschen Werbeanzeigen und in 60% der französischen Werbeanzeigen der Fall. Auf dieser Ebene erfolgt in 12% der deutschen und in 22% der französischen Werbeanzeigen zusätzlich eine Popularisierung von Fachlichkeit auf der Ebene der Fachmann-Laie-Kommunikation, so daß die Verständlichkeit der übermittelten Sachinformationen gesichert ist. Obwohl der Anteil der Popularisierung von Fachlichkeit auf der Text- und Bildebene, die mittels der Verwendung von sprachlich-textuellen und semiotischen Erklärungsstrategien erfolgt, in den französischen Werbeanzeigen etwas geringer ist (vgl. Kap. 6.2.4.2), wird die Popularisierung von Fachlichkeit auf der Ebene der Fachmann-Laie-Kommunikation mit Hilfe der Übermittlung von Sachinformationen an den Laien insgesamt in der französischen Werbung für Nahrungs- und Genußmittel, deren Anteil an Fachtermini, die fachlich im weiteren Sinne sind, höher ist als in den deutschen Werbeanzeigen (vgl. Kap. 6.2.1.2), in einem höheren Maße vollzogen als in der deutschen Werbung.

Die Pseudofachlichkeit ist in der Werbung für Nahrungs- und Genußmittel von untergeordneter Bedeutung, weil sich für Nahrungs- und Genußmittel kaum mit der Berufung auf wissenschaftliche Erkenntnisse werben läßt. Die Werbung für Nahrungs- und Genußmittel ist von emotionalen Elementen mit hohem Assoziationspotential geprägt, mit denen der laienhafte Rezipient angesprochen werden soll (vgl. Abb. 32 und Abb. 33). Fachliche und wissenschaftliche Komponenten spielen in der Werbung aus dieser Produktgattung eine untergeordnete Rolle (vgl. Gipper 1979: 134). In der Werbung aus dieser Produktkategorie wird vielmehr der Genuß der Produkte angepriesen, und es werden durch den Einsatz verschiedener sprachlicher und visueller Mittel unterschiedliche Assoziationen zu Natur, Freiheit, Glück, Liebe, etc. ausgelöst (vgl. ebd.). Fachliche Elemente, die mehrheitlich fachlich im weiteren Sinne sind, werden in 36% der deutschen und in 26% der französischen Werbeanzeigen pseudofachlich eingesetzt. Mit dem pseudofachlichen Gebrauch fachlicher Komponenten wird davon in 14% der deutschen Werbeanzeigen und in einem wesentlich höheren Anteil von 40% davon in den französischen Werbeanzeigen beim Rezipienten der Eindruck von Wissenschaftlichkeit erweckt und Fachlichkeit in Text und Bild inszeniert. Diese Differenz ist unter anderem darauf zurückzuführen, daß dies in 10% der deutschen Werbeanzeigen und in 28% der französischen Werbeanzeigen zusätzlich dadurch geschieht, daß diese in der Form eines redaktionellen Artikels aufgebaut und gestaltet sind (vgl. Kap. 6.2.2.1), so daß der laienhafte Rezipient auf der formalen Ebene den Eindruck gewinnt, es handele sich um einen Fachtext oder wissenschaftlichen Beitrag. Mittels dieses formalen Aspekts sowie mittels der Verwendung anderer fachlicher Komponenten bedient sich die Werbung für Nahrungs- und Genußmittel des Prestiges der Wissenschaften. Diese Intention der Ausnutzung des Prestiges der Wissenschaften zur Erhöhung der Glaubwürdigkeit seitens des Rezipienten wird in 10% der deutschen Werbeanzeigen und in 6% der französischen Werbeanzeigen verfolgt. In der französischen Werbung für Nahrungs- und Genußmittel herrscht trotz des höheren Anteils an Elementen zur Inszenierung von Wissenschaftlichkeit insgesamt eine stärkere Orientierung an der Vermittlung von Sachinformationen vor.

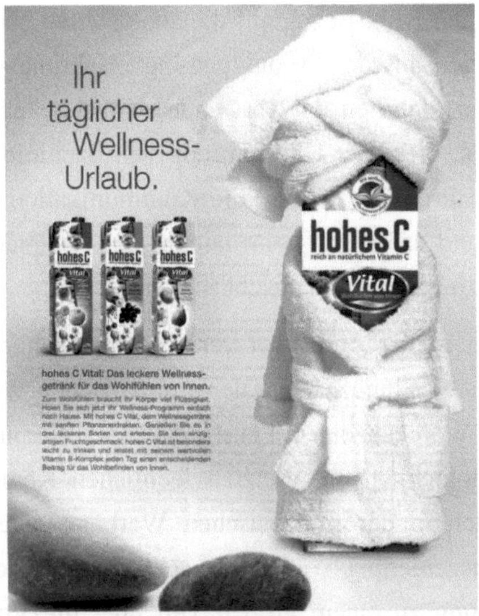

Abb. 32: Deutsche Werbeanzeige mit geringem Fachlichkeitsgrad (w2lg)

Abb. 33: Französische Werbeanzeige mit geringem Fachlichkeitsgrad (w72lg)

Gesamtheitlich gesehen ist in Bezug auf die analysierten deutschen und französischen Werbeanzeigen aus der Produktgattung „Nahrungs- und Genußmittel" festzustellen, daß die Mehrheit der verwendeten fachlichen Elemente fachlich im weiteren Sinne ist, diese der Übermittlung von Sachinformationen hinsichtlich der beworbenen Produkte dienen, die Kommunikation auf der Fachmann-Laie-Ebene erfolgt und daß damit beim laienhaften Rezipienten Konnotationen bzw. Assoziationen zu Fachlichem ausgelöst werden.

Kontrastiv betrachtet ist der Anteil der verwendeten fachlichen Komponenten, die fachlich im weiteren Sinne sind, in den französischen Werbeanzeigen höher als in den deutschen Werbeanzeigen. Für die deutsche Werbung wurde ein höherer Anteil an pseudofachlich eingesetzten fachlichen Komponenten ermittelt. Dennoch erfolgt auch in der französischen Werbung eine Inszenierung von Fachlichkeit. Die Inszenierung von Wissenschaftlichkeit vollzieht sich in der französischen Werbung zu einem großen Teil über die Vermittlung des Eindrucks von Wissenschaftlichkeit mittels der Gestaltung von Werbeanzeigen in Form eines redaktionellen Artikels, deren Anteil in der französischen Werbung für Nahrungs- und Genußmittel mehr als doppelt so hoch ist wie in der deutschen Werbung. Fachliche Elemente, die fachlich im engeren Sinne sind, spielen weder in der deutschen noch in der französischen Werbung eine Rolle. Diese Feststellung ist zum Teil auf den insgesamt in der Werbung für Nahrungs- und Genußmittel dominierenden geringen Fachlichkeitsgrad zurückzuführen.

Insgesamt zeichnet sich sowohl die deutsche als auch die französische Werbung für Nahrungs- und Genußmittel durch eine recht sachbezogene Vermittlung fachlicher Informationen auf der Ebene der Fachmann-Laie-Kommunikation aus, die von Konnotationen bzw. Assoziationen zu Fachlichem sowie gemeinsprachlichen Elementen geprägt ist und in deren Zentrum weder in der deutschen Werbung noch in der französischen Werbung für Laien die Fachlichkeit als zentrale Leitgröße steht.

Das Fachlichkeitskonzept der deutschen und französischen Werbung für Nahrungs- und Genußmittel umfaßt zusammenfassend in kontrastiver Darstellung folgende Faktoren:

➢ **Frequenz, Distribution und Semantik fachlicher Elemente:**

Auf der sprachlich-textuellen Ebene wird ein geringer Beitrag zur Konstituierung von Fachlichkeit geleistet. Die Frequenz von Fachtermini ist in der deutschen und französischen Werbung für Nahrungs- und Genußmittel vergleichsweise gering. Die französischen Werbeanzeigen zeichnen sich durch einen höheren Anteil an Fachtermini aus als die deutschen Werbeanzeigen. Die Mehrheit der verwendeten Fachtermini ist fachlich im weiteren Sinne, d.h. über Fachtermini wird keine Fachlichkeit auf der Denotatsebene der Expertenkommunikation vermittelt, sondern die verwendeten Fachwörter lösen seitens des Rezipienten individuelle Konnotationen bzw. Assoziationen aus, die an Alltagserfahrungen in der Laienwelt anknüpfen. Die Textsortenkonventionen, die in den deutschen und französischen Werbeanzeigen Anwendung finden, entsprechen hinsichtlich der Makro- und Mikrostruktur mehrheitlich nicht den Fachtextsortenkonventionen, sondern sind vornehmlich werbespezifisch geprägt. Auf der semiotischen Ebene manifestiert sich die Fachlichkeit ebenfalls nur in einem sehr geringen Maße, weil lediglich sehr wenige fachliche Bilder in der deutschen und französischen Werbung für Nahrungs- und Genußmittel verwendet werden.

➢ **Verständlichkeit von Fachlichkeit und Erklärungsstrategien:**

Auf der kognitiven Ebene bestätigt sich der geringe Fachlichkeitsgrad der deutschen und französischen Werbung für Nahrungs- und Genußmittel. Die Verständlichkeit fachlicher Elemente ist aufgrund der Spezifika der Werbung aus dieser Produktgattung weitgehend gesichert, es finden nur wenige, für die deutsche und französische Werbung ähnliche Verständlichkeits- und Erklärungsstrategien auf der sprachlich-textuellen und semiotischen Ebene in den deutschen und französischen Werbeanzeigen Anwendung, und eine Popularisierung von Fachlichkeit erfolgt nur in einem geringen Maße aufgrund der Selbstevidenz von Fachtermini und deren Integration in die Gemeinsprache sowie des geringen Fachmann-Laie-Gefälles, das keine Selektion bestimmter Rezipienten mit fachlichem Vorwissen impliziert.

- **Fachlichkeitsgrad:**
  Hinsichtlich der Frequenz fachlicher Elemente und in Bezug auf den Fachlichkeitsgrad bestehen in der deutschen und französischen Werbung für Nahrungs- und Genußmittel ähnliche Tendenzen. Die Frequenz fachlicher Elemente auf der sprachlich-textuellen und semiotischen Ebene ist in den deutschen und französischen Werbeanzeigen relativ gering. Dies manifestiert sich in einem vergleichsweise geringen Fachlichkeitsgrad der Werbung aus dieser Produktgattung. Insgesamt ist der Fachlichkeitsgrad in der französischen Werbung aufgrund der etwas höheren Frequenz fachlicher Komponenten geringfügig höher als in der deutschen Werbung. In Bezug auf die Abstufungen der Fachlichkeit ist die Mehrheit der deutschen und französischen Werbeanzeigen von einem sehr geringen Fachlichkeitsgrad geprägt und zeichnet sich im Hinblick auf die Semantik durch die Verwendung von fachlichen Elementen aus, die fachlich im weiteren Sinne sind. Pseudofachlich eingesetzte Komponenten sind in der deutschen und französischen Werbung für Nahrungs- und Genußmittel von untergeordneter Bedeutung. Insgesamt erfolgt in der deutschen und französischen Werbung aus dieser Produktgattung eine konnotationsgeprägte Fachmann-Laie-Kommunikation, in deren Rahmen die Fachlichkeit keine fundamentale Rolle spielt.

Im Fachlichkeitskonzept der deutschen und französischen Werbung für Nahrungs- und Genußmittel stellt die Fachlichkeit keine zentrale Leitgröße dar, sondern insbesondere die deutsche Werbung aber auch die französische Werbung, die insgesamt in einem etwas stärkeren Maße fachlich geprägt ist als die deutsche Werbung, ist durch die Verwendung gemeinsprachlicher, alltagsnaher Text- und Bildelemente aus der Laienwelt sowie werbespezifische, der Werbeintention dienende Merkmale gekennzeichnet. Die deutsche Werbung für Nahrungs- und Genußmittel ist aufgrund des geringeren Fachlichkeitsgrads stärker auf die Hauptintention von Werbung, d.h. die Absatzsteigerung der beworbenen Produkte, mittels der Verwendung von Elementen der Gemeinsprache und Komponenten aus der Alltagswelt des Laien ausgerichtet, während die französische Werbung aus dieser Produktkategorie sich etwas stärker an der sachlich-fachlichen Informierung des Rezipienten hinsichtlich der beworbenen Produkte orientiert. Insgesamt ist die Werbung aus der Produktgattung „Nahrungs- und Genußmittel“ sowohl im Deutschen als auch im Französischen als eine Produktkategorie der an Laien gerichteten Werbung einzustufen, in der Fachlichkeit kein konstitutives Charakteristikum darstellt.

C Resultate

7 Bewertung der Untersuchungsergebnisse

In diesem abschließenden Kapitel werden die im Empirieteil dargestellten Untersuchungsergebnisse der kontrastiven Korpusanalyse deutscher und französischer Werbeanzeigen aus den Produktgattungen „Kosmetik" (vgl. Kap. 5) und „Nahrungs- und Genußmittel" (vgl. Kap. 6) zusammenfassend bewertet und hinsichtlich des Aspekts der Fachlichkeit in der an Laien gerichteten Werbung interpretiert. Zunächst werden die untersuchten Produktkategorien bezüglich ihres jeweiligen Fachlichkeitskonzepts vergleichend gegenübergestellt sowie Gemeinsamkeiten und Unterschiede hinsichtlich der Fachlichkeit zwischen der Anzeigenwerbung aus diesen Produktgattungen in Deutschland und Frankreich aufgezeigt. Anschließend wird eine Bewertung des Untersuchungsgegenstands der vorliegenden Arbeit, der Fachlichkeit in der Laienwerbung vorgenommen und die Fragestellung der Informierung versus Inszenierung im Hinblick auf die Fachlichkeit in der Werbung für Laien diskutiert. Abschließend werden die Ergebnisse der Arbeit zusammengefaßt, und es wird ein Ausblick auf weitere interessante Gesichtspunkte gegeben, die Gegenstand der Untersuchung von Fachlichkeit in der Werbung sein könnten.

7.1 Vergleich der Produktgattungen

In der Anzeigenwerbung aus den untersuchten Produktgattungen „Kosmetik" und „Nahrungs- und Genußmittel" wird die Fachlichkeit als Werbestrategie auf sehr unterschiedliche Art und Weise eingesetzt, so daß daraus stark divergierende Fachlichkeitskonzepte resultieren, die in der Werbung aus den beiden analysierten Produktkategorien in verschiedener Form Anwendung finden.

In der an Laien gerichteten Werbung aus der Produktgattung „Kosmetik" stellt die Fachlichkeit eine konstitutive Leitgröße dar. Sie manifestiert sich in einem sehr hohen Fachlichkeitsgrad der Anzeigenwerbung aus dieser Produktkategorie. Fachliche Elemente auf der sprachlich-textuellen und semiotischen Ebene treten in sehr hoher Frequenz auf, sind stark fachsprachlich bzw. allgemein fachlich markiert, und ihre Verständlichkeit wird mittels verschiedener Formen der Explikation in Text und Bild nur zum Teil gesichert, so daß die vollständige Verständlichkeit der fachlichen Komponenten seitens des Laien meist nicht gewährleistet ist. Aufgrund dieser Charakteristika besteht in der Kosmetikwerbung ein relativ großes Fachmann-Laie-Gefälle, das mittels unterschiedlicher Formen der Popularisierung von Fachlichkeit nur teilweise kompensiert werden kann. Die verwendeten fachlichen Komponenten weisen häufig ein hohes Potential an Pseudofachlichkeit auf. In der Werbung aus dieser Produktgattung werden insbesondere vielfach pseudofachliche Elemente mit dem Ziel der Inszenierung von Wissenschaftlichkeit eingesetzt, um dem Laien den Eindruck von Fachlichkeit zu vermitteln, an dessen Wissenschaftsgläubigkeit mittels des Prestiges der Wissenschaften zu appellieren und somit die Glaubwürdigkeit der beworbenen Produkte seitens des laienhaften Rezipienten zu erhöhen.

In der an Laien gerichteten Anzeigenwerbung aus der Produktgattung „Nahrungs- und Genußmittel“ stellt die Fachlichkeit keine konstitutive Komponente dar. Die Werbung aus dieser Produktkategorie zeichnet sich insgesamt durch einen geringen Fachlichkeitsgrad aus und ist vornehmlich von gemeinsprachlichen Elementen und Komponenten aus der Alltagswelt des Laien geprägt, die mehrheitlich in die Alltagssprache integriert sind und an sein Alltagswissen sowie seine Erfahrungen anknüpfen. Dies manifestiert sich sowohl auf der sprachlich-textuellen als auch auf der semiotischen Ebene. In der Werbung für Nahrungs- und Genußmittel werden nur wenige Fachtermini, fachliche Bilder oder andere Fachlichkeitsstrategien wie die Nutzung der Elemente des wissenschaftlichen Apparats eingesetzt, von dem in der Kosmetikwerbung hingegen häufig Gebrauch gemacht wird. Stattdessen werden transparente, selbstevidente Termini und umgangssprachliche Elemente, Sprachspiele sowie anschauliche Abbildungen verwendet, so daß die Verständlichkeit seitens des laienhaften Rezipienten mehrheitlich gesichert ist und eine Popularisierung von Fachlichkeit mittels der Explikation in Text und Bild aufgrund des praktisch nicht vorhandenen

Fachmann-Laie-Gefälles nicht notwendig ist. Da die Fachlichkeit in der Werbung für Nahrungs- und Genußmittel insgesamt eine untergeordnete Rolle spielt, findet in der Werbung aus dieser Produktgattung im Gegensatz zur Kosmetikwerbung die Werbestrategie der „Werbenden Fachlichkeit“ und der Inszenierung von Wissenschaftlichkeit nur in einem geringen Maße Anwendung.

Im Gegensatz zu den stark divergierenden Fachlichkeitskonzepten der Werbung aus den beiden untersuchten Produktkategorien ergeben sich zwischen der deutschen Kosmetikwerbung und der deutschen Werbung für Nahrungs- und Genußmittel und der französischen Werbung aus diesen beiden Produktkategorien hinsichtlich der Werbestrategie der Fachlichkeit in der Laienwerbung keine großen Differenzen, sondern die Anzeigenwerbung aus den Produktgattungen „Kosmetik“ und „Nahrungs- und Genußmittel“ weist in den Printmedien in Deutschland und Frankreich sehr ähnliche Tendenzen bezüglich der dargestellten Fachlichkeitskonzepte auf. Geringe Unterschiede bestehen gesamtheitlich gesehen im Hinblick auf den Fachlichkeitsgrad, der sowohl in der Kosmetikwerbung als auch in der Werbung für Nahrungs- und Genußmittel in der französischen Anzeigenwerbung insgesamt geringfügig höher ist als in der deutschen, so daß sich in der Anzeigenwerbung in Frankreich in den beiden untersuchten Produktkategorien die Werbestrategie der Fachlichkeit in einem etwas stärkeren Maße manifestiert als in der Anzeigenwerbung aus den Produktgattungen „Kosmetik“ und „Nahrungs- und Genußmittel“ in Deutschland. Die höhere Fachlichkeit resultiert einerseits aus Spezifika der Fachlichkeit im Französischen im Bereich der Terminologie und der Textsortenkonventionen wie beispielsweise die Verwendung von Termini, die fachlich im engeren Sinne sind, sowie der Gebrauch von komplexen syntaktischen Konstruktionen und Elementen des wissenschaftlichen Apparats wie Fußnoten, Zahlenangaben sowie Referenzstrategien. Andererseits konstituiert sich die höhere Fachlichkeit auf der Grundlage von Fachlichkeitssignalen in der französischen Anzeigenwerbung wie zum Beispiel die Verwendung von Fachtermini in hoher Frequenz in den Werbeanzeigen, die Gestaltung von Werbeanzeigen in Form eines redaktionellen Artikels, die Anwendung von Informierungsstrategien wie Hinweise auf Internetadressen und andere weiterführende Informationen sowie der Einsatz pseudofachlich gebrauchter Elemente zur Inszenierung von Wissenschaftlichkeit.

Unter Berücksichtigung kulturgeschichtlicher Aspekte und kultureller Werte läßt sich hinsichtlich der geringfügig höheren Fachlichkeit in der französischen Anzeigenwerbung aus den untersuchten Produktgattungen die Vermutung aufstellen, daß die Ursachen dafür in der französischen Kultur-, Wissenschafts- und Bildungsgeschichte begründet liegen. Möglicherweise sind sie auf die Progressivität der französischen Gesellschaft, die sich insbesondere im Zeitalter der Aufklärung herausgebildet hat und wofür die Enzyklopädisten wie Diderot und d'Alembert als Beispiel angeführt werden können, sowie auf den daraus resultierenden hohen Wert von Allgemeinbildung in der französischen Gesellschaft zurückzuführen.

Insgesamt gesehen bestehen jedoch nur geringe Unterschiede im Grad der Fachlichkeit in der deutschen und französischen Anzeigenwerbung, da die deutsche und französische Werbekultur in dem gleichen übergeordneten kulturellen Rahmen funktionieren und beide in den westeuropäischen Kulturkreis eingebettet sind.

Gemeinsam ist der Werbung aus den beiden untersuchten Produktgattungen „Kosmetik" und „Nahrungs- und Genußmittel", daß sie sich in beiden Produktkategorien einer Sprache und Semiotik bedient, die vornehmlich Elemente aus der Gemein- und Alltagssprache sowie Konstituenten aus der Alltags- und Laienwelt umfaßt, jedoch stark von werbespezifischen Komponenten geprägt ist. Diese Form der Sprache und Semiotik wird zweckgerichtet zum Erreichen der Intention der Produktwerbung, der Persuasion des Rezipienten mit dem Ziel der Absatzsteigerung der beworbenen Produkte mittels der Anwendung verschiedener Werbestrategien eingesetzt. In der Kosmetikwerbung findet in erster Linie das Konzept der Fachlichkeit im Sinne der Inszenierung von Wissenschaftlichkeit Anwendung, mit dem unter Ausnutzung des Prestiges der Wissenschaften in einem stärkeren Maße an die Rationalität des laienhaften Rezipienten appelliert wird, während in der Werbung für Nahrungs- und Genußmittel mit Hilfe alltagsnaher Komponenten aus der Laienwelt insbesondere die Emotionalität des Adressaten der Werbung angesprochen wird.

Diese divergierenden Werbestrategien der Produktwerbung aus den Produktgattungen „Kosmetik“ und „Nahrungs- und Genußmittel“ sind sowohl in der Anzeigenwerbung in den Printmedien in Deutschland als auch jener in Frankreich zu beobachten, so daß zwischen der deutschen und französischen Werbekultur in den untersuchten Produktkategorien hinsichtlich der dargestellten Werbestrategien, insbesondere der Fachlichkeit in der an Laien gerichteten Werbung, keine signifikanten Unterschiede bestehen.

7.2 Bewertung der Fachlichkeit in der Laienwerbung

Die Qualität der Fachlichkeit, die sich auf der Grundlage der Fachsprachlichkeit konstituiert, wird in der Werbung, die sich an Laien richtet, als eine Werbestrategie eingesetzt, mittels derer die Werbung ihre Hauptintention, die Persuasion des Adressaten der Werbung zu erreichen versucht. Sie manifestiert sich in verschiedenen Produktgattungen auf unterschiedliche Art und Weise (vgl. Kap. 7.1).

Stellt man die kommunikative Qualität der Fachlichkeit und der Fachsprachlichkeit, die in den Fächern und Wissenschaften realisiert wird, der Persuasionsstrategie der Fachlichkeit in der Werbung gegenüber, so werden einerseits Gemeinsamkeiten deutlich, und andererseits zeigen sich erhebliche Unterschiede.

Gemeinsamkeiten zwischen der Fachlichkeit im Sinne der Fächer und Wissenschaften und der in der Werbung realisierten Form von Fachlichkeit bestehen in den Mitteln, derer sich sowohl die Fächer und Wissenschaften als auch die Werbung bedienen. In beiden Bereichen werden die Fachsprachen sowie andere fachspezifische Elemente wie fachliche Bilder zur Übermittlung von Informationen benutzt. Außerdem werden in der Fachkommunikation in den Fächern und Wissenschaften sowie in der Werbung in Bezug auf die Fachlichkeit gleiche oder ähnliche fachliche Inhalte und Fachinformationen übermittelt, d.h. wenn in der Werbung für Laien fachbezogene Informationen vermittelt werden sollen, so unterscheiden sich diese hinsichtlich ihres inhaltlichen Gehalts und Informationsgehalts nicht wesentlich von in den Fächern und Wissenschaften vermittelten Inhalten und Informationen, da die Wissenschaften und Fächer die übergeordnete, primäre Kategorie darstellen, deren Inhalte in der Werbung als einer angewandten, sekundären Form Anwendung finden.

Beträchtliche Unterschiede in der Fachlichkeit in den Fächern und Wissenschaften gegenüber der Fachlichkeit in der Laienwerbung bestehen im Hinblick auf die Funktionen der Fachlichkeit in diesen beiden Kommunikationsbereichen sowie in Bezug auf die Ziele und Intentionen der Fachlichkeit in den Fächern und Wissenschaften gegenüber der Fachlichkeit in der Werbung für Laien. Die Fachlichkeit im engeren Sinne der Fächer und Wissenschaften impliziert sachbezogene, auf Objektivität ausgerichtete Komponenten wie Systematik, Zielgerichtetheit, Zweckrationalität, Methodik, Transparenz und Lehrbarkeit sowie die Dominanz der Darstellungsfunktion der Sprache in der Fachsprachlichkeit. Im Rahmen der Fachlichkeit, des Handelns im Fach werden vornehmlich das Ziel der sachbezogenen, zweckrationalen Informationsübermittlung zum Zweck der objektiven Erfassung und Beschreibung der Welt und der damit einhergehenden Prozesse sowie die Kommunikation über die Welt, d.h. über Gegenstände, Sachverhalte und Handlungszusammenhänge, realisiert in der Fachsprachlichkeit, sowie das Ziel der Förderung des Erkenntnisprozesses erfüllt. Die Fachlichkeit in der Werbung hingegen zeichnet sich durch appellativ und persuasiv orientierte Komponenten wie Subjektivität, Expressivität und Emotionalität aus und obliegt in ihrer Realisierung in der Fachsprachlichkeit vornehmlich der Appellfunktion der Sprache. Mit der Werbestrategie der Fachlichkeit in der Laienwerbung werden ökonomische Ziele wie die Absatzsteigerung der beworbenen Produkte verfolgt, die mittels der Hauptintention der Werbung, der Persuasion des Adressaten zu erreichen versucht werden. Um diese Absicht erfolgreich umsetzen zu können, wird die Fachlichkeit in der Laienwerbung häufig so inszeniert, daß beim laienhaften Rezipienten der Werbung der Eindruck sachbezogener Fachlichkeit entsteht. Tatsächlich handelt es sich jedoch um Pseudofachlichkeit, um eine Inszenierung von Wissenschaftlichkeit.

Aufgrund der Tatsache, daß die Fachlichkeit in der Werbung für Laien nicht die gleichen Funktionen und Intentionen wie die Fachlichkeit im Sinne der Fächer und Wissenschaften erfüllt, manifestiert sich die Fachlichkeit in der Werbung auf eine andere Art und Weise als in den Fächern und Wissenschaften. Die Implikaturen von Fachlichkeit in der Werbung für Laien wurden in der vorliegenden Arbeit anhand einer kontrastiven Untersuchung von deutscher und französischer Anzeigenwerbung aus zwei verschiedenen Produktgattungen aufgezeigt. Im Ergebnis läßt sich zusammenfassen, daß sich die Fachlichkeit in der Werbung prinzipiell von der Fachlichkeit in den Fächern und Wissenschaften aufgrund der differierenden Ziele und Funktionen dieser beiden Bereiche unterscheidet, aber dennoch in der Laienwerbung als eine Werbestrategie eingesetzt wird, die auf der Fachlichkeit im Sinne der Fächer und Wissenschaft basiert und sich auf dieser Grundlage konstituiert.

7.3 Diskussion: Informierung versus Inszenierung

Im Zusammenhang mit der Werbestrategie der Fachlichkeit, die in der deutschen und französischen Anzeigenwerbung Anwendung findet, stellt sich die Frage, ob die in der Laienwerbung verwendeten fachlichen Komponenten der Informierung des Rezipienten oder der Hauptintention der Werbung, der Persuasion des Adressaten mittels der Inszenierung, d.h. bei Betrachtung unter dem Aspekt der Fachlichkeit in der Werbung für Laien der Inszenierung von Wissenschaftlichkeit, dienen.

Die Qualität der Fachlichkeit unterliegt dem Prinzip der Information und impliziert im Rahmen der Fachsprachlichkeit die Darstellungsfunktion der Sprache. In den Wissenschaften und Fächern stellt die Information einen Grundpfeiler wissenschaftlichen Denkens und Handelns dar. Im Prozeß der Erkenntnisgewinnung werden stetig fachliche Inhalte mitgeteilt und objektive Sachinformationen übermittelt.

Die Werbung hingegen beruht auf den Prinzipien der Persuasion, in deren Rahmen die Appellfunktion der Sprache dominiert, mit dem Zweck der Absatzsteigerung und der Inszenierung. Mittels der Inszenierung soll der Rezipient von Werbung von den beworbenen Produkten überzeugt werden. Produktinformationen werden in inszenierter Form so übermittelt, daß sie ihren reinen Informationswert verlieren und dennoch so überzeugend dargeboten werden können, daß der Rezipient sich angesprochen fühlt. Ziel der Werbung ist es aufgrund ihrer

Zweckgebundenheit hingegen nicht, dem Rezipienten sachliche und informative Angaben über die beworbenen Produkte zu vermitteln. In der Werbung werden gezielt selektierte Produktinformationen werbewirksam übermittelt.

Wird nun der Aspekt der Fachlichkeit, die ein Informationsgebot impliziert, in der Werbung, die Inszenierung mit sich bringt, betrachtet, so resultiert daraus eine Verbindung von sachbezogener Information und Inszenierung, d.h. informierende, informative Komponenten werden in die Strategie der Persuasion und Inszenierung der Werbung integriert. Folglich wird der Rezipient von Werbung für Laien, die fachliche Komponenten enthält, einerseits mittels der Verwendung fachlicher Elemente informiert und andererseits werden die eingesetzten fachlichen Komponenten meist so gebraucht, daß sie inszenierend wirken, eine Form von Pseudofachlichkeit und inszenierter Wissenschaftlichkeit aufbauen und vornehmlich dem Hauptzweck der Werbung, der Überzeugung des Rezipienten von den beworbenen Produkten mittels der Evokation von Glaubwürdigkeit, dienen. Fachlichkeit wird in der Werbung als eine Strategie eingesetzt, um den selektiven, werbewirksamen Informationen Glaubwürdigkeit zu verleihen, ohne damit gegen die Werbeintention zu verstoßen (vgl. Janich 1998 a: 234).

Die dargestellte Integration informierender fachlicher Komponenten in die durch Persuasion und Inszenierung gekennzeichnete Werbung erfolgt in der an Laien gerichteten Anzeigenwerbung sowohl in Deutschland als auch in Frankreich in der Werbung aus den untersuchten Produktgattungen „Kosmetik" und „Nahrungs- und Genußmittel". Die Werbung aus diesen beiden Produktkategorien dient in einem höheren Maße der Inszenierung – diese wird in der Kosmetikwerbung stärker mittels des Appells an die Rationalität und in der Werbung für Nahrungs- und Genußmittel durch Orientierung auf die Emotionalität des Adressaten erreicht – als der Informierung des Rezipienten, weil die Hauptintention der Werbung, wie oben dargestellt wurde, nicht vorrangig in der Informierung des Rezipienten sondern in der Persuasion des Adressaten besteht, die mittels des Appells an die Wissenschafts- und Fortschrittsgläubigkeit des Rezipienten (vgl. Brandt 1973: 190) vollzogen wird. Dieses Ziel wird in einem höheren Maße über die Inszenierung erreicht, insbesondere in der Kosmetikwerbung, die sich in einem hohen Maße der Pseudofachlichkeit bedient und somit eine Inszenierung von Wissenschaftlichkeit bewirkt. In der Werbung aus dieser Produktgattung findet vornehmlich eine Form von „inszenierter Fachlichkeit“ (vgl. Janich 1998 a: 234) Anwendung, die an der formalen und inhaltlichen Inszenierung von Wissenschaftlichkeit orientiert ist und nicht auf Verständlichkeit und sachbezogene Informierung des Rezipienten abzielt.

7.4 Zusammenfassung und Ausblick

Ziel der vorliegenden Arbeit war es, die Fachlichkeit in der Anzeigenwerbung, die an Laien gerichtet ist, aus Printmedien in Deutschland und Frankreich anhand einer kontrastiven Untersuchung darzustellen. In diesem Kontext wurden deutsche und französische Werbeanzeigen aus zwei verschiedenen Produktkategorien unter dem Aspekt der Fachlichkeit in der Werbung für Laien auf der sprachlich-textuellen, semiotischen und kognitiven Ebene analysiert, und es wurde ergründet, inwiefern es sich bei den verwendeten fachlichen Elementen um Komponenten handelt, die zur Konstituierung von Fachlichkeit beitragen, auf welche Art und Weise und mit welchen Mitteln die Fachlichkeit in der Laienwerbung in den verschiedenen Produktgattungen aufgebaut wird, ob und wie die Verständlichkeit der fachlichen Elemente seitens des laienhaften Rezipienten gesichert wird und mit welchen Intentionen die Fachlichkeit in der Werbung aus den untersuchten Produktkategorien eingesetzt werden.

Im Ergebnis lassen sich folgende zusammenfassende Feststellungen hinsichtlich der Fachlichkeit in der an Laien gerichteten Anzeigenwerbung aus Printmedien in Deutschland und Frankreich treffen: In der Werbung aus den untersuchten Produktgattungen „Kosmetik“ und „Nahrungs- und Genußmittel“ manifestiert sich die Fachlichkeit sowohl in der deutschen als auch in der französischen Anzeigenwerbung auf sehr unterschiedliche Art und Weise. Während die Fachlichkeit in der Werbung für Nahrungs- und Genußmittel nur von untergeordneter Bedeutung ist und die Werbung aus dieser Produktkategorie sich vornehmlich einer Kombination alltagsgeprägter, gemeinsprachlicher Elemente aus der Laienwelt sowie werbespezifischer Komponenten bedient, stellt die Fachlichkeit in der Kosmetikwerbung eine konstitutive Leitgröße dar. Mit Hilfe verschiedener formaler und inhaltlicher fachlicher Komponenten und fachsprachlicher Elemente, deren Verständlichkeit seitens des Laien vielfach nicht gesichert ist, wird in der Werbung aus dieser Produktgattung Fachlichkeit aufgebaut, die sich insbesondere in der Form der Pseudofachlichkeit und Inszenierung von Wissenschaftlichkeit manifestiert und den Intentionen der Werbung, vornehmlich der Erhöhung der Glaubwürdigkeit mittels der Ausnutzung des Prestiges der Wissenschaften und der Persuasion des Rezipienten, dient.

In kontrastiver Betrachtung im Hinblick auf den Vergleich deutscher und französischer Werbeanzeigen läßt sich hingegen feststellen, daß ähnliche Tendenzen bezüglich der Anwendung der Werbestrategie der Fachlichkeit in der deutschen und französischen Anzeigenwerbung bestehen und daß sich in Bezug auf die divergierenden Fachlichkeitsstrategien in den untersuchten Produktkategorien in der an Laien gerichteten Anzeigenwerbung in Deutschland und Frankreich insgesamt nur geringe Unterschiede ergeben.

Um die Werbestrategie der Fachlichkeit in der Werbung für Laien ganzheitlich zu erschließen, könnten weitere Untersuchungen für Werbung aus anderen Produktkategorien, für andere Arten von Werbung wie beispielsweise die Werbung für Dienstleistungen oder Imagewerbung für Unternehmen sowie für andere Werbeträger wie Radio oder Internet durchgeführt werden.

Einen weiteren Ansatzpunkt bietet die diachronische Perspektive. Im Hinblick auf die Fachlichkeit könnten Vergleiche von älterer Werbung und aktueller Werbung angestellt werden, um somit möglicherweise sich vollziehende Entwicklungen in den Fachlichkeitsstrategien der Werbung aufzeigen und Tendenzen darstellen zu können.

Im Rahmen der Rezeptions- und Werbewirkungsforschung könnte der Aspekt der Fachlichkeit mit Blick auf andere Zielgruppen, so beispielsweise in der Fachwerbung für Fachleute analysiert werden. Außerdem könnte die Rezeption von Fachlichkeit in der Werbung für Laien im soziokulturellen Kontext betrachtet werden, um somit einerseits rezipientenorientierte Faktoren auf der Basis empirischer Untersuchungen herauszuarbeiten und andererseits die Fachlichkeit in der Werbung in ihrer Kultureinbettung weitergehend zu betrachten.

Die Untersuchung von Werbung in anderen Sprachen und Kulturen im Hinblick auf die Vermittlung von Fachlichkeit in der Laienwerbung bietet ebenfalls interessante Ansatzpunkte. Es könnten interkulturelle Vergleiche hinsichtlich der Fachlichkeit in der Werbung in anderen Sprach- und Kulturräumen vorgenommen werden. In diesem Zusammenhang wäre beispielsweise einerseits eine kontrastive Betrachtung internationaler Werbung global agierender Unternehmen möglich, und andererseits wäre es interessant, Fachlichkeitsstrategien in der Werbung unter dem Aspekt der Translation zu beleuchten.

D Anhang

I. Korpusverzeichnisse

Verzeichnis der Werbeanzeigen aus der Produktgattung „Kosmetik“ (2006)

Firma/Produktname	Zeitschrift	Sprache	Seiten-anzahl
1. L'Oréal: Solar Expertise Aktiv Anti-Falten & Anti-Pigmentflecken	Brigitte Nr. 14	deutsch	1
2. L'Oréal: Solar Expertise Active Anti-Rides & Taches Solaire	Femme Actuelle No. 1136	französisch	1
3. Colgate Total	Gesund leben Nr. 6/05	deutsch	1
4. L'Oréal: men expert Faltenstop Feuchtigkeitspflege	Stern Nr. 12	deutsch	1
5. Sisleya: Réducteur Rides	Elle 04/06	deutsch	1
6. Sisleya. Réducteur Rides	Elle No. 3142	französisch	1
7. Clinique: Turnaround Concentrate Visible Skin Renewer	Brigitte Nr. 11	deutsch	1
8. Clinique: Turnaround Concentré Révélateur d'Eclat	Elle No. 3142	französisch	1
9. Sisley: All day All year	Cosmopolitan Nr. 6/06	deutsch	1
10. Sisley: All day All year	Avantages No. 211	französisch	1
11. Lancôme: Slim Success Lipolyzer	InStyle 04/06	deutsch	1
12. frei: AntiAge+ Pflegekonzentrat	Gala Nr. 12	deutsch	1
13. Clarins: Concentré Zone Regard	Brigitte Nr. 7	deutsch	1
14. Nivea Visage: Aqua Beauty	Bym 06/06	deutsch	2
15. Nivea Visage: Aqua Sensation	Femme Actuelle No. 1136	französisch	1
16. Chanel Précision: Rectifiance Intense Eye	Brigitte Nr. 11	deutsch	1
17. Garnier: Fructis Oil Repair	Brigitte Nr. 7	deutsch	1

Firma/Produktname	Zeitschrift	Sprache	Seiten-anzahl
18. Lancôme: High Résolution Collaser-48™	Brigitte Nr. 7	deutsch	2
19. Lancôme: High Résolution Collaser-48™	Psychologies No. 251	französisch	2
20. Nivea for Men: Revitalisierende Augencreme Q10	Stern Nr. 12	deutsch	1
21. Vichy Laboratoires: pHysio 5.5	Brigitte Nr. 11	deutsch	1
22. Dove Sunshine Body Lotion	Brigitte Nr. 11	deutsch	1
23. Dove Eclat d'Eté Lait Hydratant Ensolleilant	Femme Actuelle No. 1123	französisch	1
24. Schwarzkopf: Gliss Kur Hair Repair	Cosmopolitan 08/06	deutsch	1
25. Eucerin 5% Urea Gesichtscreme	Gala Nr. 12	deutsch	1
26. Vichy Laboratoires: Lipocure Cellulite-Intensiv-Serum	Bild der Frau Nr. 12	deutsch	1
27. Vichy Laboratoires: Normaderm	Cosmopolitan 08/06	deutsch	1
28. Nivea: Deo Pearl & Beauty	Lisa Nr. 30	deutsch	1
29. Nivea: Deo Pearl & Beauty	Femme Actuelle No. 1137	französisch	1
30. Eucerin: Hyaluron-Filler Tag	Lisa Nr. 30	deutsch	1
31. Vichy Laboratoires: Dercos Aminexil SP94	Focus Nr. 23	deutsch	1
32. ROC: Retin-Ox+	Brigitte Nr. 14	deutsch	1
33. Dior: Capture Totale	Gala Nr. 12	deutsch	2
34. Dior: Capture Totale	Elle No. 3142	französisch	2
35. Vichy Laboratoires: Thermal Fix Serum	Lisa Nr. 30	deutsch	1
36. Vichy Laboratoires: Thermal Fix Serum	Marie Claire No. 648	französisch	1
37. Vichy Laboratoires: Thermal Fix 2	Geo 08/06	deutsch	1
38. Garnier: Nutrisse Creme	Gala Nr. 12	deutsch	2
39. Garnier: Nutrisse Crème	Psychologies No. 251	französisch	1
40. L'Oréal: Revitalift Double Lifting	Freundin 9/06	deutsch	1

Firma/Produktname	Zeitschrift	Sprache	Seiten-anzahl
41. Biotherm Homme: Aquapower	Men's Health 04/06	deutsch	1/2
42. Vichy Laboratoires: Normaderm Nacht	Cosmopolitan 06/06	deutsch	1
43. L'Oréal: Pure Zone Deep Control	Bym 06/06	deutsch	1/2
44. L'Oréal: Dermo-Expertise Age Re-Perfect	Bild der Frau Nr. 24	deutsch	2
45. Schwarzkopf: Brillance Tönungs-Creme	Brigitte Nr. 14	deutsch	1
46. Vichy Laboratoires: Oligo 25	Cosmopolitan 8/06	deutsch	1
47. frei: MassageÖl gegen Cellulite	Brigitte Balance Nr. 2/06	deutsch	1
48. L'Oréal: Elvital Intensiv-Schutz-Kur Color-Glanz	Freundin 7/06	deutsch	1
49. Claire Fisher: Anti-Falten-Stift	Apotheken-Umschau 04/06	deutsch	1/2
50. Vichy Laboratoires: Liftactiv Pro	Bild der Frau Nr. 24	deutsch	1
51. L'Oréal: Nutri-Gloss Lichtreflex-Cremekur	Cosmopolitan 04/06	deutsch	1
52. L'Oréal: Body-Expertise Perfect-slim Anti-Schwere Beine	Brigitte Nr. 14	deutsch	1
53. Nivea: Hair Care Protein Aufbau Shampoo	Cosmopolitan 06/06	deutsch	1
54. Eucerin: 10% Urea Fußcreme	Brigitte Nr. 11	deutsch	1
55. L'Oréal Elvital Anti-Haarbruch	Cosmopolitan 08/06	deutsch	2
56. Garnier UltraLift	Freundin 9/06	deutsch	2
57. aronal und elmex	Guter Rat 04/06	deutsch	1/2
58. Vichy Laboratoires: Liftactiv Pro Nacht	Brigitte Nr. 7	deutsch	1
59. Vichy Laboratoires: Liftactiv Pro Nuit	Elle No. 3142	französisch	1
60. Dr. Liebe Nachf.: Pearls & Dents	Freundin wellfit Sommer 2006	deutsch	1/2
61. Biotherm: Biofirm Lift	Gala Nr. 12	deutsch	1
62. Biotherm: Biofirm Lift	Marie Claire 03/06	französisch	2

Firma/Produktname	Zeitschrift	Sprache	Seiten-anzahl
63. Garnier: Nahrologie	Cosmopolitan 04/06	deutsch	6
64. Garnier: Nutrionist	Avantages No. 211	französisch	1
65. Phyto: Phytoprogenium Shampooing Intelligent	Avantages No. 211	französisch	1
66. Lancôme: Platinéum Hydroxy(a)-Calcium	Femme Actuelle No. 1123	französisch	2
67. L'Oréal: Nutribronze	Marie France No. 137	französisch	1
68. Phytomer: OgénAge Expert	Elle No. 3142	französisch	1
69. Garnier: Ambre Solaire UV Sensitive	Femme Actuelle No. 1136	französisch	2
70. Clarins: Total Lift-Minceur	Marie Claire 03/06	französisch	1
71. Mixa Confort Visage: Soin de Jour Hydratant Calmant	Psychologies No. 251	französisch	2
72. Sensodyne: Pro-Émail	Femme Actuelle No. 1137	französisch	1
73. L'Oréal: Elnett Satin	Marie Claire 03/06	französisch	1
74. ROC: Retinol Anti-Cellulite	Psychologies No. 251	französisch	1
75. Rogé Cavaillès: Gel douche surgras	Santé Magazine No. 366	französisch	1
76. Rogé Cavaillès: Déo-soin régulateur	Santé Magazine No. 366	französisch	1
77. René Furterer: Karité Crème Revitalisante Intense	Santé Magazine No. 366	französisch	1
78. Dior: Plasticity	Avantages No. 211	französisch	2
79. Soft Sheen Carson: Optimum Oil Therapy	Marie Claire 03/06	französisch	1
80. Nivea Body: Soin Intensif Anti Peau d'Orange	Avantages No. 211	französisch	1
81. Nuxe: Crème Fraîche de Beauté Suractivée	Avantages No. 211	französisch	1
82. Plante System: Silhouette-Nature Crème Anti-Capitons Hydratante	Réponses Santé No. 153	französisch	1
83. Phytomer: AgeDéclic Crème Minceur Fermeté	Avantages No. 211	französisch	1
84. Garnier: Fructis Shampooing Fortifiant	Femme Actuelle No. 1136	französisch	2

Firma/Produktname	Zeitschrift	Sprache	Seitenanzahl
85. Jacques Dessange: Mousse de Coiffage	Marie Claire 03/06	französisch	1
86. Timotei: Natural Style Spray Fixant Eclat Cuivré	Femme Actuelle No. 1123	französisch	1
87. Garnier: Belle Color	Femme Actuelle No. 1137	französisch	1
88. ROC: Retin-Ox+ Nuit	Marie France No. 137	französisch	1
89. Nivea for Men: Soin Aqua Cool	Elle No. 3142	französisch	1
90. Sunleya: Protection Solaire Anti-Âge	Santé Magazine No. 366	französisch	1
91. Mixa: Soin des Lèvres	Psychologies No. 251	französisch	1/2
92. L'Oréal: Combleur Collagène Decontract' Rides	Santé Magazine No. 366	französisch	2
93. ROC: Hydra+ Summer Skin	Santé Magazine No. 366	französisch	1
94. Clarins: UV Plus Ecran Protecteur Jour	Marie France No. 137	französisch	1
95. Phyto: Phytojoba Masque Express Haute Hydratation	Santé Magazine No. 366	französisch	1
96. Laboratoires Klorane: $K_1 + K_2$	Marie Claire 03/06	französisch	1
97. Lancôme: Slim Success Lipolyzer	Avantages No. 211	französisch	1
98. Colgate Time Control	Prima No. 288	französisch	1
99. Clarins: Crème Haute Exigence Jour/Soir Multi-Intensive	Elle No. 3142	französisch	1
100. Pierre Fabre Oral Care: Arthrodont	Santé Magazine No. 366	französisch	1

Verzeichnis der Werbeanzeigen aus der Produktgattung „Nahrungs- und Genußmittel“ (2006)

Firma/Produktname	Zeitschrift	Sprache	Seiten-anzahl
1. Löwensenf Medium	meine Familie & ich Nr. 4/06	deutsch	1
2. hohes C Vital	Brigitte Balance Nr. 2/06	deutsch	1
3. Nederburg Wein	Viva 04/06	deutsch	1
4. Viva Vital Fruchtjoghurt	Freundin wellfit Frühjahr 2006	deutsch	1
5. Lavazza Crema e Aroma	Elle 04/06	deutsch	1
6. Lavazza Club	Cosmopolitan 04/06	französisch	2
7. Erdinger Weißbier alkoholfrei	Brigitte Balance Nr. 2/06	deutsch	1/2
8. Campina: Leichtgold	Brigitte Nr. 11	deutsch	1
9. Homann Vital Hähnchenbrust-salat	Bild der Frau Nr. 12	deutsch	1/2
10. Tchibo Sana Wellness-Kaffee	Freundin wellfit Frühjahr 2006	deutsch	1
11. Wiltmann Wurstspezialitäten	meine Familie & ich Nr. 4/06	deutsch	1
12. Milka Diät-Schokolade	Apotheken-Umschau 04	deutsch	1
13. iglo Rahm-Spinat	meine Familie & ich Nr. 4/06	deutsch	1
14. Coca Cola light	Cosmopolitan 4/06	deutsch	1
15. Knorr Salat Krönung	Lisa Nr. 30	deutsch	1
16. Staatlich Fachingen Mineral-wasser	Freundin wellfit Frühjahr 2006	deutsch	1
17. Schamel Meerrettich	meine Familie & ich Nr. 5/06	deutsch	1/2
18. Chiquita Bananen	Bild der Frau Nr. 24	deutsch	1
19. Ritter Sport Schokolade	Brigitte Nr. 14	deutsch	2
20. Frosta Paella	Freundin 7/06	deutsch	1
21. Langnese Cremissimo	meine Familie & ich Nr. 4/06	deutsch	1
22. Zentis Belfrutta Auslese	Gala Nr. 12	deutsch	1
23. Bahlsen Ohne Gleichen	Woman 07	deutsch	1
24. Kölln Instant Flocken	essen & trinken: Kochen mit Kindern 01/06	deutsch	1
25. Conditorei Coppenrath & Wiese: Festtagstorte	Freundin 9/06	deutsch	1

Firma/Produktname	Zeitschrift	Sprache	Seiten-anzahl
26. iglo Schlemmer-Filet	Brigitte Nr. 7	deutsch	1
27. Golden Kaan Wein	Stern Nr. 15	deutsch	1
28. Käse aus der Schweiz	Freundin 9/06	deutsch	1
29. Fromages de Suisse	Avantages No. 211	französisch	1
30. Beck's Green Lemon	Der Spiegel Nr. 20	deutsch	1
31. Deli Reform Margarine	Brigitte Nr. 11	deutsch	1/2
32. Hipp: hippness crisp	Freundin 7/06	deutsch	1
33. Wagner Minuteria	Brigitte Nr. 11	deutsch	1
34. Moët & Chandon Champagne	InStyle 04/06	deutsch	1/2
35. Kellogg's Special K	Freundin 7/06	deutsch	1
36. Wernesgrüner Lemon	Stern Nr. 19	deutsch	1
37. Lätta Halbfettmargarine	Brigitte Nr. 14	deutsch	1
38. König Pilsener	Men's Health 04/06	deutsch	1
39. Lipton Ice Tea	Brigitte Balance Nr. 2/06	deutsch	1
40. Becel Margarine	Brigitte Nr. 14	deutsch	1
41. funny-frisch Chipsfrisch de-light	Cosmopolitan 04/06	deutsch	1
42. Zespri Kiwifruit	Freundin wellfit Sommer 2006	deutsch	1
43. Ferrero Garden	Brigitte Nr. 14	deutsch	1
44. Weinkellerei Lenz Moser Se-lection	Viva 04/06	deutsch	1/2
45. Danone Actimel	Freundin wellfit Frühling 2006	deutsch	1
46. Wiesenhof Wiesenfrische Ge-flügelwurst	Viva 04/06	deutsch	1
47. Jacobs Krönung Balance	Brigitte Nr. 14	deutsch	1
48. Freixenet Carta Nevada	InStyle 04/06	deutsch	1/2
49. Tchibo Privat Schokolade	Cosmopolitan 06/06	deutsch	1
50. Darbo Naturrein Konfitüre	meine Familie & ich Nr. 4/06	deutsch	1
51. Mövenpick Eis	Brigitte Nr. 14	deutsch	1
52. Wagner Steinofen Balance	Brigitte Balance Nr. 2/06	deutsch	1
53. Nestlé Sveltesse	Femme Actuelle No. 1136	französisch	2

Firma/Produktname	Zeitschrift	Sprache	Seiten-anzahl
54. harry's Doo Wap Pépites	Femme Actuelle No. 1123	französisch	1
55. Sylphide Fondant au Bleu	Marie Claire 03/06	französisch	1
56. Jambon de Bayonne	Prima No. 288	französisch	1
57. Côte d'Or Truffé Noir Orange	Psychologies No. 251	französisch	1
58. Knorr ligne	Avantages No. 211	französisch	1
59. Boursin Salade	Santé Magazine No. 366	französisch	1
60. Amora Mayonnaise de Dijon	Santé Magazine No. 366	französisch	1 1/2
61. Gerlinéa Repas Minceur	Psychologies No. 251	französisch	1
62. Cassegrain Petits Pois	Femme Actuelle No. 1123	französisch	1
63. Protical Programme minceur	Avantages No. 211	französisch	2
64. Béghin Say La Perruche Canne	Psychologies No. 251	französisch	1
65. Sodeb'O Pizza OO !	Femme Actuelle No. 1136	französisch	1
66. Lesieur épi d'or	Avantages No. 211	französisch	1
67. Serrano Jambon Espagnol	Femme Actuelle No. 1136	französisch	1
68. Sojasun Plaisir Pistache, Plaisir Chocolat	Psychologies No. 251	französisch	1
69. Fruit d'Or pro-activ	Santé Magazine No. 366	französisch	1
70. EntreMont Léger	Avantages No. 211	französisch	1
71. Jacques Vabre Café	Femme Actuelle No. 1123	französisch	1
72. Mini Babybel Light	Santé Magazine No. 366	französisch	1
73. Leffe Triple	Télérama No. 2940	französisch	1
74. Andros Desserts Fruitiers Sans Sucres Ajoutés	Femme Actuelle No. 1136	französisch	1
75. Petit Billy Fromage	Femme Actuelle No. 1137	französisch	1
76. Herta Dés de Jambon	Femme Actuelle No. 1137	französisch	1
77. Vins du Val de Loire: Anjou rouge	Télérama No. 2940	französisch	1
78. Maille Mi Forte	Femme Actuelle No. 1137	französisch	1
79. Taillefine Eau	Gala No. 666	französisch	2
80. Verkade Fruit & Form	Santé Magazine No. 366	französisch	1
81. Sojasun Steak de Soja	Femme Actuelle No. 1123	französisch	1
82. Vichy Célestins	Psychologies No. 251	französisch	1
83. Maggi Sveltesse	Santé Magazine No. 366	französisch	1

Firma/Produktname	Zeitschrift	Sprache	Seiten-anzahl
84. Gayelord Hauser Crème Saveur Chocolat Hyper-protéinée	Santé Magazine No. 366	französisch	1/2, 1/2
85. Hépar Eau Minérale Naturelle	Avantages No. 211	französisch	1
86. Maggi Paëlla Royale	Marie France No. 137	französisch	1
87. Kellog's Coco Pops Paille	Femme Actuelle No. 1123	französisch	1
88. Courmayeur Eau Minérale Naturelle	Psychologies No. 251	französisch	1
89. Auchan Filets de Poulet à la Mangue au Coriandre	Femme Actuelle No. 1136	französisch	1
90. Paul & Louise Equilibre & Saveurs	Marie France No. 137	französisch	1/2
91. Kellog's Special K Fruits Rouges	Marie France No. 137	französisch	1
92. Leroux Chicorée	Avantages No. 211	französisch	1
93. Sojasun Plat Cuisiné 100% Végétal	Avantages No. 211	französisch	1
94. Carrefour Huile d'Olive	Avantages No. 211	französisch	1
95. Valser Naturelle	Marie Claire No. 648	französisch	1
96. Saveol Tomates	Marie France No. 137	französisch	1
97. Maille Vinaigre Balsamique	Marie Claire No. 648	französisch	1
98. Pellegrino	Marie Claire No. 648	französisch	1
99. Planta Fin	Prima No. 288	französisch	1
100. Mini-Martini Rosato	Marie Claire No. 648	französisch	1

II. Vorlagen des Analyserasters für Werbeanzeigen

(modifiziert nach Janich 1998 a: 315 ff.)

1. Fachlichkeit

1) Sprachliche Ausdrucksform: geschriebener Text

Textteil	Headline	Fließtext	Bildtext	sonstige Textelemente
Fachtermini (fachlich im engeren Sinne, fachlich im weiteren Sinne, pseudofachlich)				
fremdsprachliche Elemente				
Textsortenkonventionen → Makrostruktur → Mikrostruktur				

2) Nichtsprachliche Ausdrucksform: fachliche Bilder

bildliche Darstellung von Personen mit Expertenstatus	
Fotos von technischen Details	
Zeichnungen von Produktteilen	
schematische Darstellungen von Funktionsabläufen oder Wirkungsmechanismen	
graphische Darstellungen	
Symbole/Pfeile als Hinweis, zur Erläuterung oder Betonung	

2. Text-Bild-Beziehung und Verständlichkeit/Erklärungsstrategien

	textintern	bildintern	Text-Bild-Kombination
Definitionen			
Auflösung von Abkürzungen und Kurzwörtern			
Erläuterung von Fußnoten (Asteriskus)			
Erläuterung von Funktionsweisen/Abläufen			
Erläuterung von Aufbau/Zusammensetzung			
allgemeine Erläuterungen			
Text-Bild-Verhältnis allgemein			

3. Fachlichkeitsgrad und Fachlichkeitskonzept

	Fachlichkeit im engeren Sinne	Fachlichkeit im weiteren Sinne	Pseudofachlichkeit
Fachlichkeitsgrad			

E Abbildungs- und Tabellenverzeichnis

F Literatur

Adam, J.-M./Bonhomme, M. (2005): *L'argumentation publicitaire. Rhétorique de l'éloge et de la persuasion*. Paris: Colin. (Série Linguistique).

Andringa, E. (1979): *Text, Assoziation, Konnotation*. Königstein/Taunus: Athenäum. (Empirische Literaturwissenschaft. 6).

Arntz, R. (2004): „Der Vergleich von Fachsprachen." In: Baummann, K.-D./Kalverkämper, H. [Hrsg.] (2004): *Pluralität in der Fachsprachenforschung*. Tübingen: Narr. (Forum für Fachsprachen-Forschung. 67). 285–312.

Bahramnia, N. (2002): *Präsuppositionen in der Sprache der Anzeigenwerbung*. Göttingen: Cuvillier.

Baumann, K.-D. (1992): „Die Fachlichkeit von Texten als eine komplexe Vergleichsgröße." In: Baumann, K.-D./Kalverkämper, H. [Hrsg.] (1992): *Kontrastive Fachsprachenforschung*. Tübingen: Narr. (Forum für Fachsprachen-Forschung. 20). 29–48.

Baumann, K.-D. (1993): „Ein komplexes Herangehen an das Phänomen der Fachlichkeit von Texten." In: Bungarten, T. [Hrsg.] (1993): *Fachsprachentheorie. Band 1: Fachsprachliche Terminologie, Begriffs- und Sachsysteme, Methodologie*. Tostedt: Attikon Verlag. 395–429.

Baumann, K.-D. (1995): „Die Verständlichkeit von Fachtexten. Ein komplexer Untersuchungsansatz." In: *Fachsprache. International Journal of LSP* 17/1995. 116–126.

Baumann, K.-D. (1998 a): „Textuelle Eigenschaften von Fachsprachen." In: Hoffmann, L./Kalverkämper, H./Wiegand, H. E. [Hrsg.] (1998–1999, I: Art. 40, 408–416).

Baumann, K.-D. (1998 b): „Fachsprachliche Phänomene in den verschiedenen Sorten von populärwissenschaftlichen Vermittlungstexten." In: Hoffmann, L./Kalverkämper, H./Wiegand, H. E. [Hrsg.] (1998–1999, I: Art. 76, 728–735).

Baumgart, M. (1992): *Die Sprache der Anzeigenwerbung. Eine linguistische Analyse aktueller Werbeslogans*. Heidelberg: Physica-Verlag. (Konsum und Verhalten. 37).

Bechstein, G. (1987): *Werbliche Kommunikation: Grundinformationen zur semiotischen Analyse von Werbekommunikaten*. Bochum: Studienverlag Brockmeyer. (Bochumer pädagogische und psychologische Studien Nr. 13).

Behrens, K. C. [Hrsg.] (1975): *Handbuch der Werbung mit programmierten Fragen und praktischen Beispielen von Werbefeldzügen.* 2. Auflage. Wiesbaden: Gabler.

Beier, R. (1979): „Zur Syntax in Fachtexten." In: Mentrup, W. [Hrsg.] (1979): *Fachsprachen und Gemeinsprache. Jahrbuch 1978 des Instituts für deutsche Sprache.* Düsseldorf: Schwann. (Sprache der Gegenwart. 46). 276–301.

Beier, R. (1980): *Englische Fachsprache.* Stuttgart: Kohlhammer.

Belch, G. E./Belch, M. A. (1992): *Introduction to Advertising and Promotion.* Homewood/Ill: Dow-Jones-Irwin.

Biere, U. (1998): „Verständlichkeit beim Gebrauch von Fachsprachen." In: Hoffmann, L./Kalverkämper, H./Wiegand, H. E. [Hrsg.] (1998–1999, I: Art. 39, 402–407).

Blumenthal, P. (1983 a): *Semantische Dichte. Assoziativität in Poesie und Werbesprache.* Tübingen: Niemeyer. (Konzepte der Sprach- und Literaturwissenschaft).

Blumenthal, P. (1983 b): „Syntax und fachsprachliche Syntax im deutsch-französischen Sprachvergleich." In: *Zeitschrift für französische Sprache und Literatur* 93. 44–69.

Brandt, W. (1973): *Die Sprache der Wirtschaftswerbung: Ein operationelles Modell zur Analyse und Interpretation von Werbungen im Deutschunterricht.* Hildesheim: Olms. (Germanistische Linguistik 1–2/73).

Brockhaus abc Biochemie (1975). Herausgegeben von Jakubke, H.-D./Jesscheit, H. Leipzig: Brockhaus Verlag.

Brockhaus abc Biologie (1986). Herausgegeben von Stöcker, F. W./Dietrich, G. Leipzig: Brockhaus Verlag.

Burger, H. (1990): *Sprache der Massenmedien.* 2. durchgesehene und erweiterte Auflage. Berlin/New York: de Gruyter.

Burger, H. (2005): *Mediensprache. Eine Einführung in Sprache und Kommunikationsformen der Massenmedien.* 3., völlig neu bearbeitete Auflage. Berlin/New York: de Gruyter.

Candlin, C. N./Gotti, M. [eds.] (2004): *Intercultural Aspects of Specialized Communication.* Bern [u.a.]: Lang. (Linguistic Insights. Studies in Language and Communication. 14).

Danneberg, L./Niederhauser, J. [Hrsg.] (1998): *Darstellungsformen der Wissenschaften im Kontrast. Aspekte der Methodik, Theorie und Empirie.* Tübingen: Narr. (Forum für Fachsprachen-Forschung. 39).

David, H. (1990): *Medizinisches Taschenlexikon.* Berlin: Verlag Volk und Gesundheit.

Drozd, L./Seibicke, W. (1973): *Deutsche Fach- und Wissenschaftssprache. Bestandsaufnahme – Theorie – Geschichte*. Wiesbaden: Brandstetter.

Duden. Das Fremdwörterbuch (2005). 8., neu bearbeitete und erweiterte Auflage. Herausgegeben von der Dudenredaktion. Mannheim [u.a]: Dudenverlag. (Duden. 5).

Duden. Deutsches Universalwörterbuch (2003). 5., überarbeitete Auflage. Herausgegeben vom Wissenschaftlichen Rat der Dudenredaktion. Mannheim [u.a.]: Dudenverlag.

Engberg, J. (1997): *Konventionen von Fachtextsorten. Kontrastive Analysen zu deutschen und dänischen Gerichtsurteilen*. Tübingen: Narr. (Forum für Fachsprachen-Forschung. 36).

Felber, H./Budin, G. (1989): *Terminologie in Theorie und Praxis*. Tübingen: Narr. (Forum für Fachsprachen-Forschung. 9).

Floch, J.-M. (2003): *Sémiotique, marketing et communication. Sous les signes, les stratégies*. Paris: Presses Universitaires de France.

Fluck, H.-R.(1996): *Fachsprachen. Einführung und Bibliographie*. 5., überarbeitete und erweiterte Auflage. Tübingen/Basel: Francke. (UTB. 483).

Forner, W. (1990): „Vom Sinn zum Text. Vermittlung fachsprachlicher Vertextungsstrategien." In: *Fremdsprachen lehren und lernen* 19. 82–96.

Früh, W. (1980): *Lesen, Verstehen, Urteilen. Untersuchungen über den Zusammenhang von Textgestaltung und Textwirkung*. Freiburg/München: Alber.

Geiger, S./Henn-Memmesheimer, B. (1998): „Visuell-verbale Textgestaltung von Werbeanzeigen. Zur textlinguistischen Untersuchung multikodaler Kommunikationsformen." In: *Kodikas/Code. Ars Semeiotica. An International Journal of Semiotics* 21/1998. Tübingen: Narr. 55–74.

Gipper, H. (1979): „Fachsprachen in Wissenschaft und Werbung. Erkenntnisgewinn und Irreführung." In: Mentrup, W. [Hrsg.] (1979): *Fachsprachen und Gemeinsprache. Jahrbuch 1978 des Instituts für deutsche Sprache*. Düsseldorf: Schwann. (Sprache der Gegenwart. 46). 125–143.

Göpferich, S. (1995): *Textsorten in Naturwissenschaft und Technik: pragmatische Typologie – Kontrastierung – Translation*. Tübingen: Narr. (Forum für Fachsprachen-Forschung. 27).

Göpferich, S. (1998): „Möglichkeiten der Optimierung von Fachtexten." In: Hoffmann, L./Kalverkämper, H./Wiegand, H. E. [Hrsg.] (1998–1999, I: Art. 93, 888–899).

Greule, A./Janich, N. (2006): *Sprache in der Werbung*. Heidelberg: Groos. (Studienbibliographien Sprachwissenschaft. 21).

Groeben, N. (1981): „Verständlichkeitsforschung unter Integrationsperspektive: Ein Plädoyer." In: Mandl, H. [Hrsg.] (1981): *Zur Psychologie der Textverarbeitung. Ansätze, Befunde, Probleme*. Münster: [u.a.]: Urban & Schwarzenberg. 367–385.

Groeben, N. (1982): *Leserpsychologie: Textverständnis – Textverständlichkeit*. Münster: Aschendorff.

Gülich, E./Raible, W. (1977): *Linguistische Textmodelle. Grundlagen und Möglichkeiten*. München: Fink. (UTB. 130).

Hacker, W. (1996): *Diagnose von Expertenwissen. Von Abzapf-(broaching) zu Aufbau-([re]construction-) Konzepten*. Berlin: de Gruyter. (Sitzungsberichte der Sächsischen Akademie der Wissenschaften zu Leipzig. Philologisch-historische Klasse, Band 134, Heft 6).

Hänchen, R. (2002): *Die französische Marketingsprache. Eine diachrone Untersuchung ihrer Terminologie anhand der Revue Française du Marketing (1960–2000)*. Frankfurt/M.: Lang. (Sprache im Kontext. 13).

Hahn, S. (2000): *Werbediskurs im interkulturellen Kontext. Semiotische Strategien bei der Adaption deutscher und französischer Werbeanzeigen*. Wilhelmsfeld: gottfried egert verlag.

Hahn, W. von (1983): *Fachkommunikation. Entwicklung – Linguistische Konzepte – Betriebliche Beispiele*. Berlin/New York: de Gruyter. (Sammlung Göschen. 2223).

Hantsch, I. (1972): „Zur semantischen Strategie der Werbung." In: Nusser, P. [Hrsg.] (1975): *Anzeigenwerbung. Ein Reader für Studenten und Lehrer der deutschen Sprache und Literatur*. München. (Kritische Information. 3). 137–159.

Hoffmann, H. J. (1981): *Psychologie der Werbekommunikation*. 2., neubearb. Aufl. Berlin/New York: de Gruyter. (Sammlung Göschen. 2093).

Hoffmann, L. (1976): *Kommunikationsmittel Fachsprache. Eine Einführung*. Berlin: Akademie-Verlag. (Sammlung Akademie-Verlag. 44 Sprache).

Hoffmann, L. (1985): *Kommunikationsmittel Fachsprache. Eine Einführung*. 2., völlig neubearb. Aufl. Tübingen: Narr. (Forum für Fachsprachen-Forschung. 1).

Hoffmann, L. (1988): *Vom Fachwort zum Fachtext. Beiträge zur Angewandten Linguistik*. Tübingen: Narr. (Forum für Fachsprachen-Forschung. 5).

Hoffmann, L. (1998 a): „Fachsprachen und Gemeinsprache." In: Hoffmann, L./Kalverkämper, H./Wiegand, H. E. [Hrsg.] (1998–1999, I: Art. 12, 157–168).

Hoffmann, L. (1998 b): „Austauschprozesse zwischen fachlichen und anderen Kommunikationsbereichen: theoretische und methodische Probleme.“ In: Hoffmann, L./ Kalverkämper, H./Wiegand, H. E. [Hrsg.] (1998–1999, I: Art. 72, 679–689).

Hoffmann, L./Kalverkämper, H./Wiegand H. E. [Hrsg.] (1998–1999 I, II): *Fachsprachen/Languages for Special Purposes. Ein internationales Handbuch zur Fachsprachenforschung und Terminologiewissenschaft. An International Handbook of Special Language and Terminology Research.* Berlin/New York: de Gruyter. (´HSK` – Handbücher zur Sprach- und Kommunikationswissenschaft. 14, 1/2).

Huth, R./Pflaum, D. (1996): *Einführung in die Werbelehre*. 6. überarbeitete und erweiterte Auflage. Stuttgart/Berlin/Köln: Kohlhammer.

Jahr, S. (2001): „Adressatenspezifische Aspekte des Transfers von Wissen im wissenschaftlichen Bereich.“ In: Wichter, S./Antos, G. [Hrsg.] (2001): *Wissenstransfer zwischen Experten und Laien. Umriss einer Transferwissenschaft.* Frankfurt/M. [u.a.]: Lang. (Transferwissenschaften. 1). 239–256.

Jakob, K. (1998): „Fachsprachliche Phänomene in der Alltagskommunikation.“ In: Hoffmann, L./Kalverkämper, H./Wiegand, H. E. [Hrsg.] (1998–1999, I: Art. 74, 710–717).

Janich, N. (1998 a): *Fachliche Information und inszenierte Wissenschaft. Fachlichkeitskonzepte in der Wirtschaftswerbung.* Tübingen: Narr. (Forum für Fachsprachen-Forschung. 48).

Janich, N. (1998 b): „Probiotisch – Die Biotechnologie prägt einen neuen Naturbegriff. Eine fachsprachlich-semiotische Untersuchung von Lebensmittelwerbung.“ In: *Kodikas/Code. Ars Semeiotica. An International Journal of Semiotics* 21/1998. Tübingen: Narr. 99–110.

Janich, N. (2001): „Fachliches in der Werbung. Formen des Wort- und Wissenstransfers.“ In: Wichter, S./Antos, G. [Hrsg.] (2001): *Wissenstransfer zwischen Experten und Laien. Umriss einer Transferwissenschaft.* Frankfurt/M. [u.a.]: Lang. (Transferwissenschaften. 1). 257–274.

Janich, N. (2003): *Werbesprache. Ein Arbeitsbuch.* 3. unveränderte Auflage. Tübingen: Narr. (narr studienbücher).

Janich, N. (2004): *Die bewusste Entscheidung. Eine handlungsorientierte Theorie der Sprachkultur*. Tübingen: Narr.

Kalverkämper, H. (1978): „Die Problematik von Fachsprache und Gemeinsprache.“ In: *Sprachwissenschaft* 3. 1978. 406–444.

Kalverkämper, H. (1979): „Der Begriff der Fachlichkeit in der Fachsprachen-Linguistik – Tradition, Kritik und Methoden-Ausblick.“ In: *Fachsprache. Internationale Zeitschrift für Fachsprachenforschung, -didaktik und Terminologie. Sonderheft 1: Zweites Europäisches Fachsprachen-Symposium Bielefeld 1979*. Wien: Braumüller. 53–71.

Kalverkämper, H. (1980): „Die Axiomatik der Fachsprachen-Forschung.“ In: *Fachsprache. Internationale Zeitschrift für Fachsprachenforschung, -didaktik und Terminologie 1/1980*. Wien: Braumüller. 2–20.

Kalverkämper, H. (1983): „Textuelle Fachsprachen-Linguistik als Aufgabe.“ In: Kreuzer, H./Schlieben-Lange, B. [Hrsg.] (1983): *Fachsprache und Fachliteratur*. Göttingen: Vandenhoeck & Ruprecht. (*Zeitschrift für Literaturwissenschaft und Linguistik* 13, Heft 51/52). 124–166.

Kalverkämper, H. (1988 a): „Fachexterne Kommunikation als Maßstab einer Fachsprachen-Hermeneutik: Verständlichkeit kernphysikalischer Fakten in spanischen Zeitungstexten.“ In: Kalverkämper, H. [Hrsg.] (1988): *Fachsprachen in der Romania*. Tübingen: Narr. (Forum für Fachsprachen-Forschung. 8). 151–193.

Kalverkämper, H. (1988 b): „Verständlichkeit, Verständnis und Verständigung im Fadenkreuz: der Wissenschaftstransfer.“ In: *Kodikas/Code. Ars Semeiotica. An International Journal of Semiotics* 11/1988. Tübingen: Narr. 311–325.

Kalverkämper, H. (1990 a): „Gemeinsprache und Fachsprachen – Plädoyer für eine integrierende Sichtweise.“ In: Stickel, G. [Hrsg.] (1990): *Deutsche Gegenwartssprache. Tendenzen und Perspektiven. Jahrbuch 1989 des Instituts für deutsche Sprache*. Berlin/New York: de Gruyter. 88–133.

Kalverkämper, H. (1990 b): „Die Symbiose von Text und Bild in den Wissenschaften.“ In: Titzmann, M. [Hrsg.] (1993): *Zeichen(theorie) und Praxis*. Passau: Wissenschaftsverlag Rothe. 199–226.

Kalverkämper, H. (1992): „Die kulturanthropologische Dimension von ‚Fachlichkeit‘ im Handeln und Sprechen. Kontrastive Studien zum Deutschen, Englischen, Französischen, Italienischen und Spanischen.“ In: Albrecht, J./Baum, R. [Hrsg.] (1992): *Fachsprache und Terminologie in Geschichte und Gegenwart*. Tübingen: Narr. (Forum für Fachsprachen-Forschung. 14). 31–58.

Kalverkämper, H. (1993): „Das fachliche Bild. Zeichenprozesse in der Darstellung wissenschaftlicher Ergebnisse.“ In: Schröder, H. [Hrsg.] (1993): *Fachtextpragmatik*. Tübingen: Narr. (Forum für Fachsprachen-Forschung. 19). 215–238.

Kalverkämper, H. (1996): „Curriculum vitae – cursus scientiae – progressus linguisticae. Fachtextsorten als Thema: Zur Einführung. Zugleich eine Würdigung des wissenschaftlichen Werks von Lothar Hoffmann (Leipzig) anläßlich seines 65. Geburtstags am 23. Oktober 1993." In: Kalverkämper, H./Baumann, K.-D. [Hrsg.] (1996): *Fachliche Textsorten. Komponenten – Relationen – Strategien*. Tübingen: Narr. (Forum für Fachsprachen-Forschung. 25). 13–34.

Kalverkämper, H. (1998 a): „Bildsemiotik fachlicher Informationsanliegen – zugleich eine diachrone Argumentation für das narrative wissenschaftliche Bild." In: Danneberg, L./Niederhauser, J. [Hrsg.] (1998): *Darstellungsformen der Wissenschaften im Kontrast. Aspekte der Methodik, Theorie und Empirie*. Tübingen: Narr. (Forum für Fachsprachen-Forschung. 39). 349–410.

Kalverkämper, H. (1998 b): „Fach und Fachwissen." In: Hoffmann, L./Kalverkämper, H./Wiegand, H. E. [Hrsg.] (1998–1999, I: Art. 1, 1–24).

Kalverkämper, H. (1998 c): „Rahmenbedingungen für die Fachkommunikation." In: Hoffmann, L./Kalverkämper, H./Wiegand, H. E. [Hrsg.] (1998–1999, I: Art. 2, 24–47).

Kalverkämper, H. (1998 d): „Fachsprache und Fachsprachenforschung." In: Hoffmann, L./Kalverkämper, H./Wiegand, H. E. [Hrsg.] (1998–1999, I: Art. 3, 48–59).

Kalverkämper, H. (1998 e): „Darstellungsformen und Leistungen schriftlicher Fachkommunikation: diachrone und synchrone Aspekte." In: Hoffmann, L./Kalverkämper, H./Wiegand, H. E. [Hrsg.] (1998–1999, I: Art. 4, 60–92).

Kalverkämper, H. (2000): „Sprachen im Beruf – Kommunikation im Fach: Herausforderungen an die arbeitsteilige Gesellschaft. Zur Einführung in den Band." In: Baumann, K.-D./Kalverkämper, H./Steinberg-Rahal, K. [Hrsg.] (2000): *Sprachen im Beruf. Stand – Probleme – Perspektiven*. Tübingen: Narr. (Forum für Fachsprachen-Forschung. 38). 15–28.

Kalverkämper, H. (2001): „Fachsprachen/*Langues de spécialité*." In: Holtus, G./Metzeltin, M./Schmitt, C. [Hrsg.] (2001): *Lexikon der Romanistischen Linguistik, Band I,2: Methodologie (Sprache in der Gesellschaft, Sprache und Klassifikation, Datensammlung und -verarbeitung)*. Tübingen: Niemeyer. 349–408.

Kalverkämper, H. (2004 a): „Die Fachkommunikationsforschung auf dem Weg der Pluralität. Zur Einführung in den Band." In: Baumann, K.-D./Kalverkämper, H. [Hrsg.] (2004): *Pluralität in der Fachsprachenforschung*. Tübingen: Narr. (Forum für Fachsprachen-Forschung. 67). 11–49.

Kalverkämper, H. (2004 b): „Arte – cuento – seducción: Fachliches Werben und werbende Fachlichkeit. Gezeigt an spanischen Anzeigentexten.“ In: Baumann, K.-D./ Kalverkämper, H. [Hrsg.] (2004): *Pluralität in der Fachsprachenforschung*. Tübingen: Narr. (Forum für Fachsprachen-Forschung. 67).129–190.

Kalverkämper, H. (2004 c): „Translation – Anforderungen an eine Inter-Kunst.“ In: Rega, L./Magris, M. [Hrsg.] (2004): *Übersetzen in der Fachkommunikation – Communicazione specialistica e traduzione*. Tübingen: Narr. (Forum für Fachsprachen-Forschung. 64). 21–73.

Kavalcová, L. (2002): *Form und Funktion von modifizierten Phraseologismen in der Anzeigenwerbung*. Wien: Edition Praesens.

Knauer, G. (1998): *Grundkurs Übersetzungswissenschaft Französisch*. Stuttgart: Ernst Klett Verlag.

Larousse. Dictionnaire de Français (1996). Direction J. Dubois. Paris: Larousse.

Lehmann, K. (1998): *Französische Werbung aus semiotischer und rhetorischer Sicht*. Frankfurt/M. [u.a.]: Lang. (Europäische Hochschulschriften: Reihe XIII, Französische Sprache und Literatur. 231).

Le Nouveau Petit Robert (1993). Dictionnaire alphabétique et analogique de la langue française. Edition entièrement revue et amplifiée du *Petit Robert*. Texte remanié et amplifié sous la direction de J. Rey-Debove et A. Rey. Paris: Dictionnaires Le Robert.

Lerat, P. (1995): *Les langues spécialisées*. Paris: Presses Universitaires de France. (Linguistique nouvelle).

Mautner, G. (1998): „Fachsprachliche Phänomene in Verkauf und Konsum.“ In: Hoffmann, L./Kalverkämper, H./Wiegand, H. E. [Hrsg.] (1998–1999, I: Art. 78, 756–763).

Möhn, D./Pelka, R. (1984). *Fachsprachen. Eine Einführung*. Tübingen: Niemeyer. (Germanistische Arbeitshefte. 30).

Niederhauser, J. (1999): *Wissenschaftssprache und populärwissenschaftliche Vermittlung*. Tübingen: Narr. (Forum für Fachsprachen-Forschung. 53).

Nöth, W. (1975): *Semiotik. Eine Einführung mit Beispielen für Reklameanalysen*. Tübingen: Niemeyer. (Anglistische Arbeitshefte. 8).

Oksaar, E. (1988): *Fachsprachliche Dimensionen*. Tübingen: Narr. (Forum für Fachsprachen-Forschung. 4).

Pöckl, W. (1990): „Französisch: Fachsprachen/*Langues de spécialité*." In: Holtus, G./Metzeltin, M./Schmitt, C. [Hrsg.] (1990): *Lexikon der Romanistischen Linguistik. Band V, 1: Französisch. Le français*. Tübingen: Niemeyer. 267–282.

Pöckl, W. (1998): „Die französischen Fachsprachen im 20. Jahrhundert und ihre Erforschung: eine Übersicht." In: Hoffmann, L./Kalverkämper, H./Wiegand, H. E. [Hrsg.] (1998–1999, II: Art. 167, 1491–1503).

Pörksen, U. (1992): *Plastikwörter. Die Sprache einer internationalen Diktatur*. 4. Auflage. Stuttgart: Klett-Cotta.

Reiß, K./Vermeer, H. J. (1991): *Grundlegung einer allgemeinen Translationstheorie*. 2. Auflage. Tübingen: Niemeyer. (Linguistische Arbeiten. 147).

Rentel, N. (2005): *Bild und Sprache in der Werbung. Die formale und inhaltliche Konnexion von verbalem und visuellem Teiltext in der französischen Anzeigenwerbung der Gegenwart*. Frankfurt/M [u.a.]: Lang. (Studien zur Allgemeinen und Romanischen Sprachwissenschaft. 10).

Rickheit, G. (1995): „Verstehen und Verständlichkeit von Sprache." In: Spillner, B. [Hrsg.] (1995): *Sprache: Verstehen und Verständlichkeit*. (Kongreßbeiträge zur 25. Jahrestagung der Gesellschaft für Angewandte Linguistik GAL). Frankfurt/M. [u.a.]: Lang. (Forum Angewandte Linguistik. 28). 15–30.

Roelcke, T. (2005): *Fachsprachen*. 2. durchges. Auflage. Berlin: Schmidt. (Grundlagen der Germanistik. 37).

Römer, R. (1980): *Die Sprache der Anzeigenwerbung*. 6. Auflage. Düsseldorf: Schwann. (Sprache der Gegenwart. 4).

Schröder, H. (1993): „Thematische Einleitung. Von der Fachtextlinguistik zur Fachtextpragmatik." In: Schröder, H. [Hrsg.] (1993): *Fachtextpragmatik*. Tübingen: Narr. (Forum für Fachsprachen-Forschung. 19). IX–XIII.

Smith, V. (1999): „Werbetexte." In: Snell-Hornby, M./Hönig, H. G./Kußmaul, P./Schmitt, P. A. [Hrsg.] (1999): *Handbuch Translation*. Zweite, verbesserte Auflage. Tübingen: Stauffenburg. 238–242.

Snell-Hornby, M./Hönig, H. G./Kußmaul, P./Schmitt, P. A. [Hrsg.] (1999): *Handbuch Translation*. Zweite, verbesserte Auflage. Tübingen: Stauffenburg.

Spillner, B. (1982): „Stilanalyse semiotisch komplexer Texte. Zum Verhältnis von sprachlicher und bildlicher Information in Werbeanzeigen." In: *Kodikas/Code. Ars Semeiotica. An International Journal of Semiotics* 4/5 1982. Tübingen: Narr. 91–106.

Stöckl, H. (1997): *Werbung in Wort und Bild. Textstil und Semiotik englischsprachiger Anzeigenwerbung*. Frankfurt/M. [u.a.]: Lang. (Europäische Hochschulschriften, Reihe XIV: Angelsächsische Sprache und Literatur. 336).

Stöckl, H. (1998): „(Un-)Chaining the floating image. Methodologische Überlegungen zu einem Beschreibungs- und Analysemodell für die Bild/Textverknüpfung aus linguistischer und semiotischer Perspektive." In: *Kodikas/Code. Ars Semeiotica. An International Journal of Semiotics* 21/1998. Tübingen: Narr. 75–98.

Stöckl, H. (2004): *Die Sprache im Bild – Das Bild in der Sprache. Zur Verknüpfung von Sprache und Bild im massenmedialen Text*. Berlin/New York: de Gruyter. (Linguistik – Impulse & Tendenzen. 3).

Tietz, B./Zentes, J. (1980): *Die Werbung der Unternehmung*. Reinbek bei Hamburg: Rowohlt.

Weinrich, H. (1982): *Textgrammatik der französischen Sprache*. Stuttgart: Klett.

Wichter, S./Antos, G. [Hrsg.] (2001): *Wissenstransfer zwischen Experten und Laien. Umriss einer Transferwissenschaft*. Frankfurt/M. [u.a.]: Lang. (Transferwissenschaften. 1).

Wilde, U. (1994 a): *Fachsprachliche syntaktische Strukturen in der französischen Anzeigenwerbung*. Frankfurt/M. [u.a.]: Lang. (Theorie Vermittlung der Sprache. 20).

Wilde, U. (1994 b): „Werbesprache – zwischen Kreativität und Fachsprachlichkeit. Analyse einiger Beispiele aus dem Französischen." In: *Fachsprache. International Journal of LSP* 16/1994. 18–27.

Woll, A. [Hrsg.] (1996): *Wirtschaftslexikon*. 8. überarbeitete Auflage. München.

Zielke, A. (1991): *Beispiellos ist beispielhaft oder: Überlegungen zur Analyse und zur Kreation des kommunikativen Codes von Werbebotschaften in Zeitungs- und Zeitschriftenanzeigen*. Pfaffenweiler: Centaurus. (Reihe Medienwissenschaft 5).

FORUM FÜR FACHSPRACHEN-FORSCHUNG

Die Bd. 1 bis 77 sind im Verlag Gunter Narr erschienen.

Bd. 78 Hartwig Kalverkämper: Textsortengeschichte und Fächertradition. Systeme im Wandel zwischen französischer Klassik und Aufklärung (1650–1750). ISBN 978-3-86596-175-4

Bd. 79 Jin Zhao: Interkulturalität von Textsortenkonventionen. Vergleich deutscher und chinesischer Kulturstile: Imagebroschüren. 392 Seiten. ISBN 978-3-86596-169-3

Bd. 80 Hartwig Kalverkämper/Klaus-Dieter Baumann (Hg.): Fachtextsorten – in – Vernetzung. 486 Seiten. ISBN 978-3-86596-160-0

Bd. 81 Henrike Täuscher: Fachlichkeit in der Werbung für Laien. Deutsche und französische Anzeigen im Vergleich. 262 Seiten. ISBN 978-3-86596-162-4

Bd. 82 Tim Peters: Macht im Kommunikationsgefälle: der Arzt und sein Patient. 212 Seiten. ISBN 978-3-86596-181-5

Bd. 83 Hans P. Krings/Felix Mayer (Hg.): Sprachenvielfalt im Kontext von Fachkommunikation, Übersetzung und Fremdsprachenunterricht. Für Reiner Arntz zum 65. Geburtstag. 530 Seiten. ISBN 978-3-86596-192-1

Bd. 84 Encarnación Tabares Plasencia/Vessela Ivanova/Elke Krüger (Eds.): Análisis lingüístico contrastivo de textos especializados en español y alemán. 258 Seiten. ISBN 978-3-86596-190-7

Bd. 85 Nancy Hadlich: Analyse evidenter Anglizismen in Psychiatrie und Logistik. 458 Seiten. ISBN 978-3-86596-380-2

Bd. 86 Eva Martha Eckkrammer (Ed.): La comparación en los lenguajes de especialidad. 302 Seiten. ISBN 978-3-86596-216-4

Bd. 87 Maria Mushchinina: Rechtsterminologie – ein Beschreibungsmodell. Das russische Recht des geistigen Eigentums. 396 Seiten. ISBN 978-3-86596-218-8

Bd. 88 Sylvia Reinart: Kulturspezifik in der Fachübersetzung. Die Bedeutung der Kulturkompetenz bei der Translation fachsprachlicher und fachbezogener Texte. 562 Seiten. ISBN 978-3-86596-235-5

Bd. 89 Radegundis Stolze: Fachübersetzen – Ein Lehrbuch für Theorie und Praxis. 3. Auflage. 420 Seiten. ISBN 978-3-86596-257-7

Bd. 90 Carmen Heine: Modell zur Produktion von Online-Hilfen. 318 Seiten. ISBN 978-3-86596-263-8

Frank & Timme

FORUM FÜR FACHSPRACHEN-FORSCHUNG

Bd. 91 Brigitte Horn-Helf: Konventionen technischer Kommunikation: Makro- und mikrokulturelle Kontraste in Anleitungen. 614 Seiten mit CD. ISBN 978-3-86596-233-1

Bd. 92 Marina Adams: Wandel im Fach. Historiographie von DaF als Fachsprachen-Disziplin in der DDR. 460 Seiten. ISBN 978-3-86596-269-0

Bd. 93 Carsten Sinner: Wissenschaftliches Schreiben in Portugal zum Ende des *Antigo Regime* (1779–1821). Die Memórias económicas der *Academia das Ciências de Lisboa*. 714 Seiten. ISBN 978-3-86596-277-5

Bd. 94 Laurent Gautier (éd.): Les discours de la bourse et de la finance. 186 Seiten. ISBN 978-3-86596-302-4

Bd. 96 Julia Neu: Mündliche Fachtexte der französischen Rechtssprache. 294 Seiten. ISBN 978-3-86596-351-2

Bd. 97 Mehmet Tahir Öncü: Probleme interkultureller Kommunikation bei Gerichtsverhandlungen mit Türken und Deutschen. 168 Seiten. ISBN 978-3-86596-387-1

Bd. 98/99 Klaus-Dieter Baumann (Hg.): Fach – Translat – Kultur. Interdisziplinäre Aspekte der vernetzten Vielfalt. 2 Bände im Schuber, zus. 1562 Seiten. ISBN 978-3-86596-209-6

Bd. 100 Hartwig Kalverkämper (Hg.): Fachkommunikation im Fokus – Paradigmen, Positionen, Perspektiven. 1040 Seiten. ISBN 978-3-7329-0214-9

Bd. 102 Anastasiya Kornetzki: Contrastive Analysis of News Text Types in Russian, British and American Business Online and Print Media. 378 Seiten. ISBN 978-3-86596-420-5

Bd. 103 Ingrid Simonnæs: Rechtskommunikation national und international im Spannungsfeld von Hermeneutik, Kognition und Pragmatik. 304 Seiten. ISBN 978-3-86596-427-4

Bd. 104 Svenja Dufferain: Tyronyme – zur strategischen Wortbildung französischer Käsemarkennamen. 140 Seiten. ISBN 978-3-86596-428-1

Bd. 105 Laurent Gautier (éd.): Figement et discours spécialisés. 158 Seiten. ISBN 978-3-86596-413-7

Bd. 106/107 Eva Martha Eckkrammer: Medizin für den Laien: Vom Pesttraktat zum digitalen Ratgebertext. 2 Bände im Schuber, zus. 1328 Seiten. ISBN 978-3-86596-312-3

Bd. 108 Lucia Udvari: Einführung in die Technik der Rechtsübersetzung vom Italienischen ins Deutsche. Ein Arbeitsbuch mit interdisziplinärem Ansatz. 316 Seiten. ISBN 978-3-86596-516-5

FORUM FÜR FACHSPRACHEN-FORSCHUNG

Bd. 109 Mehmet Tahir Öncü: Kulturspezifische Aspekte in technischen Texten. Eine Analyse deutsch- und türkischsprachiger Gebrauchsanleitungen. 212 Seiten. ISBN 978-3-86596-517-2

Bd. 110 Cornelia Griebel: Rechtsübersetzung und Rechtswissen. Kognitionstranslatologische Überlegungen und empirische Untersuchung des Übersetzungsprozesses. 432 Seiten. ISBN 978-3-86596-534-9

Bd. 111 Laura Sergo/Ursula Wienen/Vahram Atayan (Hg.): Fachsprache(n) in der Romania. Entwicklung, Verwendung, Übersetzung. 458 Seiten. ISBN 978-3-86596-404-5

Bd. 112 Birte Möpert: Die Fachsprache des Tanzes. 218 Seiten. ISBN 978-3-7329-0012-1

Bd. 113 Marina Brambilla/Joachim Gerdes/Chiara Messina (Hg.): Diatopische Variation in der deutschen Rechtssprache. 382 Seiten. ISBN 978-3-86596-447-2

Bd. 114 Christiane Zehrer: Wissenskommunikation in der technischen Redaktion. Die situierte Gestaltung adäquater Kommunikation. 406 Seiten. ISBN 978-3-7329-0032-9

Bd. 115 Tanja Wissik: Terminologische Variation in der Rechts- und Verwaltungssprache. Deutschland – Österreich – Schweiz. 394 Seiten. ISBN 978-3-7329-0004-6

Bd. 116 Larissa Alexandrovna Manerko/Klaus-Dieter Baumann/Hartwig Kalverkämper (eds.): Terminology Science in Russia today. From the Past to the Future. 460 Seiten. ISBN 978-3-7329-0051-0

Bd. 117 Georg Löckinger: Übersetzungsorientierte Fachwörterbücher. Entwicklung und Erprobung eines innovativen Modells. 322 Seiten. ISBN 978-3-7329-0053-4

Bd. 118 Kerstin Petermann: Verbale und nonverbale Vagheit in englisch- und deutschsprachigen Interviews. 418 Seiten. ISBN 978-3-7329-0061-9

Bd. 119 Encarnación Tabares Plasencia (ed.): Fraseología jurídica contrastiva español–alemán/Kontrastive Fachphraseologie der spanischen und deutschen Rechtssprache. 148 Seiten. ISBN 978-3-86596-528-8

Bd. 120 Klaus-Dieter Baumann/Jan-Eric Dörr/Katja Klammer (Hg.): Fachstile – Systematische Ortung einer interdisziplinären Kategorie. 216 Seiten. ISBN 978-3-7329-0105-0

Bd. 121 Jenny Brumme/Carmen López Ferrero (eds.): La ciencia como diálogo entre teorías, textos y lenguas. 348 Seiten. ISBN 978-3-7329-0130-2

Bd. 122 Ingrid Simonnæs: Basiswissen deutsches Recht für Übersetzer. Mit Übersetzungsübungen und Verständnisfragen. 202 Seiten. ISBN 978-3-7329-0133-3

FORUM FÜR FACHSPRACHEN-FORSCHUNG

Bd. 123 Silke Friedrich: Deutsch- und englischsprachige Werbung. Textpragmatik, Medialität, Kulturspezifik. 142 Seiten. ISBN 978-3-7329-0152-4

Bd. 124 Bernhard Haidacher: Bargeldmetaphern im Französischen. Pragmatik, Sprachkultur und Metaphorik. 368 Seiten. ISBN 978-3-7329-0124-1

Bd. 125 Chiara Messina: Die österreichischen Wirtschaftssprachen. Terminologie und diatopische Variation. 384 Seiten. ISBN 978-3-7329-0113-5

Bd. 126 Raimund Drommel: Sprachprofiling – Grundlagen und Fallanalysen zur Forensischen Linguistik. 338 Seiten. ISBN 978-3-7329-0158-6

Bd. 127 Krzysztof Nycz/Klaus-Dieter Baumann/Hartwig Kalverkämper (Hg.): Fachsprachenforschung in Polen. 328 Seiten. ISBN 978-3-7329-0211-8

Bd. 128 Peter Kastberg: Kondensation und Expansion in Fachtexten der Technik. 160 Seiten. ISBN 978-3-7329-0221-7

Bd. 129 Anja Centeno García: Textarbeit in der geisteswissenschaftlichen Lehre. 360 Seiten. ISBN 978-3-7329-0196-8

Bd. 132 Maria Mushchinina: Sprachverwendung und Normvorstellung in der Fachkommunikation. 450 Seiten. ISBN 978-3-7329-0293-4

Bd. 133 Agnes Goldhahn: Tschechische und deutsche Wissenschaftssprache im Vergleich. Wissenschaftliche Artikel der Linguistik. 226 Seiten. ISBN 978-3-7329-0332-0

Bd. 134 Natalya Zalipyatskikh: Didaktik der technischen Fachkommunikation. Methodologien, Konzepte, Evaluationen. 422 Seiten mit CD. ISBN 978-3-7329-0344-3

Bd. 135 Katja Klammer: Denkstile in der Fachkommunikation der Technik- und Sozialwissenschaften. Fakten und Kontraste im Deutschen und Englischen. 438 Seiten. ISBN 978-3-7329-0355-9

Bd. 136 Fabian Fahlbusch: Unternehmensnamen. Entwicklung – Gestaltung – Wirkung – Verwendung. 322 Seiten. ISBN 978-3-7329-0202-6

Bd. 137 Sabrina Brandt: Anglizismen – Sprachwandel in deutschen und norwegischen Texten der Informationstechnologie. 140 Seiten. ISBN 978-3-7329-0385-6

Bd. 138 Sascha Bechmann (Hg.): Sprache und Medizin. Interdisziplinäre Beiträge zur medizinischen Sprache und Kommunikation. 498 Seiten. ISBN 978-3-7329-0372-6

Bd. 139 Anastasia Mikhailova-Tucholke: Der französische Fachwortschatz im Bereich Solarenergie: Wortbildung und Lexikographie. 232 Seiten. ISBN 978-3-7329-0400-6

Frank & Timme

FORUM FÜR FACHSPRACHEN-FORSCHUNG

Bd. 140 Annikki Liimatainen/Arja Nurmi/Marja Kivilehto/Leena Salmi/Anu Viljanmaa/Melissa Wallace (eds.): Legal Translation and Court Interpreting: Ethical Values, Quality, Competence Training. 398 Seiten. ISBN 978-3-7329-0295-8

Bd. 141 Rosemarie Buhlmann/Anneliese Fearns: Handbuch des fach- und berufsbezogenen Deutschunterrichts DaF, DaZ, CLIL. 714 Seiten. ISBN 978-3-7329-0013-8

Bd. 142 Agnieszka Błażek: Einheit in Vielfalt: der Bologna-Prozess. Fachlexikologische und fachkommunikative Aspekte. 406 Seiten. ISBN 978-3-7329-0470-9

Bd. 143 Katrin Josephine Wagner: Die Sprache der Jäger – Ein Vergleich der Weidmannssprache im deutsch- und englischsprachigen Raum. 82 Seiten. ISBN 978-3-7329-0455-6

Bd. 144 Stefania Cavagnoli/Laura Mori (eds.): Gender in legislative languages. From EU to national law in English, French, German, Italian and Spanish. 256 Seiten. ISBN 978-3-7329-0349-8

Bd. 145 Damaris Borowski: Sprachliche Herausforderungen ausländischer Anästhesist(inn)en bei Aufklärungsgesprächen. Eine gesprächsanalytische Studie zu „Deutsch als Zweitsprache im Beruf". 388 Seiten. ISBN 978-3-7329-0502-7

Bd. 146 Thomas Bartz: Texte sprachbewusst optimieren. Ein linguistisches Kategoriensystem für die computergestützte Revision qualitätsrelevanter sprachlicher Merkmale in Texten. 218 Seiten. ISBN 978-3-7329-0514-0

Bd. 147 Lenka Vaňková (Hg.): Fachlichkeit und Fachsprachlichkeit in varianten Kontexten. 266 Seiten. ISBN 978-3-7329-0530-0

Bd. 148 Eva Wiesmann: Der notarielle Immobilienkaufvertrag in Italien und Deutschland. Eine kontrastive diachronische Untersuchung zur Bedeutung von Norm und Konvention sowie zur Entwicklung der Textsorte. 476 Seiten. ISBN 978-3-7329-0511-9

Bd. 149 Ingrid Simonnæs/Marita Kristiansen (eds.): Legal Translation. Current Issues and Challenges in Research, Methods and Applications. 410 Seiten. ISBN 978-3-7329-0366-5

Bd. 150 Thorsten Dick: Fachlich kommunizieren mit sich selbst. Verständlichkeit und Optimierung von Recherchenotizen. 274 Seiten. ISBN 978-3-7329-0553-9

Bd. 151 Kristina Pelikan: Enhancing and analysing Project Communication. 296 Seiten. ISBN 978-3-7329-0564-5

Bd. 152 Miriam Behschnitt: Die Fachtextsorte Gesetz. Eine kontrastive stilistische Untersuchung anhand des deutschen Aufenthaltsgesetzes und britischer *Immigration Acts*. 162 Seiten. ISBN 978-3-7329-0548-5